"十二五"职业教育国家规划教材

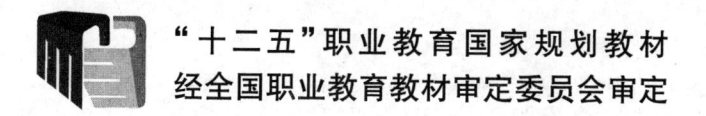

经全国职业教育教材审定委员会审定

石油高职高专规划教材

石油地质基础

(第二版)

付秀清　黄森林　李建红　主编

崔树清　主审

石油工业出版社

内 容 提 要

本书较系统地介绍了地质学各有关学科的基本理论和基础知识。内容涵盖普通地质学、矿物岩石学、沉积学、古生物地层学、构造地质学、石油地质学等学科知识，并对油气田勘探与开发、油气田常用地质图件等应用性较强的专业知识作了必要的介绍。

本书可作为石油高职高专油气钻井技术、油气开采技术、测井、物探等非地质专业的教材，也可作为职工培训教材及现场工程技术人员的参考用书。

图书在版编目（CIP）数据

石油地质基础/付秀清，黄森林，李建红主编．—2版．
北京：石油工业出版社，2014.9
（石油高职高专规划教材）
ISBN 978-7-5183-0311-3

Ⅰ．石⋯
Ⅱ．①付⋯②黄⋯③李⋯
Ⅲ．石油天然地质–高等职业教育–教材
Ⅳ．P618.130.2

中国版本图书馆 CIP 数据核字（2014）第 170997 号

出版发行：石油工业出版社
（北京安定门外安华里2区1号　100011）
网　　址：http://www.petropub.com
编辑部：（010）64523693　图书营销中心：（010）64523633
经　销：全国新华书店
排　版：北京乘设伟业科技有限公司
印　刷：北京晨旭印刷厂

2014年9月第2版　2016年8月第11次印刷
787毫米×1092毫米　开本：1/16　印张：14
字数：359千字
定价：25.00元
（如出现印装质量问题，我社图书营销中心负责调换）
版权所有，翻印必究

第二版前言

本书是根据2013年11月在北京石油工业出版社召开的"十二五"职业教育国家规划教材修订大纲研讨会议精神，对2006年出版的石油高职高专规划教材《石油地质基础》进行的修订。

本版教材遵循"内容实用、难度适中、论述简洁、层次清楚、文图并茂"的编写原则，以石油类非地质专业的岗位技能要求为基础，对原版教材的章节进行了适度的调整和简化，内容作了必要的增加或删减，保持并发挥了原版教材在使用中被公认的优点和特色，同时避免庞杂繁琐的理论阐述，加强了教材的实用性和适用性，力求使教材能够充分体现职业教育的特点。

本书内容涵盖了普通地质学、矿物岩石学、沉积学、古生物地层学、构造地质学、石油地质学等方面的知识，并对油气田勘探与开发、油气田常用地质图件等应用性较强的专业知识作了介绍。其任务是使石油类非地质专业的学生初步了解并掌握必要的地质学基础知识与相关技能，为学习后续专业课以及毕业后从事相关工作打好基础，是非地质专业学生必修的专业基础课程。

本次修订由付秀清、黄森林、李建红任主编，吕源梅、刘春艳、申振强任副主编。参加修订的人员分工如下：

绪论、第二章第四节、第六章第六节、第七章第二节、第八章第一节由天津工程职业技术学院付秀清修订；

第一章、第五章第四节、第六章第二节由天津石油职业技术学院高雪莲修订；

第二章第一节，第六章第一、三、四、五节由渤海石油职业学院黄森林修订；

第二章第二节由大庆职业学院刘春芳修订；

第二章第三节，第八章第二、三、四节由延安职业技术学院申振强修订；

第三章由山东胜利职业学院李建红修订；

第四章由西南石油大学应用技术学院吕源梅修订；

第五章第一、二、三节由辽河石油职业技术学院沈铁矛修订；

第七章第一、三节，第八章第五、六节由承德石油高等专科学校刘春艳修订；

付秀清对全书进行了统编和必要的修改。

本书由原版教材主编崔树清主审。在编写过程中得到了石油工业出版社、各参编院校及其所在油田的大力支持，在此一并表示感谢！

由于编者水平有限，书中难免有不当之处，敬请专家和读者批评指正。

编　者
2014年2月

第一版前言

本教材是根据2005年5月在丽江召开的全国石油高职高专教学与教材规划研讨会精神编写的,从培养技术应用型人才的要求出发,较系统全面地介绍了石油地质学等相关领域的基础知识。为确保教材质量,2005年7月在渤海石油职业学院召开了教材编写研讨会,会上就教学大纲、教学内容、编写原则及有关要求等问题进行了认真、细致的讨论。

本教材编写的指导思想是:突出职业教育特色,强调内容丰富、层次清楚、论述准确、理论联系实际,力求图文并茂和具有科学性、系统性、完整性、针对性及实用性;同时,对当前国内外石油地质基础学科的有关新成就、新动向,给予了适当反映。

本教材内容涵盖了普通地质学、岩石学、构造学、石油地质学等方面的知识,其任务是引导钻井技术专业、油气开采技术专业以及物探、测井等非地质专业的学生初步了解普通地质学知识和石油的生成、运移、聚集及油气田勘探步骤和方法,为学习后续专业课以及毕业后从事相关工作打好基础,是非地质专业学生对地质学的入门课程。

本书由渤海石油职业学院崔树清副教授和山东胜利职业学院常兵民副教授担任主编。前言及第五章由山东胜利职业学院常兵民编写;绪论及第九章由渤海石油职业学院崔树清、王志编写;第一章由天津石油职业技术学院曹基宏编写;第二章由渤海石油职业学院王福生编写;第三章、第四章由大庆职业学院赵玉林编写;第六章由天津石油职业技术学院刘丰臻、王锦编写;第七章、第十章由天津工程职业技术学院付秀清编写;第八章由重庆科技学院夏敏全编写。

全书由崔树清和常兵民共同统稿,在编写过程中得到了石油工业出版社、编者院校和所在油田的大力支持,在此一并表示感谢。

本书为适应高职高专学生学习需要,在每章前设有摘要,章后加有复习思考题,并对每章的主要知识点、重点和难点予以强调,以便于学生学习。

由于水平有限,加之时间仓促,书中定有许多不当之处,敬请读者批评指正。

编　者
2006年2月

目　录

绪论 ………………………………………………………………………… (1)
第一章　地球概况及地质作用 ……………………………………………… (5)
第一节　地球的表面特征 ………………………………………………… (5)
第二节　地球的圈层构造 ………………………………………………… (9)
第三节　地球的主要物理性质 …………………………………………… (12)
第四节　地质作用概述 …………………………………………………… (15)
复习思考题 ………………………………………………………………… (28)
第二章　矿物及岩石 ………………………………………………………… (29)
第一节　矿物 ……………………………………………………………… (29)
第二节　岩浆岩 …………………………………………………………… (44)
第三节　变质岩 …………………………………………………………… (51)
第四节　沉积岩 …………………………………………………………… (56)
复习思考题 ………………………………………………………………… (86)
第三章　古生物及地层 ……………………………………………………… (87)
第一节　古生物及化石 …………………………………………………… (87)
第二节　地层 ……………………………………………………………… (95)
复习思考题 ………………………………………………………………… (104)
第四章　沉积相 ……………………………………………………………… (105)
第一节　沉积相的概念及分类 …………………………………………… (105)
第二节　陆相组 …………………………………………………………… (106)
第三节　海相组 …………………………………………………………… (112)
第四节　海陆过渡相组 …………………………………………………… (114)
复习思考题 ………………………………………………………………… (118)
第五章　地质构造 …………………………………………………………… (119)
第一节　沉积岩层的产状 ………………………………………………… (119)
第二节　褶皱构造 ………………………………………………………… (121)
第三节　断裂构造 ………………………………………………………… (125)
第四节　同沉积构造 ……………………………………………………… (132)
复习思考题 ………………………………………………………………… (134)
第六章　石油与天然气地质 ………………………………………………… (135)
第一节　油气藏中的流体 ………………………………………………… (135)
第二节　石油与天然气的成因 …………………………………………… (141)
第三节　烃源岩层、储集层、盖层 ……………………………………… (144)
第四节　油气运移与成藏 ………………………………………………… (153)
第五节　油气藏的类型 …………………………………………………… (162)

  第六节 非常规油气资源 …………………………………………………（167）
  复习思考题 ……………………………………………………………（175）
第七章 油气田勘探与开发 ……………………………………………（176）
  第一节 油气田勘探简介 …………………………………………（176）
  第二节 油气储量计算 ……………………………………………（179）
  第三节 油气田开发基础 …………………………………………（189）
  复习思考题 ……………………………………………………………（197）
第八章 油气田常用地质图件 ……………………………………………（198）
  第一节 地质图 ………………………………………………………（198）
  第二节 地层柱状剖面图 …………………………………………（203）
  第三节 构造剖面图 ………………………………………………（205）
  第四节 构造图 ………………………………………………………（209）
  第五节 栅状图 ………………………………………………………（213）
  第六节 小层平面图 ………………………………………………（215）
  复习思考题 ……………………………………………………………（216）
参考文献 …………………………………………………………………………（217）

绪 论

一、地质学研究的对象及学科分支

地球是浩瀚宇宙中一颗璀璨的行星,是养育亿万生灵的摇篮,也是人类赖以生息繁衍的唯一家园,它为人类的生存与发展提供了适宜的环境和必要的物质基础。基于人类生活和生产的需求,探索地球奥秘、寻找开发资源、保护地球环境、维持自身发展便成为人类孜孜不倦的追求。在漫长的认识和探索地球的过程中,逐步形成了一门以地球为研究对象的、内容广泛的学科,这就是地球科学,简称地学。它与数学、化学、物理学、生物学、天文学一起构成了近代自然科学的六大基础学科。地球科学从它诞生之日起,就始终不渝地担当着探索地球、研究地球变化、传播地球知识的重大使命。

地质学是地球科学的一个重要组成部分,其主要研究对象是固体地球。鉴于科学技术的发展水平、人类的认知能力和生存需要,当前研究的重点是固体地球的表层——地壳(或岩石圈)。其主要研究内容包括地球的组成、地球的构造、地球的形成和发展演化以及地球的资源性等。

随着生产的发展、科学技术的进步以及人类认知水平和能力的不断提高,人们对地球的认识不断深入,加之各学科之间的相互利用、渗透与结合,地质科学已发展成为一个完善的学科体系,并在纵向分化深入和横向交叉拓展中形成了许多具有独特意义的分支学科。根据这些分支学科主要研究对象、内容和任务的不同,可将其分为以下几类地质学分支:

(1)以地球物质组成为主要研究对象的学科有:矿物学、岩石学、地球化学、结晶学等。

(2)以地球运动和变形规律为主要研究对象的学科有:构造地质学、大地构造学、动力地质学、地貌学、第四纪地质学等。

(3)以远古地球特征和发展演变历史为主要研究对象的学科有:古生物学、地史学、地层学、同位素地质年代学等。

(4)以地球资源及其勘察方法为主要研究对象的学科有:矿产地质学、石油地质学、煤田地质学、地热地质学、农业地质学、旅游地质学、资源勘探方法、探矿工程、地球物理勘探、地球化学勘探等。

(5)以地球环境为主要研究对象的学科有:环境地质学、灾害地质学、海洋地质学、水文地质学、地震地质学、工程地质学等。

二、地质学的研究方法

地质学是一门探索性很强的科学。人类认识自然规律总是从小到大、由浅入深、从局部到整体、由个别规律的研究到整体规律的归纳。地球是一个庞大而复杂的星体,在地质学研究方法上应考虑到研究对象的空间宏大、历史久远和地质过程复杂等特点,建立地质学思维方法和研究方法。

1. 演绎和归纳

在实践的基础上进行推理论证是地质学主要的研究方法。推理的基本方法是演绎和归纳。演绎是由一般原理推出关于特殊情况下的结论。例如，凡是岩石都是地壳历史发展的产物，花岗岩是一种岩石，所以花岗岩是地壳历史发展的产物。归纳是由一系列具体的事实概括出一般原理。例如，在高山上发现成层的岩石，岩层中含有海生动物化石，说明高山的前身是海洋，这里曾经发生过海陆的变化。在地质学研究中，这两种推理方法都能用到，但归纳法是更基本的方法。

2. 野外地质调查

野外地质调查是地质学研究的一项基础工作。为了认识地壳发展的客观规律，了解一个地区的地质构造和矿产分布情况，必须进行野外地质观察研究。观察要系统、全面，既有地面的，也要有地下的，尽可能获取真实、准确的资料。同时，要认真收集和借鉴前人的工作成果，在此基础上深化研究，取得新成果，而不致重复前人的工作。

3. 室内实验和模拟实验

室内实验也是进行调查研究的重要手段。在野外采集的各种样品，都要带回室内进行实验、分析和鉴定，以检验野外观察所得的认识。对需要验证的问题，有时需模仿地质条件进行模拟实验，在一定程度上再现地质作用过程，取得数据资料，这有助于对地质现象和地质作用的深入了解和认识。

4. 历史比较法

历史比较法是根据保留在地层和岩石中的各种痕迹和地质现象，综合现代正在发生的各种地质作用所出现的现象和造成的结果，"将今论古"与"古今结合"，分析和推断各个地质历史时期发生的地质事件及其特征。例如，目前在海洋里沉积着泥沙，泥沙里夹杂着螺蚌壳，假如在高山地层中发现螺蚌壳化石，就可以判断高山所在区域曾经是一片海洋，并可得出结论，地表各处的山脉是地壳历史发展的产物。

当然，历史比较法不意味着现在是过去的机械重复，在具体应用时应充分考虑各方面资料进行综合分析，做到古今结合。例如，现代的海百合生活于深海中，但在地质历史中却与典型的浅海生物造礁珊瑚生活在一起。所以，地质学研究方法始终要坚持以辩证唯物论为指导，以发展变化的观点分析论证，才能得出科学的结论。

三、地质学与油气勘探开发的关系

1. 石油与天然气的矿产特点

石油和天然气是流体矿产，它与固体矿产不同，主要表现在以下几个方面：

(1) 油气的可流动性决定了油气的生成地并不一定是其成藏地，二者可以相去甚远。而固体矿产基本上是生成地就是其储存地。

(2) 固体矿产可在地表及近地表找到，而油气易被氧化，一旦到达地表层就会被氧化掉，所以在地表只能找到油气苗或沥青脉，找不到有工业开采价值的油气藏。油气大多深埋于地下。

(3) 固体矿产形成后不易被破坏，所以对保存条件要求不高。而油气藏形成之后，容易遭受破坏，如分子扩散、水动力的冲刷、断裂的破坏、构造运动的影响、岩浆活动及温度、压力的变化等均会破坏原生油气藏,或改变其性质。所以,现今地壳上的油气分布是油气藏"形成→破坏→再形成"的对立统一的结果。

油气藏的上述特点,决定了油气地质勘探的曲折性和艰巨性。

2. 地质学在油气勘探开发中的重要作用

地质学是石油与天然气工业发展的重要推动力,在油气田勘探到开发的整个过程中,始终发挥着十分重要的作用。

(1)在油气田发现以前,通过研究油气生成、运移、聚集和油气藏特点及油气分布规律,指导油气田勘探工作,力求以最快的速度、最有效的手段找到具有工业开采价值的油气田。

(2)在油气田投入开发之前,通过研究油气藏类型、储集层和地下流体的原始状态及物理性质、储量分布及估算,为优化开发方案和优选开采方式提供必要的地质基础。

(3)当油气田投入开发后,通过研究开发过程中的油气藏结构、油层及流体的物理性质、油层压力系统、剩余油分布等动态变化规律等,为制定开发调整措施、增加可采储量及改善总体开发效果,提供重要的地质依据。

近代石油工业建立一百多年以来,世界上已发现的3万多个油气田,绝大多数在海相地层中,因此国外地质学家大多认为只有海相地层才能生油,即所谓的"海相生油论"。由于我国陆相地层发育,所以20世纪初叶在中国近代石油工业萌芽时期,来我国的一些外国学者得出"中国贫油"的结论,这种错误的观点严重阻碍了中国初期石油工业的发展。与此同时或稍后,我国谢家荣、潘钟祥等一批学者根据大量野外地质调查资料,提出了"初始陆相生油论",新中国成立后发展为"成熟陆相生油论",该理论对我国的油气勘探起到了重要指导作用,在我国找到了大量的陆相油气田,其中包括世界著名的大庆油田。由此,我国建立起世界一流的石油工业体系,油气资源勘探开发取得了巨大成就,原油产量从新中国成立初期的年产 12×10^4 t,增长到2010年的 2.03×10^8 t,为国民经济和社会发展做出了重要贡献。究其原因,油气地质理论的研究与指导功不可没,反过来,油田勘探开发的实践又推动和丰富了油气地质理论不断地向前发展。

四、学习地质学应注意的问题

1. 要建立起认识地质事件的时空观

在时间上,由于地质过程的长期性,地质事件的演化进程不可能用人文史中的年、月、日来计算,而通常是以百万年(Ma)为单位来计量的。地球自形成以来已经有46亿年的历史,在这样漫长的时间里,地球曾发生过沧海桑田、翻天覆地的重大变化,而其中任何一个变化和事件,往往都要经历数百万年甚至数千万年的周期。对于这些变化和事件,人们不能像研究人类历史那样,可以借助于文字和文物;也不能像研究物理那样,可以单纯依靠在实验室中做实验,而必须依靠研究分析地球自身发展过程中所遗留下来的各种记录。学习地质学要充分考虑地质作用时间悠久性这一特点。

在空间上,由于地球拥有巨大的空间,在不同的地方有不同的物质基础和外界因素,因而也有不同的变化过程,各个地区的地质发展历史存在很大差异。例如,我国华北和华南地区,由于地质发展经历不同,地质特点有很大区别。即使在同一地区的不同局部,这种差异性也会体现出来。因此，学习地质学要充分考虑地区间的差异性。另外，地质学研究的对象从地球整体到大洋、大陆，从山系、盆地的地质构造到矿物岩石标本及其内部结构，其研究对象的尺度从宏观到微观跨越很大。因此，在思考问题时，既要有全局观念，又要把握好研究对象的尺度，不能以点代面，也不能事无巨细，避免主次混淆。

2. 要充分认识到地质作用的复杂性

地质学具有多因素互相制约的复杂性。它所研究的对象和内容，从小到矿物组成的微观世界到大至整个地球以及宇宙的宏观世界，从矿物岩石等无机界的变化到各种生命出现的演化，从常温常压环境到目前还不能人为模拟的高温高压环境，从各种变化的物理过程、化学过程到生物化学过程等等，都是充满着各种矛盾和相互作用的复杂过程。任何一种地质过程，都不可能是单一的物理过程或化学过程。地球自诞生以来，不仅形成了光怪陆离的矿物世界、岩石世界、海洋大陆、高山深谷，也出现和演化成了种类繁多的生物世界。产生如此面貌，这固然与其具有人类历史所不能比拟的充分时间有关，同时也说明地球演化的地质过程是一个十分复杂的过程。

所以，研究地质问题必须有全局观念，有发展和变化的观念，有辩证的思维方法，以及由表及里的研究方法。要真正认识某一事物，必须了解它是在哪一个地质时代形成的，是在什么样的古地理、古气候、温度和压力等地质环境中发生和发展的，主控因素有哪些等等，这样才能避免犯"见木不见林"之类的错误。

3. 要坚持实践出真知的理念

地质学是人们在长期向大自然索取矿产资源和改善环境的斗争中总结经验而逐步发展起来的一门科学。早期的地质工作者凭着简单的工具——铁锤、放大镜和罗盘这"三件宝"，对地表出露的矿物、岩石和地质现象仔细观察、测绘，收集了大量的资料，并通过室内鉴定和综合分析，总结出规律性的认识。在现代科学已高度发展的今天，虽然地质领域出现了大量高、精、尖仪器设备，但是对大学生来说，带着"三件宝"到野外、到生产现场，识别矿物、岩石、地层、构造和多种地质现象，仍然是理解和掌握地质学基本原理和基础知识的重要方法，甚至可以说是必不可缺的方法。脚踏实地，从基础做起，让岩石"说话"，坚持实践出真知的学习和工作理念，才能成为一个合格的石油地质工作者。

第一章 地球概况及地质作用

[摘要]地球是宇宙中无数天体中的一个重要成员,是地质学的研究对象,也是各类地质作用产生的发源地和场所。本章主要介绍地球的表面特征、地球的圈层构造、地球的主要物理性质,尤其对各类地质作用进行重点阐述。

第一节 地球的表面特征

一、地球的形状和大小

地球的形状是指大地水准面所圈闭的形状。所谓大地水准面是由平均海平面所构成,并延伸通过陆地的封闭曲面。根据人造卫星观测及卫星轨道参数变化求出的地球形状为扁率不大的三轴椭球体(图1-1)。

1980年,国际大地测量与地球物理联合会公布的地球的形状资料如下:

赤道半径:6378.137km;
子午线周长:40008.08km;
两极半径:6356.752km;
表面积:5.1010 × 10^8 km^2;
平均半径:6371.012km;
体积:1.0832 × 10^{12} km^3;
扁率:1/298.253;
地球质量:(5.9742 ± 0.0006) × 10^{24} kg。

二、地球表面的形态

地球表面面积的70.8%(3.61 × 10^8 km^2)被海洋覆盖,陆地只占29.2%(1.49 × 10^8 km^2),海洋与陆地面积之比为2.5:1。此外,大陆和海洋在地球表面的分

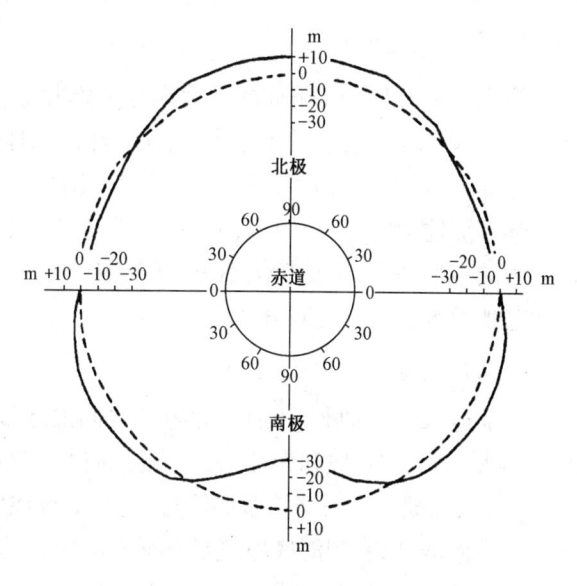

图1-1 大地水准面和扁球面(转引自杨伦等,2005)
实线—大地水准面圈闭的形状;虚线—地理想扁球体

布是不均匀的,65%的陆地集中在北半球,因而北半球有陆半球之称,即使如此,陆地仅占该半球的39%;南半球陆地面积较少,只占该半球面积的19%,因而南半球有水半球之称。

地球表面高低起伏,地表形态可分为海洋和陆地两大地形单元。大陆上的最高点是喜马拉雅山脉的珠穆朗玛峰,海拔高度为8848.13m;最低点是约旦境内的死海,海拔高度为-392m。大陆的平均海拔高度约为875m。海洋以水深4000~6000m的深海盆地面积最广,约占地球表面积的30.8%。海洋最深处在西太平洋的马里亚纳海沟,深达11034m。海洋平均深度约为3729m。

1. 大陆地形特征

根据海拔高程和地形起伏特征,陆地地形主要可划分为山地、丘陵、盆地、高原、平原等多种地形单元。

(1)山地。海拔高度大于500m以上的隆起高地,并且有明显山峰、山坡和山麓的地形单元。呈长条状延伸的山地称山脉,弧形或线形展布山脉组合成山系,如阿尔卑斯—喜马拉雅山系、环太平洋山系等。

(2)丘陵。海拔高度小于500m或相对高差在200m以下的高地,顶部浑圆、坡度平缓、坡脚不明显的低矮山丘群。

(3)盆地。陆地上中间低四周高的盆形地形。世界上最大的盆地是刚果盆地,面积达$337×10^4 km^2$。我国最大的盆地为塔里木盆地,面积达$50×10^4 km^2$,还有准噶尔盆地、柴达木盆地和四川盆地等大型盆地,这些盆地都是石油和天然气的富集区域。

(4)高原。海拔高度大于500m、面积较宽广、地面起伏较小的地区。世界上最大的高原是非洲高原,最高的高原是我国青藏高原,海拔在4000m以上。

(5)平原。海拔高度小于200m、面积宽广、地势平坦或略有起伏的平地,如我国的松辽平原、华北平原和长江中下游平原等。

2. 海底地形特征

海洋是由海和大洋组成的。大洋是远离大陆、面积宽广、深度较大的水域,是海洋的主体,如大西洋、印度洋、太平洋和北冰洋,四大洋的水体是相互连通的。在大洋的边缘与陆地比邻的水域称为海,如我国的渤海、黄海、东海、南海等,都是太平洋西部的一些海湾。海与洋统称为海洋。陆地上的河水、湖水、地下水,总是向着低处流动,许多水流都在海洋中汇合。海底地形和大陆地形一样,也是起伏不平、复杂多样的,根据海底地形的基本特征,可分为大陆边缘、深海盆地及大洋中脊三部分。

1)大陆边缘

大陆边缘是指大陆至大洋深水盆地之间的地带,是陆地与海洋之间的过渡地带(图1-2),它包括大陆架、大陆坡和大陆基,占海洋面积的22.4%。

(1)大陆架。海与陆接壤的浅海平台,又称浅海陆棚,是大陆周围坡度平缓的浅水区。其范围从低潮线开始,到海底坡度显著增大的转折处,地势平坦,坡度一般小于0.3°。大陆架外缘水深各地不一样,其水深一般不超过200m,平均水深约为133m。大陆架的宽度差别很大,平均为75km。大陆架的地壳结构与大陆相同,可以认为是被海水淹没的大陆部分。

(2)大陆坡。位于大陆架外缘到深海海底地形明显变陡的地带,坡度较大,平均坡度为3°,最大坡度可达20°以上,致使各地水深不同,从200m至3000m以上不等,一般不超过2000m。大陆坡的宽度为20~100km,平均宽度为20~40km。

(3)大陆基。又称大陆隆、大陆裙,是大陆坡与大洋盆地之间的缓倾斜坡地带,由沉积物堆积而成。坡度为5′~35′,水深为2000~5000m。在大西洋及印度洋,大陆基宽度可达500km。大陆基在太平洋地区却并不发育,但海沟发育。海沟是洋底狭长而深邃的洼地,宽度不到100km,延伸可达几百到几千千米,水深大于5500m,最大可达8000~10000m,是地球表面地势最低的地区。

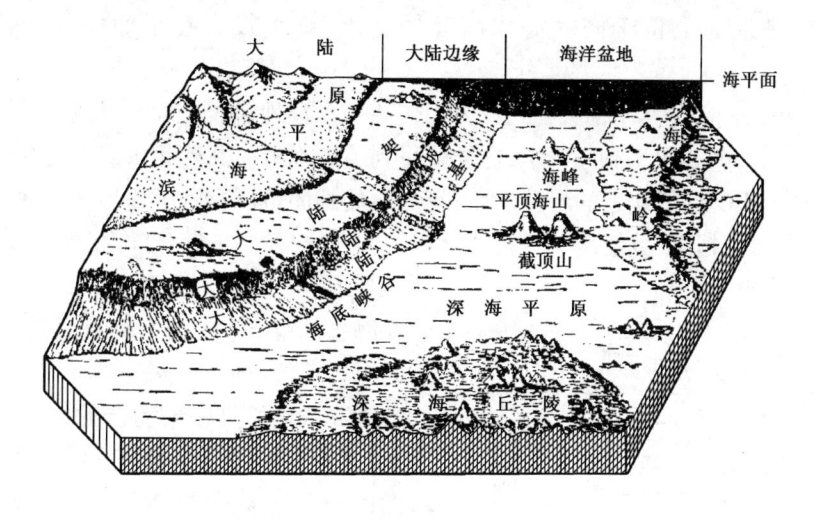

图1-2 大陆边缘地形示意图

2）深海盆地

深海盆地是指大陆边缘之外，大洋中脊两侧的较平坦地带（图1-3），一般水深4000～6000m，是海洋的主体部分，占海洋面积的44.9%。大洋盆地地势十分平坦，以深海平原为主，在洋中脊附近发育深海丘陵。

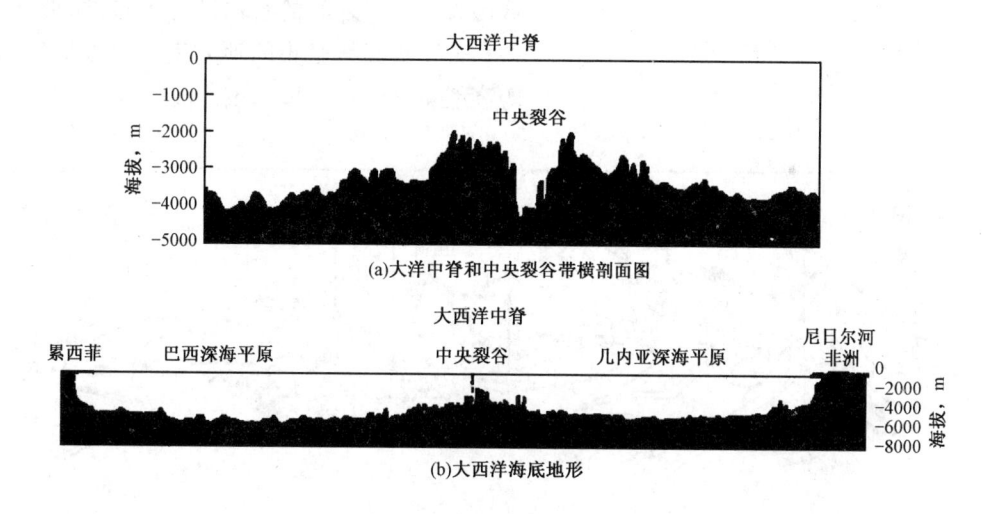

图1-3 大西洋海底地形横剖面图（剖面长约4800km）

3）大洋中脊

大洋中脊是大型海底地形单元之一，是洋底发育的连绵不断的海底山脉，泛称海岭。在大西洋和印度洋中，位居大洋中部，在太平洋中则偏东。全球大洋中脊相互连接，全长超过70000km，占海洋面积的32.7%。

3. 地形图

地形图就是将地面起伏的形态及地物，用等高线和图例表示在平面图纸上的一种图件。

— 7 —

等高线就是地面上位于同一海拔高度的各点，垂直投影在平面图上所连接起来的曲线。

假设用一组等间距的水平面去截切一个山包或一个洼地，将水平面与山包或洼地的交线按一定比例尺缩小后，垂直投影到图纸上，这样就得到了表示地面高低起伏的等高线图（图1-4）。等高线的弯曲形状反映了地表的弯曲形状；等高线的圈闭范围反映了该地区的面积；等高线的数值越大，代表海拔越高，数值越小，海拔越低。

如果等高线没有数值注记，可根据示坡线来判断海拔高低，示坡线为垂直于等高线的短线，指向海拔低的方向。

等高线始终是一条闭合的曲线，不在图内闭合，也必在图外闭合。若等高线数值从闭合的中心向四周逐渐降低，则表示为凸地形（如山峰、山地、丘陵等）；数值从中心向四周逐渐升高，则表示为凹地形（如盆地、洼地等）。等高线凸出部分指向海拔较低处，则表示为山脊；等高线凸出部分指向海拔较高处，则为山谷。数条高程不同的等高线相交一处时，该处为陡崖。正对的两山脊或山谷等高线之间的空白部分为鞍部，形状与马鞍相似。等高线密集的地方表示该处坡度较陡；等高线稀疏的地方表示该处坡度较缓（图1-5）。

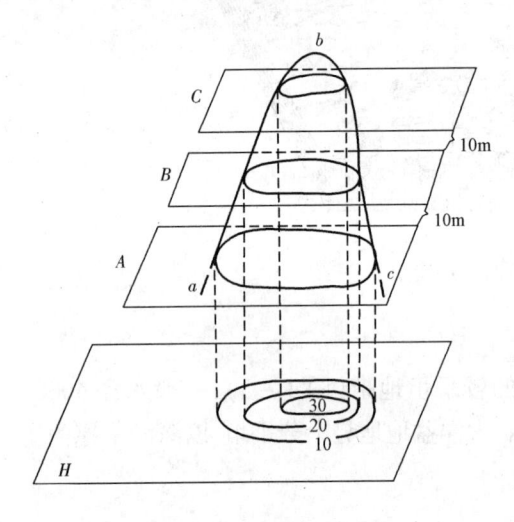

图1-4 等高线示意图

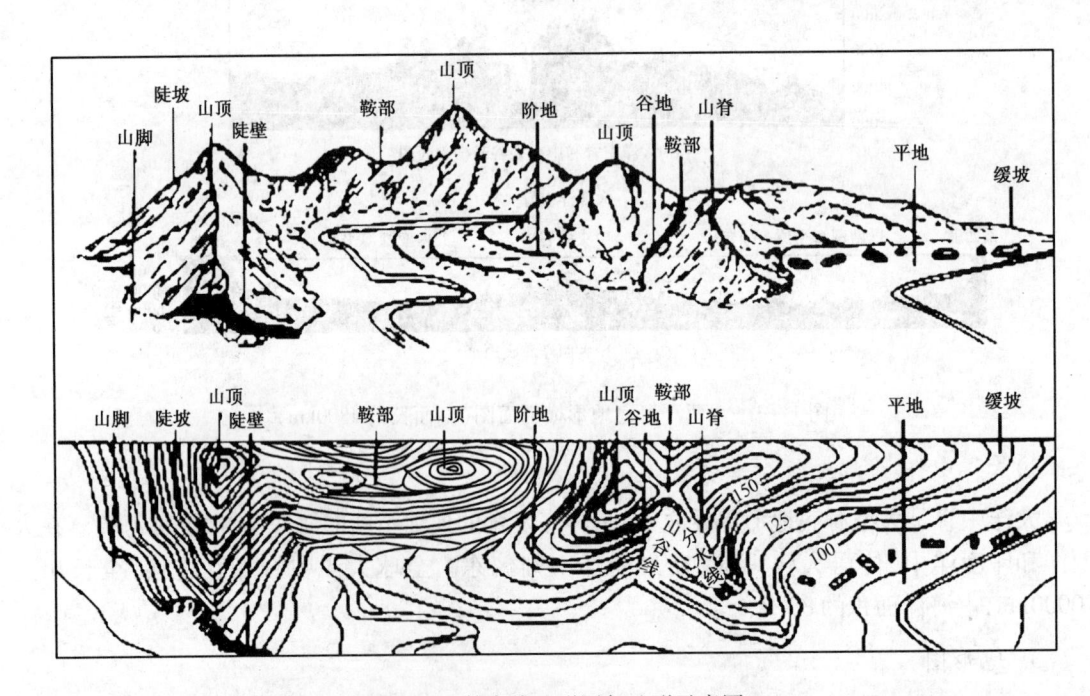

图1-5 等高线地形图与地形示意图

第二节　地球的圈层构造

一、地球的外部圈层及其特征

地球外部圈层是包围着固体地球表面的地球物质组成部分。根据物理性质和存在状态的不同,可将其分为大气圈、水圈和生物圈。外部圈层是一切生命活动必不可少的环境要素,它们相互交错、重叠、混合在一起,时刻在运动着、循环着,并促使地壳表层物质的运动,成为塑造地壳表层的重要动力来源。

1. 大气圈

大气圈由气体组成,其总质量为 $5.13 \times 10^{15} t$,约为地球总质量的百万分之一。根据气温的垂直变化及大气圈的成分和物理特征等,将大气圈自下而上分为对流层、平流层、中间层、电离层和扩散层。与人类活动和地质作用密切相关的是对流层,其次是平流层。

对流层是大气圈的最低层,平均厚度 10.5km,其主要成分是氮和氧,还有少量的二氧化碳、水汽和固态杂质,气温随高度的增加而递减。大气对流是对流层的一个重要特征,它是产生风、雨、雪、雾多种天气现象的主要原因,也是推动水圈循环的重要因素。

对流层顶以上到 50~55km 以内的大气层为平流层。平流层气温基本不受地面影响,大气以水平移动为主。在 30~50km 的高空上存在大量臭氧,形成一个臭氧层。臭氧能吸收太阳辐射的紫外线,保护地面生物免受强烈紫外线的伤害。

2. 水圈

地球表面的水组成一个连续的圈层,总体积为 $14 \times 10^8 km^3$。其中海水占 97.3%,其余以液态分布于陆地上的河流、湖泊、表面岩石的空隙和土壤中,以及以冰雪的形式存在于高山和寒冷地区。此外,在大气圈和生物圈中也含有微量水分。

大洋和大陆的水通过蒸发形成水蒸气,水蒸气进入大气圈的对流层后,又凝结成雨、雪等降落地面,落到陆地的大气降水在重力作用下,以地表水和地下水的形式流回海洋,从而使地球上的水处于不断循环中(图 1-6)。

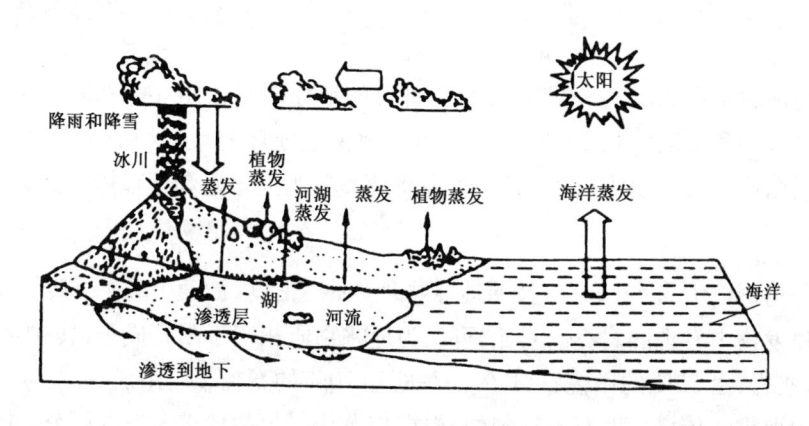

图 1-6　水圈示意图

3. 生物圈

从大陆到海底,从大气圈中的 10km 高空到地下 3km 深处均有生物生存。生物圈是生物及其占领的空间的总和,但与其他相邻圈层之间并无截然界线,是一个复杂综合体。生物圈中各种有机体的总质量为 11.48×10^{12} t,占地壳总质量的十万分之一,其中 90% 以上的生物集中分布在陆地表面和海面至水深 200m 的范围。

生物圈是地球外部圈层之间、外部圈层与岩石圈表层之间相互作用的产物,反过来,生物圈也可对地球外部及其他圈层产生巨大的影响,使其物质成分或面貌发生变化。

二、地球的内部圈层及其特征

根据地球物理资料的研究,证明固体地球具有圈层构造。地球内部划分为地壳、地幔和地核三个主要圈层(图 1-7),各个圈层的化学成分、物理性质和物质状态都有显著区别。

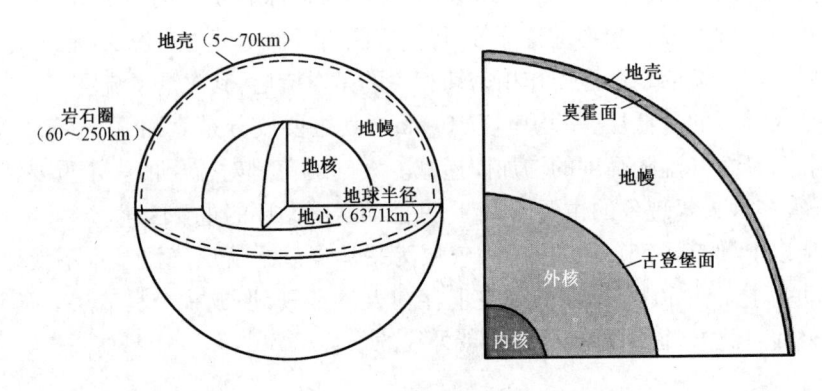

图 1-7 地球内部的分层

1. 地壳

地壳是固体地球的最外部圈层,是地表至莫霍面之间的固体地球部分,其厚度约为地球半径的 1/400,其体积占地球总体积的 1.55%,质量约为 24×10^{18} t,占地球总质量的 0.8%。地壳由岩石组成,其下界起伏较大。例如,大洋部分地壳厚度较小,薄者不足 5km;大陆部分厚度较大,厚者超过 70km。

2. 地幔

地幔是地球的莫霍面以下、古登堡面以上部分的地球圈层,厚度达 2865km,其体积占地球总体积的 82.3%,质量占地球总质量的 67.8%。地幔是地球的主要组成部分,它主要由固体物质组成。根据地震波速变化,以 984km 为界将地幔分为上地幔和下地幔两部分。

1) 上地幔

上地幔平均密度为 3.5g/cm^3。按照地球物理数据(密度、波速变化)及其与陨石对比,与某些在火山喷发物中发现的岩石的对比,可认为地幔物质相当于陨石成分,其主要成分为超基性岩,称为地幔岩,由 55% 的橄榄石、35% 的辉石和 10% 的石榴子石组成。

上地幔内地震波传播速度是不均匀的,根据核爆炸产生的地震波速的研究,在 60~250km 范围内,地震波波速最低,称为低速带,又称为软流层。按地热增温率计算,软流层温度约

700~1300℃,已接近地幔物质熔点。据推测,地幔物质已部分熔融,也许这是波速降低的原因,同时认为软流层是岩浆发源地。

2) 下地幔

下地幔是指上地幔底部至古登堡面之间的部分(深度984km至2898km),平均密度为5.1g/cm³,地震波波速平缓增加。一般认为其组成成分与上地幔相似。密度增加的原因可认为是铁含量的增加或物质在高压下被压缩造成的。

软流层以上的上地幔和地壳合称为岩石圈,组成地球的固体外壳,它均由岩石组成。岩石圈因其下存在着高温、高压、塑性大的软流层,因而易于移动。据此,对解释地壳运动、板块移动、地质构造等具有重要意义。

3. 地核

地核是地球内自古登堡面以下至地心的部分。按地震波波速的分布,可分为外核、过渡层和内核三层。自2898km至4640km是地核的外层,称外核;自4640km至5155km,是过渡层;5155km至地心,为地球的内核。地核的体积占地球总体积的16.2%,质量却占地球总质量的32%。地核的密度可达9.98~12.51g/cm³,与铁陨石相似。根据横波不能通过外地核的事实,可推测外地核为液体状态。过渡层纵波波速变化复杂,可重新测得横波波速数据,表明它由液态向固态过渡。内地核已能测得横波、纵波波速数据,横波由纵波转换而来,反映内地核为固态物质。

三、地壳的物质组成

1. 元素在地壳中的分布

各种元素在地壳中的含量及在地壳不同部位的分布是不均匀的,这种状况一方面与各种元素的特点有关,也与其在地壳中所处的物理、化学条件有关,所以必须研究元素在地壳中的分布规律。美国地质学家克拉克(F. W. Clarke)用了30余年的时间,对地壳的岩石进行了5000多次的化学分析,于1889年首次提出地壳中50余种化学元素的分布量。为纪念他在这方面所做的贡献,国际上把化学元素在地壳中的平均含量百分比,即地壳中元素的丰度,称为克拉克值。后来,经过许多专家、学者的不断修正和补充,得出了各种元素在地壳中的质量分数(表1-1)。

表1-1　主要元素在地壳中质量分数

元素	质量分数,%	元素	质量分数,%
O	46.95	Na	2.78
Si	27.88	K	2.58
Al	8.13	Mg	2.06
Fe	5.17	其他	0.80
Ca	3.65		

从表1-1中可以看出,地壳中的氧元素(O)几乎占了一半,硅(Si)占四分之一还多,表中所列8种元素占地壳总质量的99.20%,其他将近100种元素只占地壳总质量的0.80%,可见地壳中各种化学元素的丰度差异很大。有些元素虽然克拉克值很小,如铜(Cu)为0.01%,钼

(Mo)为0.001%,金(Au)为0.005%,但由于地壳运动,它们在各种地质作用下,可以富集在一起,形成有用的矿床。

2. 组成地壳的矿物

矿物是有一定化学成分和内部构造的自然产物,因而具有一定的物理性质和化学性质。矿物是在各种地质作用中形成的,它可以由一种单质元素组成,如金刚石、石墨、自然金等;但绝大多数矿物由自然化合物组成,如石英、长石、云母、方解石等。矿物是组成岩石的最基本单位。

当前,对月岩和陨石的研究结果表明,组成月岩和其他天体的陨石物质,大多数与地壳的矿物完全相同。因而,矿物不仅是地球中的矿物,在月球和其他天体中也有组成。这就促进了矿物概念的发展。

3. 组成地壳的岩石

所谓岩石,就是矿物在各种地质作用下,按一定的规律组成的自然集合体。岩石可以由一种矿物组成,如纯净的大理岩就是由方解石这一单一矿物组成的。也可以由两种或两种以上的矿物组成,如花岗岩是由石英、正长石、斜长石、黑云母等矿物组成。

自然界中岩石种类虽然很多,但根据其成因可分为岩浆岩、变质岩、沉积岩三大类型。其中,沉积岩的石油地质意义最为重大,它不仅能够生油,而且能够储油。当前世界上发现的近30000个油气田中,99%以上油气储集在沉积岩中。目前在岩浆岩和变质岩中,也发现了油气的储集,并形成了高产油气田。如辽河兴隆台油田在岩浆岩中发现了工业油流,单井日产量达千吨以上;玉门鸭儿峡油田在变质岩中发现了工业油流。所以,对于岩浆岩、变质岩的油气勘探也受到了广泛重视。

第三节　地球的主要物理性质

一、地球的密度

前面已介绍过,地球质量为$(5.9742 \pm 0.0006) \times 10^{24}$ kg,地球的体积为1.0832×10^{12} km^3,因此地球的平均密度为5.516g/cm^3。由于组成地壳的岩石主要为花岗岩和玄武岩,其密度分别为2.7g/cm^{3}和2.9g/cm^3,海水的平均密度为1.028g/cm^3,所以地球深部物质的密度应比地表密度和平均密度高,即由地表向地心,地球密度是增加的。这种变化无法直接观测,一般通过地震波速变化、地球内部重力和转动惯量等计算,或通过其与陨石物质成分模拟来推断。

二、地球的重力

地球的重力是指垂直地球表面使物体向下的一种天然作用力。它实际上是地心引力与地球自转产生的离心力的合力。地球的引力与质量成正比,与地心距离的平方成反比,地心引力在赤道最小,两极最大;离心力与其到地轴的距离和地球转动的角速度平方成正比,在赤道区最大,两极最小。由于离心力的最大值只有地心引力值的1/289,所以重力主要取决于地心引力,且指向地心。

重力在地表的分布决定于地球的形状及其内部质量的分布。假定地球为一均质体,以大地水准面为基准计算出来的地面重力值称为正常(或标准)重力值。地表某点的实测重力值与标准重力值不符合时,称为重力异常;比标准重力值大的称正异常,比标准值小的称负异常。由于地球表面各个区域物质密度的差异,会引起局部的重力异常。例如,在沉积岩及石油、天然气、煤等沉积矿产的分布区,由于组成物质的密度小,常表现为重力负异常;而存在一些密度较大物质的地区,如铁、铜、铅、锌等金属矿区,常表现为重力正异常。重力勘探就是利用这个原理,通过寻找地壳中局部重力异常区的办法,来找矿和了解地下地质构造。

三、地球的磁性

地球周围空间存在着磁场,称为地磁场。可以认为地球是一个均匀磁化球体,磁力线的分布特征和棒形磁铁的磁场相似,形成一个偶极子磁场(图1-8)。偶极子磁轴与地面的交点称为地磁极。磁北极为磁偶极子的S极,磁南极为磁偶极子的N极。地磁场的南北两极与地理南北极是不一致的,即地磁轴与地球自转轴不重合。在地质历史过程中,地磁场是有变化的。实际观测发现,从1922年至1972年的50年间,磁北极在纬度上移动了2°,磁南极则移动了4°25′。随着磁极的移动,各地地磁要素也相应发生变化。为此,国际组织规定每5年重编一次世界地磁图。

地磁场的特征可用磁偏角、磁倾角和磁场强度这三个要素来确定。

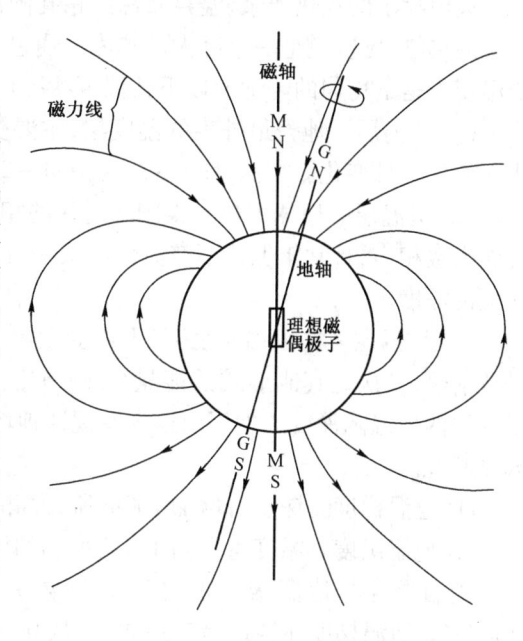

图1-8 地球的磁场(据W.K.汉布林,1980)

1. 磁偏角

在地球表面,通过两个地理极的经线称为地理子午线;通过两磁极的磁力线称作地磁子午线。地磁子午线与地理子午线之间的夹角称为磁偏角。以指北针为准,指北针偏在地理子午线东边者称东偏角,用正号"+"表示;指北针偏在地理子午线西边者称西偏角,用负号"-"表示。我国多数地区磁偏角为西偏角。

2. 磁倾角

地磁磁力线在赤道地区是水平的,在两极地区则是直立的,除此之外的其他地区,地磁磁力线与水平面之间都有一定的夹角,这个夹角就是磁倾角。以指北针为准,下倾者为正(北半球),上仰者为负(南半球)。

3. 磁场强度

磁场中磁力作用的强弱称为磁场强度。

在世界范围内选择若干个地磁测站,测量该处的地磁要素数据,然后推算出世界各地的基本地磁场数据,作为地磁场的正常值。如果发现某地区实测地磁要素数据与正常值显著不一致,则称为地磁异常。地磁正异常一般是由地下赋存高磁性矿物或岩石造成的,如磁铁矿、镍矿、超基性岩等。地磁负异常多是由地下赋存的石油、盐矿、铜矿、石灰岩等低磁性或反磁性矿物或岩石引起的。利用地磁异常来寻找地下矿产和了解地质构造情况的方法,称为磁法勘探。这种方法不仅可以在地面上进行,也可以利用飞行器在高空进行。

四、地球的温度和压力

1. 地球内部的温度

火山喷出的炽热岩浆、温泉及深井钻孔随深度的加深而增温的现象表明,地球内部蕴藏着巨大的热能,可以说是一个巨大的热库。通过大量的调查研究发现,自地面向地下深处,地热增温现象是不均匀的。地面以下按温度状况可分为三层。

(1) 变温层。地壳最外表的温度层,主要受太阳辐射热的影响,其温度随季节、昼夜的变化而变化。日变化影响深度较小,一般为 1~2m,年变化影响深度可达 15~30m 左右。

(2) 恒温层。地球内热与太阳辐射热的相互影响达到平衡的地带。其地温与当地年平均气温大致相当,且常年保持不变。恒温层一般很薄,有时可视为一个面,其深度常采用变温层底面的深度。

(3) 增温层。在恒温层之下,不再受太阳辐射的影响,其热能来自于地球内部,其中主要是放射热,其次是其他形式的能量(如机械能、化学能、重力能、旋转能等)转化而来的热能。增温层的地温随深度的加深而逐渐有规律地增高。常用地温梯度和地温级度来表征增温层的温度状况。

① 地温梯度。深度每增加 100m 所升高的温度值,用 ℃/100m 表示。

② 地温级度。温度每升高 1℃ 所增加的深度值,用 m/℃ 表示。

地温梯度与地温级度两者互为倒数关系。如地温梯度为 5℃/100m,则地温级度为 20m/℃。地温梯度在各地是有差异的,从 0.9~5.2℃/100m 不等。例如,在我国华北平原的地温梯度为 2~3℃/100m,大庆则为 5℃/100m。

在地下深处,由于受压力和密度等因素的影响,地温的增加趋于缓慢。地表至地球内部 70km 范围内,地温梯度平均为 2.5℃/100m,再往深部地温梯度逐渐变小,一般为 0.5~1.2℃/100m。

2. 地球的压力

地球内部存在两套压力系统,即静岩压力和静水压力。

1) 静岩压力

由上覆岩石骨架和其空隙中流体的总重量所引起的压力,称为静岩压力。静岩压力可用下式计算:

$$p_r = 10^{-6} H \rho_r g \tag{1-1}$$

式中　p_r——静岩压力,MPa;

　　　H——上覆岩层的垂直高度,m;

　　　ρ_r——上覆沉积物的总平均密度,kg/m³。

　　　g——重力加速度,9.8m/s²。

显然,静岩压力是随深度增加而逐渐增高的。但由于物质的密度随深度的增加并非均匀增加,因而静岩压力与深度的关系不是直线关系,而是呈一条曲线。如果取地壳的平均密度约 2.75×10³kg/m³,则深度每增加 1km,压力增加 27.5MPa。静岩压力在莫霍面附近约

1200MPa，古登堡面附近约135200MPa，接近地心处可达361700MPa。

2）静水压力

静岩压力一般由岩石的骨架结构所承担，不会作用到岩石空隙内的流体上。岩石空隙内大部分被水充满，其分布范围往往很广，甚至延伸到地表，受地表水的补给。由地层连通孔隙内水柱的重量所造成的压力称为静水压力。其计算公式为：

$$p_H = 10^{-6} H \rho_w g \tag{1-2}$$

式中 p_H——静水压力，MPa；
ρ_w——水的密度，kg/m³；
H——静水柱高度，m；
g——重力加速度，9.8m/s²。

我们把岩层孔隙空间内的流体所承受的压力称为地层压力，在含油气区域内又称油层压力或气层压力。显然，地层压力的主要来源是静水压力，因此可用静水压力公式计算地层压力。如果取水的密度为$1 \times 10^3 kg/m^3$，则深度每增加100m，地层压力增加1MPa。

由于地层压力全部由流体本身所承担，这就意味着承受高压的地层流体具有潜在能量。在进行油气钻探时，一旦油气层被钻开并投入开采，由于井底附近压力降低，原来油气层内的压力平衡就要被打破，在油气层压力与井底压力之间所形成的压差的驱使下，油气层内的流体就会流向井底，甚至会强烈地喷出地面。也就是说，地层流体能够由地层流到井底，并由井底到达地面，均是由于地层压力的作用。

五、地球的弹性和塑性

众所周知，海水在日月引力的作用下发生潮汐现象。实际上，这种现象也会出现在固体地球表层。用精密仪器可以观测到固体地球表层的潮汐现象，地面升降幅度可达7~15cm，这就是固体潮。固体潮表明，固体地球具有弹性。此外，地震波是弹性波，地球能传播地震波，也表明地球具有弹性。

地球在其自转的作用下成为一个旋转椭球体，这表明地球并不是完全的刚性体。在长期应力的作用下，坚硬的岩石也会产生一定的塑性变形。构造运动使地壳中的岩层发生弯曲形成褶皱，就是典型的塑性变形现象。

固体地球的弹性和塑性特点都是相对的，在不同的条件下有不同的表现。在施力速度快、作用时间短的条件下，地球表现为弹性体，岩层会产生弹性变形或破裂；在施力速度缓慢、持续作用时间漫长的条件下，地球则可表现出明显的塑性特征，如形成复杂的褶皱。

第四节 地质作用概述

一、地质作用的概念

地球自形成以来，在漫长的地质历史中，其物质成分、内部结构、构造、地表形态都在不断地运动和演变着。地球的这些运动和演变有的表现得十分强烈和明显，如火山爆发、地震活动、山体崩塌、泥石流等；有的则十分缓慢，使人们觉察不到，如山脉的上升、盆地的下降、大陆的漂移、海底的扩张等。这些十分缓慢的演变,经过漫长的地质年代,可使地球的面貌发生巨大的变化。

地质学把自然界引起地壳岩石圈的物质组成、内部结构、构造及地表形态变化和发展的各种作用过程,称为地质作用,把引起这些变化的各种自然动力称为地质营力。根据地质作用的动力来源,可将地质作用分为内力地质作用和外力地质作用两大类型。

二、内力地质作用

内力地质作用是指由地球内部的能量(高温、高压)和地球自转的动能所引起的。内力地质作用可使岩石圈的某部分(板块)发生缓慢的水平位移和垂直方向的升降,使地壳发生分裂和碰撞,还可导致发生地震活动、火山作用及各种构造变动等,其表现形式有地壳运动、地震作用、岩浆作用和变质作用等。

1. 地壳运动

地壳运动是指地壳或岩石圈受地球内力作用而产生的机械运动。

整个地壳处于长期不断地运动之中。从空间上看,地壳的任何一个区域都在发生着运动。这种运动表现为地壳的上升或下降、挤压或拉张等,不会处在静止不动的状态,只是这种运动十分缓慢,其运动速度一般为 0.05~4cm/a 左右,人们感觉不到。从时间上看,从地球的形成至今,地壳运动从未停止过。"沧海变桑田,桑田成沧海",就是因地壳运动造成的海陆变迁,这种海陆变迁在各个地质历史时期都有。

地壳运动按运动方向可分为水平运动和升降运动两类。

(1)水平运动。平行于大地水准面或沿地球球面切线方向的运动。它使地壳发生碰撞、拉伸、平移以致旋转,形成褶皱和断裂等地质构造,并使地表起伏加大。如美国的圣安德列斯断层,水平错断达 1000 余千米。我国山东郯城至安徽庐江的断裂(郯庐大断裂),从白垩纪以来近一亿年的时间里,其两侧的相对水平错动已达 150~200km,最大处达 350km。

(2)升降运动。垂直于大地水准面或沿地球半径方向的运动。它表现为区域地壳的上升或下降,造成地壳的隆起或坳陷。升降运动现象比较容易识别,我国舟山群岛、台湾岛和海南岛在第四纪早期都是与大陆相连的,后来由于台湾海峡地壳下沉,才使它们与大陆分开成为岛屿。世界屋脊——喜马拉雅山,在古近纪前还是一片汪洋,直到古近纪(约 4000 万年前)才开始缓慢上升,200 万年前的新近纪初具山的规模,目前仍在以 2.4cm/a 左右的速度上升。与此相反,荷兰饱受地壳下降之苦,几百年来不得不筑堤围海,以确保陆地不被海水淹没。

2. 地震作用

地震是一种自然现象,当地球发生快速颤动时则表现为地震。地震发生的过程是地壳某个位置的地应力超过了岩石强度,岩层发生断裂,从而引起地应力突然的释放,使岩层产生振动,于是就发生了地震。

在地壳内,地应力释放出能量的位置即地震能量的来源称为震源,震源位置垂直投影到地面上的点称为震中,震中到震源的距离称为震源深度,地面上任何一点到震中的水平距离称为震中距,相同的烈度在平面上所连成的线称作等震线(图 1-9)。

地应力的积累是由于长期缓慢的构造运动使岩石变形而引起的。一旦岩石断裂,应力释放时,便发生了由构造运动引起的地震,称之为构造地震。地球上 90% 以上的地震都属于构造地震。此外,火山活动和大型山崩、地陷都可以引起地震,分别称之为火山地震和陷落地震,这两种地震较为少见。

地震具有突发性、局部性、短暂性的特点。强烈的地震会对地面及房屋建筑产生严重的破坏，给人们的生命财产造成重大损失。2004年12月26日08时58分在印尼苏门答腊西北近海发生8.7级地震，随之引发的海啸造成数万人死亡；1976年7月28日，在河北省唐山、丰南一带发生了7.8级强烈地震，造成24.2万人死亡，16.4万人受重伤，灾情举世罕见。

3. 岩浆作用

岩浆是指地壳下具有高温、高压、富含挥发组分的成分复杂的硅酸盐熔融物质，一般认为其发源于上地

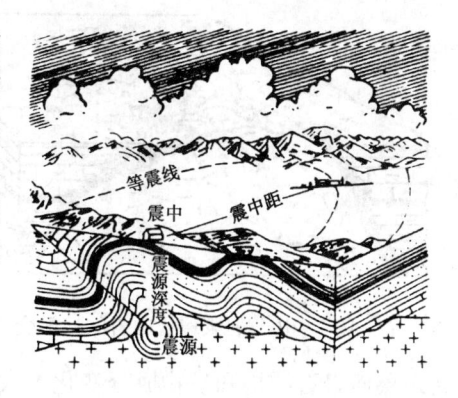

图1-9 地震名词解释示意图

幔软流圈中或地壳的深处。岩浆在地下处于高温高压状态，随着地壳和上地幔的运动和发展，局部物理和化学条件发生变化，会促使地壳深处的岩浆以热力熔化和机械挤入的方式向上部压力相对较小的薄弱地带和断裂带流动，侵入到地壳中，甚至喷出地表。岩浆在上升过程中与围岩相互作用，不断改变着自身的化学成分和物理状态。我们把这种从岩浆的形成、活动直至冷凝的全部地质作用过程，统称为岩浆作用。

在岩浆向地壳的薄弱地带挤入过程中，如果岩浆内部压力大到足以使其穿过上部的岩层而喷出地表，就形成了火山喷发，这种作用过程称为岩浆喷出作用或火山作用，冷却后所形成的岩石称为喷出岩。如果岩浆从深部发源地上升，但没有到达地表就冷凝了，这种作用过程称为岩浆侵入作用，冷凝后所形成的岩石称为侵入岩。

4. 变质作用

1）变质作用的概念

变质作用是指地壳中已经形成的岩石在高温高压和化学活动性流体作用下，引起岩石的结构、构造或成分发生变化，形成新的岩石的一种地质作用。

地壳中已经形成的岩石可以是沉积岩、岩浆岩或早期形成的变质岩。岩石是否发生变质要看其有无重结晶现象或有无变质矿物出现为标志。岩石的变质作用是在固态状况下进行的，即固体的岩石或矿物不经过熔融或溶解阶段而直接发生矿物成分、结构和构造的变化，这是与岩浆作用所不同的特点。

变质作用主要是由地壳运动和岩浆活动所引起的。促使岩石变质的外在因素主要有温度、压力以及化学活动性流体。有时变质作用以某种因素为主，有时是多种因素综合起作用。

变质作用在地壳内部的物质活动中广泛分布和普遍存在，不仅形成了各种变质岩石，而且形成了大量变质矿产。

2）变质作用的类型

根据变质作用发生的地质环境和物理化学条件，可把变质作用划分为以下三种主要类型：

（1）接触变质作用。

接触变质作用是发生在侵入岩体与围岩的接触带上的变质作用。岩浆侵入地壳，与周围的岩石接触时，由于温度的增加或者因从岩浆里析出的大量挥发组分和热水溶液的作用，引起围岩矿物成分、结构、构造，甚至化学成分的变化。

由于围岩绕侵入体呈环状展布,所以这种变质作用只局限于侵入体与围岩的接触地带,一般规模较小。变质范围随侵入体的温度、大小和围岩性质而有所不同。变质带宽度从数米至数千米。一般情况下,围岩的变质程度离侵入体越远越弱,并逐步过渡到未变质区域(图1-10)。

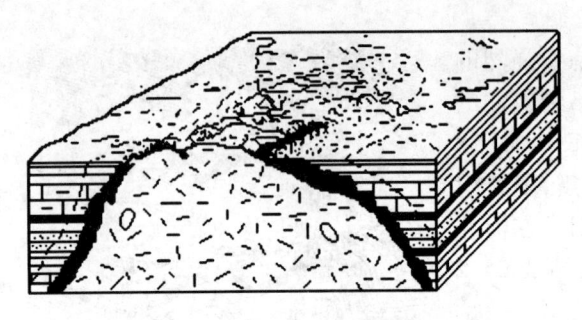

图1-10 岩浆侵入围岩的接触变质带

喷出岩与围岩接触的地方,变质作用通常比较微弱,影响范围更小,常常仅有烘烤现象而岩石结构和矿物成分变化不大。所以根据接触变质的范围大小,可以推测隐伏岩体的规模和部位。最常发生接触变质作用的是中酸性岩浆的侵入体与碳酸盐岩接触的地方。

根据引起接触变质的主要因素和方式,接触变质作用可进一步分为两种情况。

① 热接触变质作用。围岩受岩浆高温的影响而发生的变质作用。温度是主要因素,压力次之,重结晶是主要变质作用方式。岩石在变质前后总的化学成分基本不变,但可以通过重结晶形成新的矿物和变质岩。如石灰岩变为大理岩,石英砂岩变为石英岩,页岩变为角页岩等。

② 接触交代变质作用。如果变质因素除温度压力之外,还有大量来自岩浆的挥发组分参与,就会使接触带附近的侵入岩和围岩发生明显的交代作用,从而形成变质岩。如果侵入体为中—酸性岩浆岩,围岩为碳酸盐岩时,这种接触交代作用则进行得强烈而复杂。在交代过程中,挥发组分把岩浆中的Si、Al、Fe等带入围岩,同时又把围岩中的Ca、Mg等带入岩浆岩,形成以石榴子石和透辉石为主要矿物的岩石,称为矽卡岩,并且在矽卡岩中常常生成一些有经济价值的矿床,如铁矿、铜矿、钨矿和铅锌矿等。

(2)动力变质作用。

动力变质作用是指岩石受定向压力(动压力)的作用而产生破碎、变形、重结晶的变质作用。

动力变质作用的影响因素以构造应力为主,而温度和静压力的作用较弱,主要发生在构造运动强烈的构造带中,因此分布的范围很狭窄,常沿断裂带呈带状分布。根据变质环境和方式不同,动力变质作用又可分为碎裂变质和韧性变形两种类型。

① 碎裂变质。在地壳的浅部,岩石呈脆性,当应力超过岩石强度极限时,岩石便会被压碎或磨碎,产生碎裂变质,有代表性的岩石是构造角砾岩。

② 韧性变形。在地壳中、深部,温度和压力较高,岩石具塑性,在断裂带中的岩石一般不发生明显的破裂,而是以强烈韧性剪切变形或塑性流动为主,有代表性的岩石是糜棱岩。其特征是细粒化,并具有明显的定向构造。由于温度和压力较高,伴随着韧性变形作用,可发生不同程度的重结晶作用,所以在糜棱岩中常出现绢云母、绿泥石、绿帘石等新生矿物。

(3)区域变质作用。

区域变质作用是指在大范围内,由于温度、压力和化学活动性流体等因素的综合作用下而产生的变质作用。其热源来自地热和岩浆热,其压力既有静压力,又有定向压力。变质范围一般长数百或数千千米,宽数十或数百千米。世界上许多山脉的核部,包括那些在漫长岁月里已被夷平的地区,都有成片的区域变质岩出露。如我国的祁连山、秦岭、大别山、吕梁山、五台山、胶东和辽东半岛等地。

区域变质作用是一种十分复杂的、由多种因素引导的变质作用。其结果使岩石发生重结晶作用,并形成很多变质矿物,由于定向压力的影响常使岩石发生变形、破碎或形成片理构造和片麻状构造。

在不同地区、不同深度,变质的因素和变质作用的强度是不同的。根据变质的程度和深浅的不同,可分为浅变质带、中变质带和深变质带。

浅变质带位于地表浅处向下约 5km 处,此处的温度、静压力一般不太高,定向压力则较强,可使岩石产生破碎及重结晶作用。形成板状、千枚状等变质结构和特有矿物,如绿泥石、绢云母、滑石等。它们都具有细粒结构,主要的变质岩有板岩、千枚岩、石英岩及片岩。

中变质带位于浅变质带和深变质带之间。静压力稍强,定向压力较高,化学活动性流体作用也较强,矿物重结晶作用显著,因定向压力强,故片理构造发育,主要变质矿物有石榴子石、蓝晶石、十字石等。主要的变质岩有中粒结构的片岩、大理岩及片麻岩等。

深变质带位于地下深约 15km 左右。温度、静压力都很高,重结晶作用极为完好,典型构造是片麻状构造,由于定向压力较小,片理构造发育不好。主要变质矿物有硅线石、石榴子石等,并具等粒结构。主要的变质岩是各类片麻岩。

三、外力地质作用

外力地质作用是以外能为主要能源而引起地表形态和物质成分发生变化的地质作用。外力地质作用主要在地球表面进行,包括风化作用、剥蚀作用、搬运作用、沉积作用和成岩作用。它一方面使地球表层出露的岩石通过风化、剥蚀作用而破坏,另一方面通过搬运、沉积和成岩作用形成新的岩石。因此,外力地质作用不断地破坏和削平地壳的抬升或隆起区,又不断地把破坏产物——碎屑物质和溶解物质搬运、堆积到地壳沉降、低洼的沉积区,对地表地形起到削高填平的作用或均夷作用,促使地球面貌不断发展演变。同时,外力地质作用还促使某些元素不断富集或分散,形成十分丰富的风化型和沉积型矿产,如铁、铝、锰、铜、铅、锌等金属矿产,石英砂岩、碳酸盐岩、盐岩等非金属矿产,煤、石油、天然气、油页岩等可燃性有机矿产。

1. 风化作用

风化作用是指在地表或近地表的环境下,由于气温变化,大气、水溶液和生物活动等因素的作用,使岩石在原地遭受破坏的过程。根据风化作用的性质及其结果不同,风化作用可分为物理风化、化学风化和生物风化三种类型。

1)物理风化作用

物理风化作用主要是在温度变化等因素的影响下,引起不同矿物间热胀冷缩的差异,造成岩石的机械破碎,物质成分并未改变的风化作用,亦称机械风化(图 1-11)。另外,岩石孔隙和裂隙中的水,在温度降至 0℃ 以下结冰时,其体积可增大 9.2%,对裂隙周围产生很大的挤压力,使岩石裂隙不断扩大,以致使其破碎成碎块,这种作用称冰劈作用(图 1-12)。与冰劈作用类似,当岩石中含有潮解性盐类时,夜间由大气中吸收的水分,顺着毛细管渗入岩石内部,并沿途溶解盐类。白天在烈日照射下水分蒸发,原来在溶液中的盐类结晶出来,新的晶体对岩石产生撑裂作

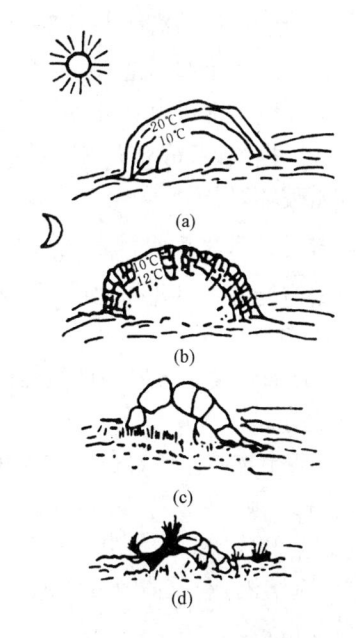

图 1-11 岩石温差风化过程示意图

用。天长日久，岩石就崩裂成碎块。

2）化学风化作用

化学风化作用是指在大气和水溶液的影响下发生的岩石、矿物的分解作用，它不仅使岩石、矿物破碎，化学成分改变，并且能形成稳定的次生矿物。化学风化的作用方式主要有氧化作用、溶解作用、水化作用和水解作用。如黄铁矿（FeS_2）经氧化变成褐铁矿（$Fe_2O_3 \cdot nH_2O$）；石灰岩被含有 CO_2 的水溶解；硬石膏（$CaSO_4$）水化变为石膏（$CaSO_4 \cdot 2H_2O$）；钾长石经水解成高岭土和铝土矿等。

3）生物风化作用

生物风化作用是指由生物生命活动引起原岩的破坏作用。生物风化作用分为生物物理风化作用和生物化学风化作用。由生物活动导致岩石的机械破坏称为生物物理风化作用，如田鼠、蚯蚓、蚂蚁等不断地挖洞掘穴，使岩石破碎、土粒变细。人类活动，尤其是工程建筑，如筑路、采矿、打隧道、挖水渠等等，对岩石的破坏作用更加明显。植物生长在岩石的裂缝中，植物根使岩石裂缝扩大从而引起岩石的崩解，这一过程称为根劈作用（图1-13）。

图1-12 冰劈作用示意图　　　　图1-13 植物的根劈作用

生物化学风化作用是通过生物的新陈代谢和尸体的分解物进行的风化作用。如植物和细菌在新陈代谢中常析出有机酸、硝酸等溶液腐蚀岩石。生物，特别是微生物的化学风化作用是很强烈的。据统计，每克土壤中可含有几百万个微生物，它们都在不停地制造各种酸类物质，从而强烈破坏岩石。

4）母岩的风化产物

母岩遭受各种风化作用后，形成各种风化产物。按风化产物物质成分、性质不同可以分为三类。

（1）碎屑物质。母岩物理风化的产物，包括母岩的岩石碎屑和矿物碎屑。它们是碎屑岩的主要成分。

（2）残余物质。母岩在化学风化过程中所形成的一些不溶解的风化残余物质，如各种黏土矿物，铝土矿、褐铁矿等。它们是组成黏土岩的主要物质成分。

（3）溶解物质。为易溶物质成分，常呈溶液状态随水迁移。它包括真溶液物质（如钠、钾、钙、镁的真溶液）和胶体溶液物质（如铝、铁、硅的胶体溶液）。它们是化学岩及生物化学岩的主要物质成分。

2. 剥蚀作用

地表的矿物、岩石，由于风化作用，可以使其分解、破碎，在运动介质作用下（如流水、风等),就可能被剥离原地。剥蚀作用就是指各种运动介质在其运动过程中,使地表岩石产生破坏并将其产物剥离原地的作用。剥蚀作用是陆地上一种常见的、重要的地质作用,它塑造了地表千姿百态的地貌形态,同时又是地表物质迁移的重要动力。根据产生剥蚀作用的营力特点不同,剥蚀作用可进一步划分为河流、地下水、风、海洋、湖泊和冰川等的剥蚀作用。

1) 河流的侵蚀作用

沿陆地表面流动的水体称为地面流水,它包括坡流、洪流及河流。河流是地面流水的主体部分,是指陆地表面有固定水道的常年水流。一条河流在地面上是沿着狭长的谷地流动的,这个被流水所开凿或改造的线状谷地称为河谷。

河流在流动过程中,以其自身的化学动力(溶解力)和机械动力(水力),并以其携带的泥、沙、砾石等碎屑物为工具,对河床加以改造,使其加深、加宽和加长的过程称为河流的侵蚀作用。

河流的侵蚀作用按照其作用的方向可分为下蚀作用和侧蚀作用两种类型。

(1) 河流的下蚀作用。

河流侵蚀河床底部岩石,从而使河床降低、河谷加深的作用称为下蚀作用或底蚀作用。在河流的上游,即在河床纵坡降大的地方,河水流速快,下蚀作用表现最为强烈。强烈的下蚀作用使河谷不断加深,常常造成谷坡陡峻、谷底狭窄的 V 形河谷。很深的 V 形河谷称为峡谷(图 1-14)。

由于不同河段的岩性差异,其抵抗剥蚀的能力不同,使各河段下蚀速度也不同,导致急流的形成和在软硬岩石交界处形成瀑布。如我国贵州的黄果树瀑布,河水从 58m 高的悬崖上倾泻而下,极为壮观(图 1-15)。瀑布坎下的河床受到猛烈的冲刷和磨蚀,河床不断加深。同时跌水陡坎下部的岩石被掏蚀,造成陡坎上部岩石的垮塌,出现瀑布向上游方向退移的现象,称为向源侵蚀。

图 1-14 金沙江的 V 形河谷(据李尚宽,1982)　　图 1-15 贵州黄果树瀑布

河流下蚀作用不是无止境的,当河面下降到趋近于海平面时,河水不再具有位能差,流动趋于停止,河流下蚀作用也随之停止。因此,海平面为入海河流的下蚀极限,称为侵蚀基准面。

(2) 河流的侧蚀作用。

河水侵蚀河床两侧和谷坡,使河床左右迁徙和谷坡后退的作用称为河流的侧蚀作用。河流中游、下游,河床坡降变缓,下蚀作用处于次要地位,河流的侧蚀作用居主要地位。

因受种种因素的限制,自然界的河流都不是平直的,总是有些弯曲。在弯曲河道中流动的河水,在惯性力作用下会径直前冲流向凹岸,使凹岸受到很大的冲击作用而不断发生坍塌、后退。流向凹岸的水体相对增多,可形成雍水现象。雍水在自身压力作用下会向水底下沉并在河底沿斜下方流向凸岸,从而使河水形成螺旋状前进的水流,称横向环流(图1-16)。从凹岸上冲塌下来的岩屑,大的沉落河底,小的被底流带向凸岸并沉积下来,于是凸岸不断向河内方向推进。这样,河流侧蚀作用的结果会导致河床更加弯曲与河谷的逐渐扩宽(图1-17)。

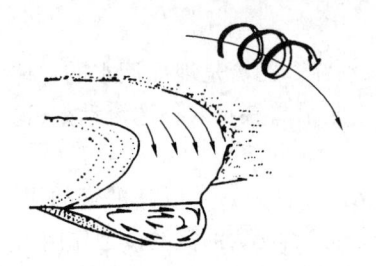

图1-16 单向环流
(据 W. K. 汉布林,1980)

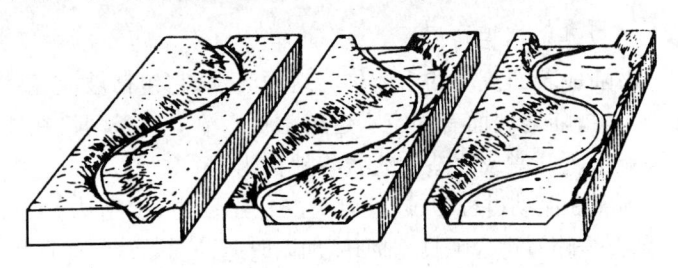

图1-17 侧蚀作用使河谷加宽
(据 C. R. Longwell 等,1956)

河流的侵蚀作用无论是下蚀作用还是侧蚀作用,其侵蚀下来的物质,都是形成沉积岩的原始物质,在侵蚀的同时就伴随有沉积作用。

2)地下水的剥蚀作用

地下水是埋藏在地表以下松散沉积物和岩石空隙中的水。按其在地下的产状和埋藏条件可分为潜水和层间水两种。

潜水是埋藏在地表以下第一个稳定隔水层以上,具有自由表面的重力水(图1-18)。在重力作用下,潜水将由水位高的地方向水位低的地方流动。它是人类生活饮用水的重要来源。

层间水又称承压水,是指埋藏于两个稳定隔水层之间透水层内的地下水(图1-19)。它的流动受上、下稳定隔水层的控制,具有一定的压力。

图1-18 潜水面及其与地形的关系
图中虚线为潜水面

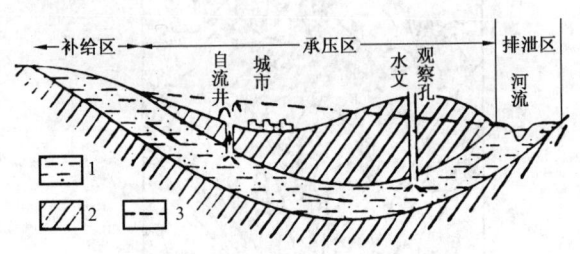

图1-19 承压水的补给与排泄
1—含水层;2—不透水层;3—承压水面

地下水在流动过程中对周围岩石的破坏作用称地下水的剥蚀作用。因其发生于地下,故又称潜蚀作用。按其作用方式分机械潜蚀作用和化学潜蚀作用两种。

(1)机械潜蚀作用。

地下水对松散沉积物和岩石的冲刷破坏作用称为机械潜蚀作用。地下水的流动一般十分缓慢,动能微弱,因此机械冲刷破坏的能力很小。它仅仅能冲走松散沉积物中颗粒细小的粉砂,使其结构变得疏松,空隙扩大,甚至引起地面陷落和滑坡,这种现象在黄土区比较常见。处在地下岩石洞穴中的地下暗河可以有较大的流速和流量,对岩石的机械潜蚀作用比较强,类似于地面河流。而在岩石孔隙和裂隙中渗流的地下水则缺乏进行机械潜蚀的能力。

（2）化学潜蚀作用。

地下水通过对可溶性岩石的溶解并把溶解下来的物质带走,使岩石产生破坏的作用称为化学潜蚀作用。由于地下水的化学成分较复杂,常含有较多的 CO_2,有的还溶有 HCl 或 H_2SO_4 等,因而地下水是一种较强的溶剂,能够较快地分解可溶性岩石,如碳酸盐类岩石,也能缓慢地分解长石类硅酸盐矿物。地下水对可溶性岩石的溶蚀和改造过程,在我国称为岩溶作用,国际上通称喀斯特作用。

在气候炎热潮湿的碳酸盐岩发育的地区,岩溶作用发育,并往往形成许多奇特地形。如我国桂林石灰岩地区,由于岩溶作用强烈,形成了千姿百态、奇异壮观的地貌景观(图1-20、图1-21)。

图1-20　岩溶作用示意图
（据汪新文等,1999）

图1-21　桂林附近的峰林
（据李尚宽,1982）

在碳酸盐岩地层中,地下水的溶蚀作用会形成大量的溶蚀孔隙,同时扩大了原有的孔隙和裂隙,岩石的储集空间会明显增大,储油物性显著提高。因此碳酸盐岩储集层构成的油气田常常储量大、产量高,容易形成大型油气田。波斯湾盆地、利比亚的锡尔特盆地等世界重要产油气区的储集层都是以碳酸盐岩为主,我国四川盆地和鄂尔多斯盆地的碳酸盐岩层系中也发现了大中型气田。

3）风蚀作用

风以自身的动能和所挟带的砂粒对地表岩石破坏的过程,称风蚀作用。风蚀作用有吹蚀作用和磨蚀作用两种方式。吹蚀作用是指风吹过地面,将基岩表面的岩石碎屑或松散小颗粒吹走的作用。结果使新鲜的基岩出露,继续遭受其他的外动力地质作用。磨蚀作用是指风中所挟带的砂石,对基岩的冲撞、研磨过程。因风在吹扬过程中所携带的砂砾在距地表 0.3m 以下高度相对集中,因此,在沙漠区,常见电线杆等在其下部遭磨蚀变细。

在干旱地区的沙漠、干河床等地方,更易遭受风的吹蚀、磨蚀作用而形成独特的风蚀地形。如岩石表面上的蜂窝状孔洞、条带状的刻槽、风蚀谷、石檐、石蘑菇等(图1-22、图1-23)。

图1-22　石蘑菇

图1-23　风蚀谷

4) 海洋的剥蚀作用

海洋的剥蚀作用简称海蚀作用,它包括海水运动的动能、海水的溶蚀和海洋生物的活动等因素引起海岸及海底岩石的破坏作用。海蚀作用的方式可分为机械的、化学的、生物的三种。其中以海浪和潮汐引起的机械冲击破坏作用为主。特别是在基岩海岸,一般地形比较陡峭,海蚀作用非常强烈,在岸壁基部与海平面的接触带,因海浪冲击海岸,形成各种海蚀地形。对高陡的海岸,在海浪可冲击高度上形成一些凹槽,人们称之为海蚀槽。它沿海岸下部分布,与进袭海浪的方向平行。海蚀槽的上缘略高于高水位,下缘则略低于低水位。海蚀槽在海浪冲击下,不断向内扩展,使槽顶失去支撑而垮塌,形成陡峭的崖壁,称之为海蚀崖(图 1-24)。海蚀崖基部将继续受浪击,形成新的海蚀凹槽,并发生新的重力垮塌,使海岸逐渐后退形成波切台地。波切台地高度几乎接近海平面,是一个表面平坦,大部分在水下且微朝海洋倾斜的平台。与此同时,回流可将破碎的细小物质带向海中,堆积成平坦的波筑台地(图 1-25)。

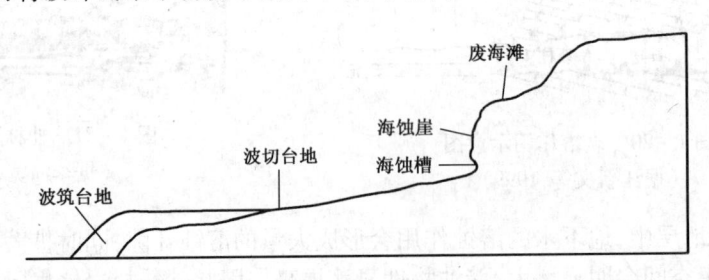

图 1-24　海蚀崖的发育(据张家环,1986)

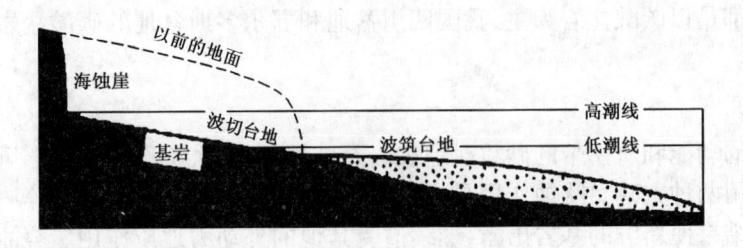

图 1-25　波切台地与波筑台地的形成(据张家环,1986)

我国舟山群岛普陀岛上海蚀地形屡见不鲜,令游人流连忘返的潮音洞即由海蚀穴、海穹、海蚀崖等组成,它们都是海蚀现象的证明。海蚀作用的结果,使海岸从陡岸向缓岸转化,使曲折的岬湾式海岸变为平直海岸,使以剥蚀作用为主的海岸向以堆积为主的海岸转化。

5) 冰川的刨蚀作用

冰及其溶化后的冰水流是水圈的重要组成部分,冰川是陆地上终年以缓慢的速度流动的巨大冰体。现代冰川面积约为 $1.63 \times 10^8 km^2$,约占陆地面积的 11%,体积约为 $3 \times 10^7 km^3$。冰川主要分布在高纬度地区和低纬度的高山地区,在冰川覆盖地区,冰川刨蚀着地面岩石,形成各种独特的冰川地貌,同时又把破坏的产物搬运到特定的地段,形成冰川堆积物。冰川及其挟带的岩石碎块对冰床基岩的破坏作用称刨蚀作用。其方式有挖掘和磨蚀两种,均是冰川对基岩的机械破坏作用。

(1) 挖掘作用。

挖掘作用又称拔蚀作用,是指冰川在运动中,将与冰川冻结在一起的冰床基岩碎块拔起带走的过程。在巨厚冰层的压力下,冰川底部的冰部分融化,冰融水渗入到冰床基岩的裂隙中,重新结冰,使裂隙扩大。当冰川向前运动时,就将这些裂隙发育并与冰川冻结在一起的岩石拔起,随冰川带走,其结果是冰床加深。挖掘作用的强度受冰劈作用的控制。冰劈作用发育,则岩石裂隙不断增大、增多,变得较为破碎,利于挖掘作用进行。

(2)磨蚀作用。

又称锉蚀作用,是指冰川以其冻结搬运的岩屑或岩块为工具,对冰床岩进行的锉磨。磨蚀作用的结果是在冰川两侧或底部留下光滑的磨光面及丁形擦痕。丁形擦痕又称冰川擦痕,其特点是一头宽、深,一头窄、浅,长约几厘米至几米。擦痕由宽、深变为窄、浅的方向,为冰川运动的方向。

3. 搬运作用

母岩风化剥蚀的产物,通过流动的水体、冰川、风力及生物等动力,将它们从原地搬到沉积地区的作用称之为搬运作用。搬运作用和剥蚀作用往往是同一种动力,它一方面把风化产物剥蚀下来,另一方面又把剥蚀下来的物质搬运走。

1) 碎屑物质在流水中的搬运

碎屑物质在流水搬运过程中,一般不发生明显的化学变化,只是使碎屑的物理状态有所改变,如大小和圆度的变化。流水搬运碎屑物质有以下两种搬运方式:

(1)拖运。一些较重的颗粒,如砂、砾等碎屑物质,随流水的运动在河床底、湖底、海底以滚动、跳动和推动的方式被搬运,颗粒的这种搬运方式,称为拖运。搬运的碎屑物质在搬运过程中逐渐失去棱角,被磨圆变小。

(2)悬浮运。一些细而轻的颗粒,如黏土、粉砂颗粒悬浮在水中被搬运,称为悬浮运。呈悬浮运方式的物质,称为悬移质。

各种机械搬运方式之间并无一个绝对的粒度界限,因为随着流速的增减,一定大小的碎屑物,其搬运方式可以不同。

流水的搬运能力之大是人们难以想象的。据统计,我国长江每年通过宜昌站的平均年输砂量达 5.28×10^8 t,而流经黄土高原的黄河平均每年通过河南陕县的泥砂,多达 16×10^8 t。如把这 16×10^8 t 泥砂堆成宽、高各 1m 的长堤,它可以绕地球 27 圈。可见流水的搬运能力之巨大。

2) 溶解物质的搬运

母岩风化产物中的溶解物质,主要为 Cl、S、Ca、Na、K、Mg、P、Si、Al、Fe、Mn 等。其中前 6 种溶解度较大,呈真溶液;余者溶解度较小,主要呈胶体溶液。它们均呈溶解状态,在河水或地下水中,向湖泊和海洋内转移。溶解物质在水中呈溶解状态搬运,称为溶解运。

4. 沉积作用

母岩的风化、剥蚀产物在外地质营力的搬运过程中,当搬运能力减弱或介质的物理化学条件改变时,发生沉淀、堆积的过程,称为沉积作用。根据沉积作用的方式不同,沉积作用可分为机械沉积作用、化学沉积作用和生物沉积作用三种类型。

1) 机械沉积作用

(1)流水中的机械沉积作用。

碎屑物质在流水中的机械搬运不会无止境地进行。在一定的条件下,当流水的动力不足以克服碎屑的重力时,碎屑物质就会沉积下来,堆积在河床或河漫滩上,或在河流注入的静止水体(湖泊或海洋)的水底之上。也就是说,当流水的动力大于碎屑物质的重力时,碎屑物质就处于搬运状态;当碎屑物质的重力大于流水的动力时,碎屑物质就沉积下来。

(2)机械沉积分异作用。

随着水流速度由大到小有规律地变化,碎屑物质根据其粒度、密度、形状和矿物成分的不同,在重力的影响下,按一定顺序沉积的现象,称为机械沉积分异作用。碎屑物质的粒度分异特别明显,大颗粒多沉积在河流的上游地段,小颗粒则依次沉积在中、下游地段(图1-26、图1-27)。搬运的时间和距离越长,沉积分异作用越彻底,而且碎屑物因经受磨损,使颗粒逐渐磨圆、变小。机械沉积分异作用的结果主要是形成了砾岩、砂岩、粉砂岩和黏土岩。

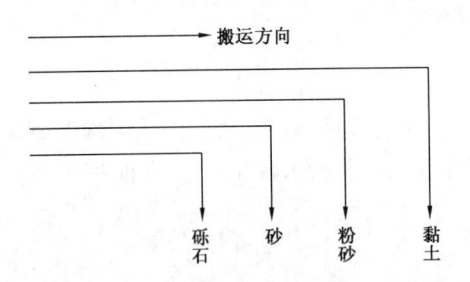

图1-26 碎屑物质按粒度的机械沉积分异　　图1-27 不同相对密度矿物的机械沉积分异

2)化学沉积作用

(1)真溶液物质的沉积作用。

真溶液物质的质点微小,直径小于1nm,呈离子状态,均匀分散于溶剂中。真溶液物质的溶解度是控制其沉积作用的根本因素。真溶液物质的溶解度越大越难沉积;反之,溶解度越小,则越易沉积。其他如水介质pH值和Eh值以及CO_2的含量、温度、压力等因素对真溶液物质的沉积均会产生影响。例如,当水介质的温度升高时,水中的CO_2含量降低,从而促使溶解的$Ca(HCO_3)_2$转变为$CaCO_3$并沉淀。因此,$CaCO_3$沉积多见于热带、亚热带地区,在寒带和深海地带很少有$CaCO_3$沉积。

(2)胶体溶液物质的沉积作用。

胶体溶液的性质介于悬浮物与真溶液之间,胶体质点直径在1~100nm之间,多呈分散状态,因此胶体受重力的影响较小。胶体质点带有电荷。同种电荷的胶体质点之间的相互排斥力,使质点之间难以聚集成大的质点,所以受重力的影响很小,难以沉积。但当胶体质点的电荷因不同性质电解质的加入而被中和时,它们就会相互凝聚而形成大的质点,并在重力的作用下沉积下来,成为胶体沉积物。如河流携带Fe、Mn、Si、Al等大量的胶体物质进入海洋,大都在近岸地区迅速下沉,就是因为水中的各种电解质中和了它们的电荷的结果。

不同电荷的胶体相互作用,也可使它们的电荷中和而使胶体发生沉淀。如带正电荷的氧化铝胶体($Al_2O_3 \cdot nH_2O$)与带负电荷的二氧化硅胶体($SiO_2 \cdot nH_2O$)相遇,就会使它们的电荷相互中和,凝聚成黏土矿物高岭石[$Al_4(Si_4O_{10})(OH)_8$]。这是在海(湖)中形成黏土岩的重要原因之一。

(3)化学沉积分异作用。

包括胶体溶液物质和真溶液物质在内的溶解物质,在搬运、沉积过程中,根据其化学元素的活泼性或溶解度的不同,按一定顺序沉积下来,这种过程称为化学沉积分异作用或化学分异作用。

各种溶解物质化学沉积分异的大致顺序为:氧化物→磷酸盐→硅酸盐→碳酸盐→硫酸盐及卤化物,并形成各种重要的沉积矿物和化学岩(图1-28)。

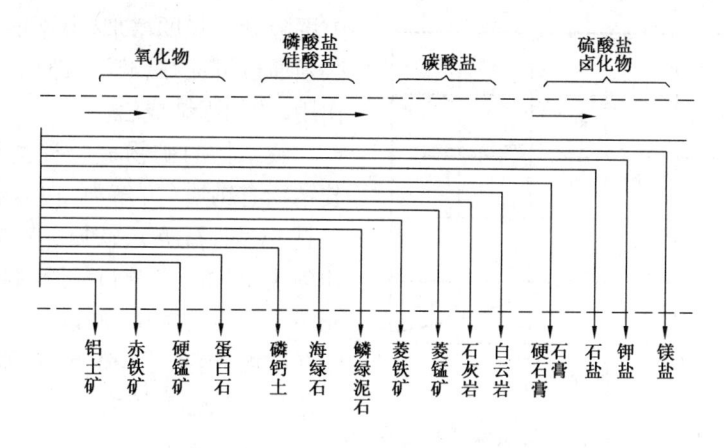

图 1-28　化学沉积分异作用示意图

3）生物沉积作用

生物在其生长过程中不断产生气体，分泌有机质等，可以影响化学沉积作用。生物遗体本身也可构成沉积物。生物的沉积作用可分为直接作用和间接作用两种。

(1) 生物的直接作用。

在生物繁盛的浅海地区和湖泊、沼泽中，生物在其生活过程中不断地从周围介质中吸取营养，使自己生存壮大。当生物死亡后，其遗体堆积下来，在适合的地质条件下，植物可形成泥炭，而动物遗体和植物碎屑可形成腐泥、硅藻土和白垩等。生物坚硬的骨骼和壳体可单独堆积形成介壳灰岩和生物礁灰岩等。生物沉积与石油、天然气和煤的形成关系非常密切，沉积于海、湖中的腐泥，可形成烃源岩，在一定的温度、压力、化学作用、生物化学作用及还原条件下，可转化成石油和天然气。

(2) 生物的间接作用。

生物在生活过程中引起介质的变化，所形成的生物化学沉积。例如，植物由于光合作用，从介质中吸收二氧化碳(CO_2)生成叶绿素($C_{12}H_{22}O_{11}$)，伴随着介质中二氧化碳的减少，就促使水溶液中的重碳酸钙 $Ca(HCO_3)_2$ 转变为碳酸钙 $CaCO_3$ 沉淀。

5. 成岩作用

由松散的沉积物转变为坚硬的沉积岩的过程称为成岩作用。成岩作用的主要方式有三种，即压实作用、胶结作用和重结晶作用。

1）压实作用

压实作用是指沉积物在上覆沉积物的负荷压力下，发生水分排出、孔隙度降低及体积缩小的过程。压实作用只有物理的变化，它降低了岩石的孔隙度和渗透率，其影响随着埋藏深度的增加而增大。压力是压实作用的外在因素，决定压实作用的内在因素是沉积物的成分和颗粒大小。一般来说，软泥、黏土等沉积物最易被压实，如黏土转变成黏土岩，孔隙度由原来的50%降低至20%以下；而砂、砾等粗沉积物在压实作用下，其孔隙度变化则较小（图1-29）。所以，在成岩作用阶段，压实作用是使碎屑物质，特别是黏土沉积物成岩的主要因素。

2）胶结作用

胶结作用是指从孔隙溶液中沉淀出的矿物质（胶结物）将松散的沉积物黏结成岩的过程。胶结作用是使碎屑沉积物成岩的关键。对于砾、砂和粉砂等碎屑沉积物，压实作用只能引起孔隙度降低和强度增加，但不能使其固结成岩，必须通过沉淀在颗粒孔隙内的矿物质的胶结作用，才能固结成岩。

胶结物的矿物成分种类很多，最常见的胶结物有钙质（方解石、白云石等）、硅质（蛋白石、玉髓、石英）、铁质（赤铁矿、褐铁矿等）和黏土质（黏土矿物）。胶结物部分甚至全部充填于岩石孔隙中，所以，胶结作用可使岩石的孔隙度和渗透率降低，特别是对那些彼此连通的孔隙影响较大。

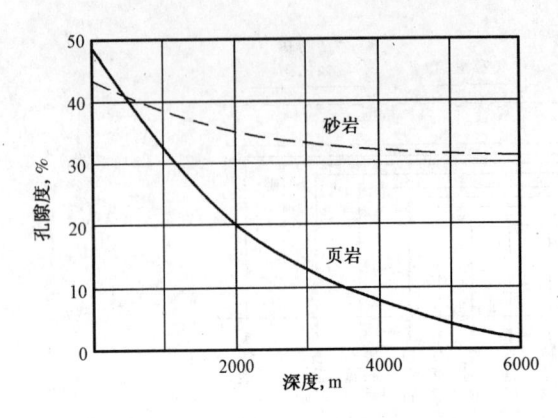

图1-29 砂岩、页岩的孔隙度与埋藏深度的关系
（据黎文清等，1999）

3) 重结晶作用

重结晶作用是指在温度、压力的影响下，沉积物中的矿物组分部分发生溶解和再结晶，使非晶质变为结晶质，细粒晶变为粗粒晶，从而使沉积物固结成岩的过程。例如：

$$SiO_2 \cdot nH_2O \longrightarrow SiO_2 \longrightarrow SiO_2$$

蛋白石（非晶质）　　玉髓（隐晶质）　　石英（显晶质）

重结晶作用在化学成因或生物成因的沉积物中进行很普遍，其结果使沉积物内部更趋紧密，小晶体变为大晶体，矿物变得更稳定。

成岩作用特别是压实和胶结作用，使岩石的孔隙度和渗透率发生变化，并直接关系到地下水的活动，油气的运移聚集。压实作用可使油气从烃源岩层中排出而进入储集层。因此，研究成岩作用对油气的运移和聚集以及油气田的开采，都具有重要的现实意义。

◇ 复习思考题 ◇

1. 简述大陆地形单元是如何划分的，以及地形图的概念及识读方法。
2. 简述地球的外部和内部圈层特征。
3. 什么是磁偏角、磁倾角和磁场强度？
4. 什么是地温梯度和地温级度？
5. 什么是静岩压力、静水压力、地层压力？
6. 简述内力地质作用的类型及特征。
7. 简述风化作用的类型及母岩风化的产物。
8. 简述河流侵蚀作用的类型及结果。
9. 简述地下水潜蚀作用的类型及结果。
10. 什么是机械沉积分异作用？
11. 什么是化学沉积分异作用？
12. 什么是成岩作用？有哪些方式？

第二章 矿物及岩石

[摘要]本章主要介绍矿物和晶体的概念、矿物的物理性质、矿物的类型及主要矿物的鉴定特征;岩浆岩、变质岩、沉积岩的基本概念、成分、结构和构造、分类及常见岩石的基本特征。

第一节 矿 物

一、矿物的概念

地壳是由岩石组成的,而岩石是由一种或几种矿物组成的集合体。矿物在地壳中分布极广,目前已发现的矿物有3300多种,常见的约200多种,但主要造岩矿物只不过40多种。

矿物是地壳中的化学元素,在各种地质作用下所形成的自然产物,它具有一定的化学成分、结晶构造、外部形态和物理性质,是岩石的基本组成单位。

我们日常生活中吃的食盐、点豆腐用的石膏、炼铁用的铁矿石和钻井过程中为加大钻井液密度所用的重晶石粉等都是矿物。自然界中,矿物有三种存在状态,即固态(如石英、长石、云母)、液态(如石油)和气态(如天然气)。矿物的存在状态并非是不变的,只要所处环境的物理、化学条件改变,它们就会随之改变。如水(H_2O)在地壳内部由于温度高,常呈气态;但在地表常温条件下,就变为液态;而在0℃以下时,液态的水就变为固态的冰。又如黄铁矿(FeS_2),在还原条件下可以形成而且稳定,如果出露于地表,在空气充分的氧化环境里,FeS_2中的硫就被氧化生成硫酸(H_2SO_4)而被地表水带走,同时低价铁也要氧化为高价Fe^{3+},于是黄铁矿就会被分解而形成了与新环境相适应的另一种矿物——褐铁矿($Fe_2O_3 \cdot nH_2O$)。

在实验室由人工合成的元素或化合物,其成分和性质与自然界的矿物相似,但因它不是在各种地质作用下的自然产物,故不能称为矿物,而称为人造矿物,如人造金刚石等。

二、晶体与非晶体的概念

1. 晶体

晶体是指内部质点(原子、离子或分子)在三维空间呈周期重复排列的固体。如石盐(NaCl)的内部结构中,Cl^+离子和Na^+离子在三维空间上都是按一定的距离相间重复出现的,形成格子构造(图2-1)。石盐的立方体外形是其内部结构的外在表现。因此,可以形象地说,晶体是具有格子构造的固体。它可以具有规则的几何多面体外形。

自然界大部分的矿物都是晶体。如果晶体生长有足够的空间和缓慢的结晶环境,就可以形成面平、棱直的几何多面体外形。

2. 非晶体

非晶体是指内部质点(原子、离子或分子)不作规则排列,不具格子构造的固体。非晶体一般没有规则的几何多面体外形,如火山玻璃、蛋白石($SiO_2 \cdot nH_2O$)等。这类矿物分布不广,种类很少。在自然界中,非晶体是不稳定的,在漫长的地质年代中,它有向晶体转变的自发倾

○ Cl⁻　● Na⁺

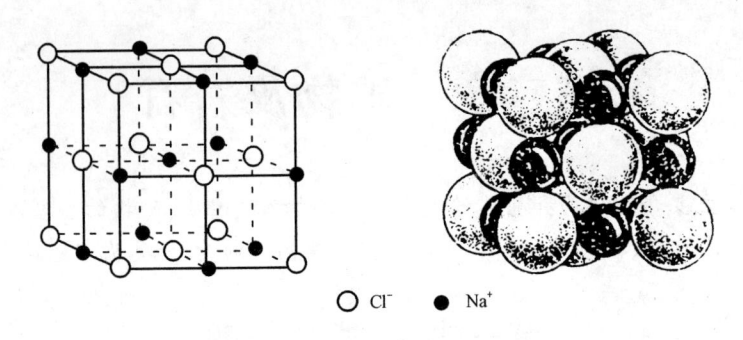

图 2-1　石盐(NaCl)晶体结构

向,如蛋白石可转变为石英(SiO₂)。

三、矿物的形态

矿物的形态包括矿物的单体形态和集合体形态。所谓单体,是指矿物的单个晶体。所谓集合体,是指同种矿物多个单体聚集在一起形成的整体。

1. 矿物的单体形态

矿物单体形态包括理想晶体形态、实际晶体形态和晶体习性等几个方面。

1)理想晶体形态

在理想条件下,晶体常生长成规则的几何多面体形状,多面体外表的规则平面称为晶面,相邻晶面相交的直线称为晶棱,不平行的晶棱的相交点称为角顶。这些晶面或晶棱、角顶在空间上的分布是有规律的。

晶体的理想形态可分为两类:一类是由同形等大的晶面构成的晶体形态——单形。常见的单形有12种(图2-2);另一类是由两个或两个以上的单形相聚合而成的晶体形态——聚形。自然界产出的晶体,绝大部分都是聚形晶体。如石英矿物为六方柱和六方双锥的聚形晶体,即是由柱体和锥体两种单形聚合在一起。

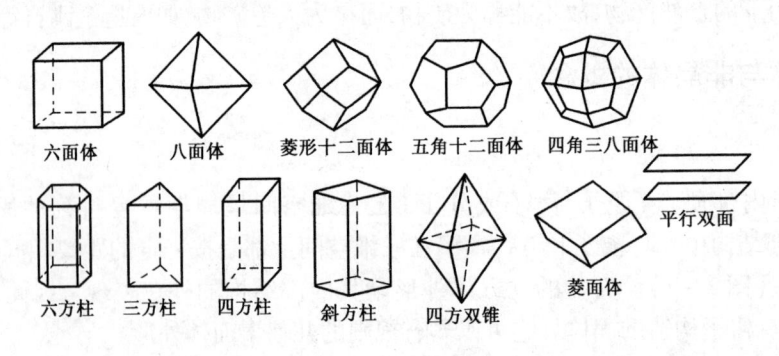

六面体　八面体　菱形十二面体　五角十二面体　四角三八面体

六方柱　三方柱　四方柱　斜方柱　四方双锥　菱面体　平行双面

图 2-2　常见单形

2)实际晶体形态

晶体在生长过程中,由于受复杂的外界条件影响,常常不同程度地偏离其理想形态,形成歪晶。歪晶通常表现为同一单形的晶面发育不等,甚至部分晶面可能缺失。歪晶与理想晶体的形态虽有不同程度的差异,但它们对应晶面之间的夹角总是相等的。

实际晶体的晶面也不是理想的几何平面,它常常具有各种各样的花纹和凹坑。在许多晶

— 30 —

体的晶面上可以见到一系列平行的或交叉的条纹,称为晶面条纹(图2-3)。晶面条纹对少数矿物有一定的鉴定意义。如黄铁矿立方体晶面上常具有晶面条纹,且相邻晶面上的条纹方向相互垂直,这个特征可以帮助鉴定黄铁矿。

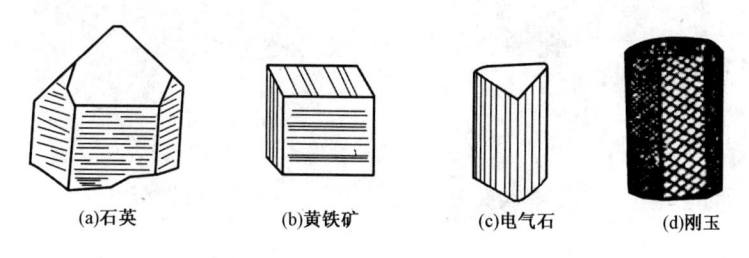

(a)石英　　(b)黄铁矿　　(c)电气石　　(d)刚玉

图2-3　几种常见矿物的晶面条纹

3) 晶体的习性

矿物晶体在形成过程中常常趋向于形成某一习惯性形态,称为晶体的习性。如石英晶体呈柱状,云母呈片状、板状,黄铁矿呈等轴状晶体等。根据单晶体在空间上的三个方向发育程度不同,可将矿物晶体的习性分为三类:

(1) 一向延长型。晶体只沿一个方向特别发育,其他两个方向发育较差,晶体呈柱状、针状或纤维状,如电气石、角闪石、石英、石棉等。

(2) 二向延展型。晶体沿两个方向特别发育,而另一个方向发育较差,晶体呈片状、板状、鳞片状等,如板状石膏、片状云母及石墨等。

(3) 三向等长型。晶体在三个方向发育基本相等,晶体呈粒状,如石盐、黄铁矿、石榴子石等。

2. 矿物集合体的形态

自然界的矿物呈单体出现的很少,往往是由同种矿物的若干单体或晶粒聚集成各种各样的形态,这种矿物的形体称为矿物集合体的形态。常见有如下几种:

(1) 粒状、块状集合体。由大致是等轴的矿物小晶粒组成的集合体,如粒状橄榄石、块状石英等。

(2) 片状、鳞片状集合体。由片状矿物组成的集合体,如云母。当片状矿物颗粒较细时,称鳞片状集合体,如绢云母等。

(3) 纤维状集合体。组成集合体的单矿物若细小如纤维时,称纤维状集合体,如纤维状石膏、纤维状石棉等。

(4) 放射状集合体。由若干柱状或针状矿物由中心向四周辐射排列而成的集合体,如放射状阳起石等。

(5) 鲕状集合体。由形似鱼子的圆球体聚集而成的集合体,如鲕状赤铁矿、鲕状铝土矿等。

(6) 晶簇。在岩石孔洞或裂隙中,在共同的基底上生长着许多单晶的集合体,它们一端固定在共同的基底上,另一端则自由发育而具有完好的晶形,称晶簇(图2-4)。

(7) 结核状集合体。由中心向外生长而成球粒状的集合体,如黄土中的钙质结核。

(8) 钟乳状集合体。由同一基底向外逐层生长而形成的圆柱状或圆锥状的集合体,如石灰岩洞穴中形成的石钟乳。

(9) 土状集合体。由粉末状的隐晶质或非晶质矿物组合的较疏松的集合体,如高岭土。

(a)正长石晶簇　　　　　　(b)石英晶簇

图 2-4　常见晶簇

(10)双晶。由两个或两个以上的同种晶体按一定的对称规律形成的各种规则连生体。最常见的有三种类型(图2-5)：

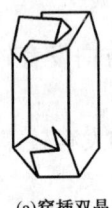

(a)穿插双晶　　　(b)接触双晶　　　(c)聚片双晶

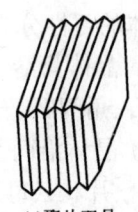

图 2-5　常见双晶

① 穿插双晶。由两个相同的晶体，按一定角度互相穿插而成，如正长石的卡氏双晶。
② 接触双晶。由两个相同的晶体，以一个简单平面接触而成，如石膏的燕尾双晶。
③ 聚片双晶。由两个以上的晶体，按同一规律，彼此平行重复连生在一起，如斜长石的聚片双晶。

矿物所呈现的外形是多种多样的，不同的矿物往往具有不同的形态。但有时不同的矿物也可有相似的外形，如纤维状石膏和石棉，柱状角闪石和红柱石。而同一种矿物也可有不同的外形，如板状和纤维状的石膏。所以，仅依靠矿物的外形来辨认矿物是不全面的。

四、矿物的物理性质

1. 矿物的光学性质

矿物的光学性质是指矿物对自然光线的吸收、折射、反射等所表现出来的各种性质。包括颜色、条痕、透明度、光泽等。

1) 颜色

颜色是由矿物对自然光的吸收程度不同所引起的。阳光(自然光)是由7种不同波长的光色所组成，当矿物对它们吸收时，可因吸收的程度不同，使矿物出现白、灰、黑(全部吸收)等各种颜色，如果只吸收某些色光，就呈现另一部分色光的混合色。根据矿物颜色产生的原因可分为自色、他色和假色。

(1)自色。矿物本身固有的化学组分中的某些色素离子而呈现的颜色。例如，赤铁矿之所以呈砖红色,是因它含 Fe^{3+},孔雀石之所以呈绿色,是因为它含 Cu^{2+}。自色比较固定,因而具有鉴定意义。

(2)他色。矿物混入了某些杂质所引起的颜色,如石英本来是无色的,因含有机质多时呈黑色(墨晶),含锰呈紫色(紫水晶)。因他色具有不固定的性质,所以对鉴定矿物意义不大。

(3)假色。由于矿物内部有裂隙或因表面有氧化膜等原因,引起光线发生干涉而呈现的颜色,如方解石、石膏内部有细裂隙面时呈现的"晕色"。假色,只能对某些矿物有鉴定意义。

对于颜色的描述,一般采用二名法。要注意把基本色调放在后面,次要色调放在前面。如黄褐色,即以褐色为主略带黄色。另外还可用比拟法,如天蓝色、樱红色、乳白色等。为了更好地掌握颜色的描述,一般利用标准色谱和实物对比矿物进行描述。观察颜色时应选择在新鲜面上。

2)条痕

条痕是指矿物粉末的颜色。把矿物放在无釉瓷板上划一下,看瓷板上留下的粉末颜色。这种粉末的颜色可以消除假色,减弱他色,保留自色。条痕的颜色是比较固定的,是鉴定矿物的方法之一。条痕的颜色与矿物颜色可以相同,也可以不同。如黄铁矿的颜色为淡黄铜色,条痕为绿黑色。赤铁矿的颜色可以是铁黑色,也可以是红褐色,但条痕都是樱红色。在试矿物条痕时,应注意硬度大于瓷板的矿物是划不出条痕的,但可将其碾碎,观察粉末的颜色。

3)透明度

透明度指矿物透过可见光波的能力。观察矿物透明度是以矿物边缘是否透过光线为标准,矿物按透明程度分为三类。

(1)透明矿物。其标志是通过矿物碎片边缘能清晰地看到对方物体的轮廓,如水晶、冰洲石、石膏、长石等。

(2)半透明矿物。其标志是通过矿物碎片边缘能模糊看到对方物体或有透光现象,如辰砂、闪锌矿等。

(3)不透明矿物。其标志是通过矿物碎片边缘不能见到对方任何物体,如磁铁矿、黄铁矿、自然金、石墨等。

矿物的透明度与矿物的集合体方式有关,如方解石单体透明,但细粒集合体就不透明。另外与矿物的厚薄有关,透明的白云母厚度大时也不透明。因此,观察矿物的透明度,一般在矿物的同一厚度下进行比较。

4)光泽

光泽是指矿物新鲜表面对光线的反射能力。它是鉴定矿物的重要标志之一。根据反射光的强弱可将光泽分为三级:

(1)金属光泽。反射光的能力很强,如同光亮的金属器皿表面的光泽,如金、黄铁矿、方铅矿等。

(2)半金属光泽。反射光的能力强,但没有金属光泽那样光亮。部分不透明或半透明矿物,如磁铁矿、赤铁矿等就具有这种弱的金属光泽。

(3)非金属光泽。不具金属感的光泽。主要是透明或半透明矿物所具有。又可以分为金刚光泽和玻璃光泽两种。

① 金刚光泽。反射光的能力较强,像金刚石那样灿烂的光泽,如金刚石、辰砂、锡石等。

② 玻璃光泽。反射光的能力较弱,如同玻璃表面那样的光泽,具此光泽的矿物几乎全为非金属矿物,如石英、萤石、方解石、长石等。

以上三级光泽是指矿物的平坦表面如晶面、解理面对光的反射情况。当矿物表面不平坦或成集合体时，常会呈现一些特殊光泽。常见的有以下几种：

(1) 油脂光泽。具有这种光泽的矿物表面像涂了一层油脂，多见于透明矿物的断口面上，如石英、磷灰石等。

(2) 丝绢光泽。具有平行纤维状的矿物，由于反射光互相干涉而产生像丝绢一样的光泽，如石棉、纤维石膏等。

(3) 珍珠光泽。具有这种光泽的矿物有着似珍珠或贝壳内壁的光泽，常见于透明矿物的极完全解理面上，如云母等。

(4) 蜡状光泽。某些隐晶质致密块状集合体或胶状矿物呈现蜡状光泽，如叶蜡石等。

(5) 土状光泽。疏松土状集合体的矿物表面有许多细孔，光投射其上，就会发生散射，使表面暗淡无光，像土块似的，如高岭土等。

由于影响光泽的因素较多，因此在观察时，要注意是矿物晶面光泽，还是断口的光泽。如石英晶面为玻璃光泽，而断口呈现油脂光泽。另外，在同一种矿物中，还要注意个体大小，一般个体大的比个体小的矿物光泽强。除此之外，矿物表面的光滑程度也影响光泽的强弱，一般表面粗糙不平，光泽就会减弱。初学观察光泽时，最好把几种不同的光泽矿物放在一起，对比进行。

矿物的颜色、条痕、透明度及光泽之间存在着一定的内在联系和规律，其相互关系见表2-1。

表2-1 矿物的颜色、条痕、光泽和透明度之间的关系表

颜色	无色	浅色	彩色	黑色或金属色
条痕	无色或白色	浅色或无色	浅色或彩色	黑、绿黑、灰黑、褐黑或金属色
光泽	玻璃—金刚		半金刚	金属
透明度	透明	半透明		不透明

2. 矿物的力学性质

矿物的力学性质是矿物在外力作用下，如刻画、打击、压、拉等所表现出的各种性质。具有鉴定意义的有硬度、解理、断口，还有脆性、延展性、挠性、弹性等。

1) 硬度

矿物的硬度是矿物抵抗刻画、压入、研磨等机械作用的能力或程度。矿物的绝对硬度要用精密硬度计测定。一般测试硬度的方法有两种：

(1) 用两种矿物互相刻画。

根据硬度大的矿物可以划动硬度小的矿物的道理，比较矿物相对硬度。通常选用10种硬度不同的矿物作标准，称摩氏硬度计。由小到大分为10级，见表2-2。

表2-2 摩氏硬度表

矿物名称	化学组成	硬度	矿物名称	化学组成	硬度
滑石	$Mg_3[Si_4O_{10}](OH)_2$	1	正长石	$K[AlSi_3O_8]$	6
石膏	$CaSO_4 \cdot 2H_2O$	2	石英	SiO_2	7
方解石	$CaCO_3$	3	黄玉	$Al_2[SiO_4](F,OH)_2$	8
萤石	CaF_2	4	刚玉	Al_2O_3	9
磷灰石	$Ca_5[PO_4]_3(F,Cl,OH)$	5	金刚石	C	10

摩氏硬度只代表硬度相对顺序,实际上,金刚石的绝对硬度为石英的1150倍;石英的绝对硬度为滑石的3500倍。如何使用摩氏硬度计呢?如欲试硬度的矿物用方解石刻不动,用萤石则能刻动,那么这个矿物的硬度为3~4之间。

(2)用小刀、指甲来刻画。

一般指甲可刻动的,硬度在2.5以下;指甲刻不动,小刀能刻动的,硬度在2.5~5.5之间;小刀刻不动的矿物,硬度在5.5以上。

试硬度时,应注意在矿物的单体新鲜面上刻画。如在松散或土状、粒状集合体及在风化面上刻试,则硬度会降低。不同的矿物具有不同的硬度,但同一种矿物在不同的方向上其硬度也不尽相同。如蓝晶石在平行于晶体延长方向上的硬度为4.5,而垂直于晶体延长方向上的硬度则为6.5。一般的矿物这种差异性极小,所以不计。

2)解理和断口

(1)解理:是指矿物被打击后,总是沿一定的结晶方向破裂成光滑的平面的这种性质。矿物所裂开的光滑平面,称为解理面。如方解石被打击后,破碎成菱面体小块;石盐被打击后,破碎成立方体小块。

根据解理发育程度(破开难易,解理面平滑程度),一般将解理分为如下几种:

① 极完全解理。矿物晶体能裂成薄片,解理面光滑平整,如云母可一片片地被剥开。

② 完全解理。矿物晶体能裂成表面平整的碎块或成厚板状,解理面完好、平整光滑,如方解石的菱面体解理、石盐的立方体解理等。

③ 中等解理。晶体裂开的碎块上,既有解理面,又可见断口,破裂面不甚平滑,如角闪石、辉石等。

④ 不完全解理。晶体破裂时,很难发现平坦的解理面,常为不规则的断口,如磷灰石等。

⑤ 无解理(即断口)。实际上看不到解理面,如石英、石榴子石等。

(2)断口:是指矿物被打击后,不以一定结晶方向发生破裂而形成的断开面。具有不完全解理或不具解理的矿物,以及隐晶质和非结晶质矿物,在外力打击下便出现断口。断口的形态往往有一定的特征,可以作为鉴定矿物的辅助依据,常见的断口有下几种:

① 贝壳状断口。断口呈圆滑的曲面,具同心圆纹,似贝壳的膜,如石英的断口(图2-6)。

② 锯齿状断口。断口形似锯齿,如自然铜等。

③ 参差状断口。断口面粗糙不平,参差不齐,如磷灰石等。

④ 平坦状断口。断口面平坦且粗糙,无一定方向,如块状高岭土等。

总的来看,解理的完善程度与断口发育的程度互相消长。解理发育的矿物,断口不发育。同一矿物其解理不发育的部位,则常易产生断口。

图2-6 石英矿物贝壳状断口

如云母有一个方向可产生极完全解理,而垂直于极完全解理方向,往往产生锯齿状断口。

解理是矿物有效的鉴定特征之一。但应注意解理面与晶面的区别,解理面常比较新鲜,平整、光亮、无晶面条纹。加力于晶面后,平行解理方向,可连续出现新的解理面。

描述矿物解理时,应说明解理方向、组数、发育程度及解理的交角大小等。例如,石盐具三组完全解理,解理交角为90°;斜长石具两组完全解理,解理交角为86.5°;云母具一组极完全解理。

3）矿物的其他力学性质

矿物的其他力学性质在鉴定矿物时，具有次要意义，但是对于某些矿物却是显著的特征。

（1）脆性。矿物受力后易被破碎的性质，如方解石、黄铁矿、方铅矿等。

（2）延展性。矿物能被锤击成薄片或拉成细丝的性质，如自然金、自然铜等。

（3）挠性。矿物受力后，可以产生弯曲而不折断，外力释放后不能恢复原状的性质，如绿泥石等。

（4）弹性。矿物受力变形，但外力取消后能恢复原状的性质，如云母等。

3. 矿物的相对密度

矿物的相对密度是指纯净的矿物在空气中的质量与4℃时同体积的水的质量之比值。因水在4℃时的密度为$1g/cm^3$，所以，矿物相对密度的数值与其密度的数值相等。大多数矿物的相对密度介于2.5~4之间；一些重金属矿物常在5~8之间；极少数矿物（如铂族矿物）可达23。

矿物的相对密度不仅对鉴定矿物有实际意义，而且对矿物的分离和选矿工作也起着重要的作用。在矿物的肉眼鉴定工作中，常凭经验用手掂量估计矿物的相对密度，将矿物的相对密度分为三级：

（1）轻级。相对密度小于2.5，如石膏（2.3），石盐（2.1~2.2）。

（2）中级。相对密度在2.5~4之间，如萤石（3.18），金刚石（3.5）。

（3）重级。相对密度大于4，如方铅矿（7.4~7.6），重晶石（4.3~4.7）。

在矿物的重砂分析工作中，是以常用重液——三溴甲烷的相对密度2.9为界，把相对密度大于2.9的矿物称为重矿物，小于2.9的称为轻矿物。

4. 矿物的电性、磁性、发光性、放射性

电性、磁性、发光性、放射性是指矿物在电流、磁场、热源等外界因素作用下所表现出的性质。这些性质仅为部分矿物所特有，对某些矿物具有重要的鉴定意义，且大部分需用专门仪器才能取得较可靠的数据，下面仅作简单介绍。

1）电性

（1）导电性。指矿物对电流的传导能力，可分为导体、半导体和绝缘体三种。金属矿物一般都是导体，绝大多数非金属矿物都属于绝缘体，其中云母是最好的绝缘体，介于两者之间属于半导体。如金红石等矿物。

（2）热电性。指有的矿物受热后生电，如电气石；有的矿物受到摩擦后生电，如琥珀。

2）磁性

矿物在外磁场（如磁铁等）的作用下能被吸引或排斥的性能。对含Fe、Ni等元素的矿物具有重要的鉴定意义。磁性的大小与含Fe、Ni等元素的多少有密切关系。利用矿物的磁性差异在探矿、选矿和分离矿物等方面也有实际意义。

3）发光性

发光性是指矿物在紫外线、阴极射线及X射线等外来能量的激发作用下，能发生可见光的性质。如果在外界能量激发作用下发光，外界作用消失后停止发光，称荧光，如石油、萤石等就具有这种发光性。利用石油的荧光性可以鉴定含在岩石中的微量石油。如果外界作用消失后，还可在一段时间内继续发光，称磷光，如磷灰石。

4）放射性

含放射性元素的矿物，由于放射元素自发蜕变而放出 α、β、γ 射线的性质，称为矿物的放射性。如铀、钍、镭等矿物均有此种性质。利用矿物的放射性，可以研究矿物岩石的绝对年龄及寻找放射性矿床和油田中放射性测井。

五、矿物的分类

自然界矿物种类繁多，但在地壳中的分布却是不平衡的，数量较多且分布较广的矿物并不多。据统计，长石占地壳总质量的 59.5%，石英占 12%，辉石、角闪石、橄榄石占 16.8%，云母占 3.8%，含钛矿物占 1.5%，磷灰石占 0.5%，余者占 5.9%。

根据矿物的化学成分和内部结构，将矿物归纳为五大类：

1. 自然元素类

其是指某种化学元素以单质的形式在自然界产出的矿物，属单质矿物。该类矿物在地壳中已发现有 30 多种，它们占地壳总质量的 0.1%，有三种类型：一是自然金属元素，如自然金（Au）、自然铜（Cu）；二是自然半金属元素，如自然铋（Bi）；三是自然非金属元素，如金刚石（C）、石墨（C）、硫黄（S）等。

2. 硫化物及其类似化合物

凡是金属阳离子与硫、硒、碲、砷等化合而成的一系列化合物均属此类。其中阴离子为硒、碲、砷者称为硫化物的类似化合物。该类矿物有 350 种左右，其中硫化物矿物有 200 余种，约占地壳总质量的 0.15%。铁的硫化物（黄铁矿、黄铜矿等）分布最广，许多金属硫化物可富集形成具有工业意义的矿床，如铜、铅、锌、锑、汞等。

3. 卤化物类

氟、氯、溴、碘四种元素称为卤族元素，凡与卤族元素化合而成的矿物叫卤化物。这类矿物是典型的离子化合物，可分为三类：第一类是氟化物，如萤石（CaF_2）；第二类是氯化物，如石盐（NaCl）；第三类是溴化物、碘化物等。

4. 氧化物及氢氧化物类

其是包括金属和非金属与氧和氢氧根组成的简单化合物。这类矿物有 200 余种，占地壳总质量的 17%，分布较广，第一类是简单氧化物，如赤铁矿（Fe_2O_3）；第二类是复氧化物，如磁铁矿（Fe_3O_4）；第三类是氢氧化物，如铝土矿等。

5. 含氧酸盐类

其是由含有氧的酸根所形成的盐类。这类矿物种类多，分布广，其中硅酸盐矿物占地壳总质量 75%，为主要造岩矿物。一般包括四种类型：硅酸盐，如正长石、白云母、辉石、角闪石；碳酸盐，如方解石、白云石、文石等；硫酸盐，如石膏、重晶石等；磷酸盐，如磷灰石等。

六、常见的主要造岩矿物及其鉴定特征

造岩矿物种类繁多，以下选 16 种主要矿物加以介绍。

1. 石英（SiO_2）

石英是自然界分布极广的矿物，在地壳中石英占 10%，仅次于长石。

(1) 化学组成:化学成分较纯,含 Si46.7%、O53.3%,常含有杂质和包裹体。
(2) 形态:晶形完好,多呈六方柱和菱面体组成的聚形(图 2-7)。柱面上有横纹,显晶集合体有晶簇状、梳状、粒状、致密块状,隐晶质集合体有钟乳状、肾状、结核状等。

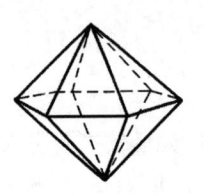

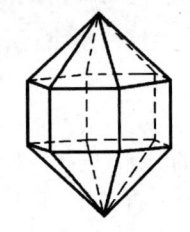

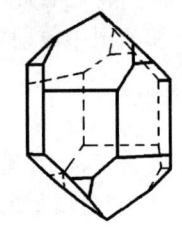

图 2-7 石英晶形

(3) 物理性质:常为无色、乳白色及杂色等,玻璃光泽,贝壳状断口,断口为油脂光泽,硬度 7,相对密度 2.7。

石英常因含有杂质及结晶程度的差异而有若干种:
① 水晶。无色透明,质较纯。
② 紫水晶。含锰质呈紫色,透明或半透明。
③ 墨水晶。含有机质呈墨色,半透明。
④ 玉髓。钟乳状,隐晶质块体。
⑤ 玛瑙。隐晶质块体,具有环带状构造。

(4) 成因与产状:在三大类岩石中皆有产出,是地壳中分布最广的矿物之一,大的石英晶体产于伟晶岩。

(5) 鉴定特征:贝壳状断口,硬度大,不易风化,据此可与跟它相似的方解石、长石等矿物相区别。方解石用小刀可刻动,硬度低,遇冷盐酸起泡。长石呈柱状,有解理。

(6) 用途:重要的玻璃、陶瓷原料,可制光学仪器和精密仪器轴承,无色透明,无缺陷的单晶可作压电石英,是现代国防、电子工业不可缺少的部件。

2. 正长石($KAlSi_3O_8$)

正长石因两组解理正交而得名,无色透明的变种称为冰长石。
(1) 化学组成:K_2O 16.9%、Al_2O_3 18.4%、SiO_2 64.7%,常含钠(Na)、钡(Ba)、铷(Rb)等混入物。
(2) 形态:晶形为短柱状或厚板状,常见卡氏双晶,集合体为粒状或致密块状(图 2-8)。

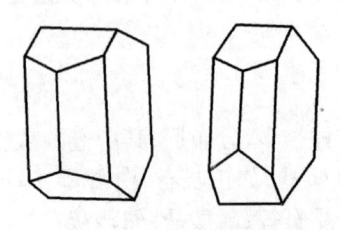

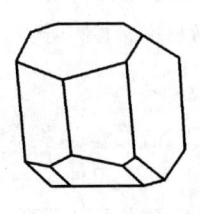

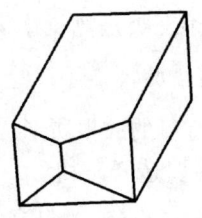

图 2-8 正长石晶形(单晶)

(3) 物理性质:多为肉红色,次为褐黄、白等色,新鲜面为玻璃光泽,风化面呈土状光泽,硬度为 6~6.6,两组解理完全,交角 90°,性脆,相对密度 2.6。
(4) 成因与产状:主要产于酸性和中性岩浆岩中,碱性岩及伟晶岩也有大量分布。此外,正长石也见于各种片麻岩、混合岩等变质岩及碎屑岩中。正长石风化后可转变成高岭土。

(5)鉴定特征:肉红色、硬度大、两组解理正交和短柱状晶形等为主要特征。

(6)用途:主要用于陶瓷、玻璃、搪瓷等工业和提炼钾肥。

3. 斜长石[Ca(AlSi$_3$O$_8$)Na(AlSi$_3$O$_8$)]

(1)化学组成:是由钠长石 Na[AlSi$_3$O$_8$]和钙长石 Ca[AlSi$_3$O$_8$]组成的连续类质同象系列。在斜长石中常含有钾(K)、钡(Ba)、锶(Sr)、铁(Fe)等混入物。

(2)形态:晶形常为板状、厚板状,在岩石中多呈不规则的板条状,多呈聚片双晶(图2-9)。集合体为粒状或致密块状,有时为片状。

(3)物理性质:一般为白色、灰白色,少数带灰、红、黄绿等色,玻璃光泽,硬度6~6.5,两组解理,交角为86.5°,相对密度2.6~2.8。

(4)成因与产状:斜长石是长石中分布最广的矿物,是岩浆岩和变质岩的主要成分,在沉积岩中的长石砂岩中,斜长石也有分布,在风化作用下可生成绢云母、高岭石。

(5)鉴定特征:板状、白色至灰白色、解理交角86.5°等与正长石相区别,晶形和硬度可与方解石相区别。

(6)用途:可作建筑石料和陶瓷工业原料。

4. 方解石(CaCO$_3$)

(1)化学组成:Ca 56.0%、CO$_2$ 44.0%。Ca 可被 Mg、Fe、Mn 置换,还可以含少量铅(Pb)、锌(Zn)、钡(Ba)等,纯净透明的方解石称为冰洲石。

(2)形态:晶形变化复杂,常为菱面体、六柱状体及板状体(图2-10)。经常呈聚片双晶和接触双晶,集合体多呈致密粒状、晶簇状、钟乳状、鲕状、纤维状。

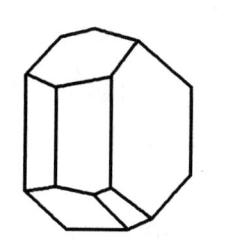

图2-9 斜长石的晶体和聚片双晶

图2-10 方解石晶体

(3)物理性质:质纯者为无色透明或白色,但因含多种杂质或混入物而呈现各种的颜色,如灰黄、浅红、绿、蓝色等,条痕为灰色,玻璃光泽,解理面稍带珍珠光泽或晕色,透明至半透明,硬度3,三组菱面体解理完全,性脆,相对密度2.6~2.8,遇稀盐酸强烈起泡。

(4)成因与产状:方解石分布极广,主要由化学及生物化学沉积作用形成,热液作用、接触交代作用和风化作用也可形成。

(5)鉴定特征:锤击后呈菱形碎块,硬度3,遇稀盐酸强烈起泡,白色等为其主要特征。

(6)用途:可作石灰、水泥、合成纤维、冶金熔剂和合成橡胶的原料,冰洲石是制造光学仪器的贵重原料。

5. 白云石[CaMg(CO$_3$)$_2$]

(1)化学组成:CaO 30.4%、MgO 21.9%、CO$_2$ 47.7%,经常含类质同象混合物铁(Fe)和锰

(Mn)等。

(2)形态:晶形常为菱面体,有时发育成柱状或板状,晶面常弯曲成马鞍形(图2-11)。有时呈聚片双晶,集合体呈粒状、致密块状,少数为多孔状、肾状。

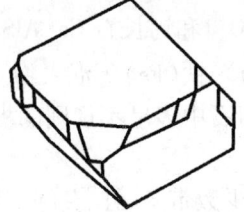

图2-11 白云石晶形

(3)物理性质:一般为灰白色微带浅黄、浅褐、浅绿等色,玻璃光泽,硬度3.5~4,三组(菱面体)解理完全,性脆,相对密度2.8~2.9,遇稀盐酸起泡不明显。

(4)成因与产状:与方解石基本相同。

(5)鉴定特征:白云石与方解石十分相似,但硬度稍大,遇冷稀盐酸起泡不明显。

(6)用途:可作冶金工业上的熔剂,耐火材料和建筑石料等。

6. 黑云母[$K(Mg,Fe)_3(AlSi_3O_{10})(OH,F)_2$]

(1)化学组成:K_2O 6.2%~11.4%、MgO 0.3%~2.83%、FeO 2.7%~27.6%、Fe_2O_3 0.1%~20.7%、Al_2O_3 9.4%~31.7%、SiO_2 32.8%~44.9%、H_2O 0.9%~4.64%、F 0~4%,其中常混有钛(Ti)、钠(Na)、锂(Li)、锰(Mn)等氧化物。

(2)形态:晶形常呈六方板状、柱状,集合体为片状或鳞片状。

(3)物理性质:常为黑色、棕色,有时为绿色,透明,玻璃光泽,解理面呈珍珠光泽,硬度2~3,一组极完全解理,薄片具弹性,相对密度3.0~3.1,随着含铁量的增高而相对密度增大。

(4)成因与产状:广泛分布于中酸性岩浆岩、伟晶岩及变质岩中,在地表易风化,进而转变为蛭石、高岭石等,有时可变成绿泥石及氧化铁。

(5)鉴定特征:富含铁镁,呈明显的黑色至深褐色,一组极完全解理和薄片具有弹性为主要鉴定特征。

(6)用途:黑云母若富含Mg质,颜色呈黄褐色的称为金云母,可作电器工业的绝缘材料。

7. 高岭石[$Al_4(Si_4O_{10})(OH)_8$]

高岭石是由我国江西省景德镇的高岭山而得名。

(1)化学组成:Al_2O_3 39.5%、SiO_2 46.5%、H_2O 14%,有时含一些杂质。

(2)形态:结晶颗粒细小,多呈致密块状、土状及疏松鳞片状集合体。

(3)物理性质:白色,当含杂质时可呈浅红、浅绿、浅黄、浅褐、浅蓝等色调,致密块状体为土状光泽,鳞片者具珍珠光泽,硬度1~3,有粗糙感,手搓易成粉末,干燥时具有吸水性、掺水后具有可塑性,黏舌,相对密度近于2.6。

(4)成因与产状:主要由热液交代和长石风化而成,分布极广。

(5)鉴定特征:致密白色土状块体,性软,手搓易成粉末,黏舌,加水后具可塑性。

(6)用途:主要作陶瓷原料,在钻井过程中可作钻井液原料,在造纸工业、橡胶工业中应用也很广。

8. 蒙脱石 [(Al$_2$Mg$_3$)(Sl$_4$O$_{10}$)(OH)$_2$·nH$_2$O]

(1) 化学组成:接近高岭土的化学组成,通常含一定量的镁。

(2) 形态:隐晶质、土状集合体,晶粒细小(数微米)。

(3) 物理性质:白色、粉红等色,土状光泽或蜡状光泽,干燥时无光泽,硬度1,柔软,有滑感,吸水膨胀,体积增大好几倍,变成糊状物,相对密度2~3,有很强的吸附能力。

(4) 成因与产状:主要由基性岩浆岩及凝灰岩在碱性条件下风化形成的,也是黏土、黄土中常见的矿物,是膨润土及漂白土的主要成分。

(5) 鉴定特征:柔软、具滑感、吸水后明显膨胀等,可与高岭石区别。

(6) 用途:蒙脱石具有很强的吸附能力,在石油工业中可清除石油中的碳质、沥青,钻井过程中遇有蒙脱石,由于其吸水后易膨胀缩小井径而造成卡钻,在纺织工业中用以吸附油腻物,橡胶工业中用作填充剂。

9. 黄铁矿(FeS$_2$)

(1) 化学组成:Fe 46.6%,S 53.4%,常含 CO、金(Au)、镍(Ni)、砷(As)、锑(Sb)、铜(Cu)等混入物。

(2) 形态:常见晶形为立方体(图2-12)和五角十二面体。立方体晶形者,晶面具有细纹,两相邻面上条纹互相垂直,集合体为块状、粒状、结核状。

(3) 物理性质:浅铜黄色,条痕绿黑色,不透明,金属光泽,硬度6~6.5,小刀刻不动,无解理,性脆,相对密度4.9~5.2,燃烧后有臭味。

(4) 成因与产状:黄铁矿是分布最广的硫化物。产于各种地质条件,有热液型、沉积型、接触交代型等。在沉积岩中,呈结核状、细分散状,反映了强还原沉积环境。黄铁矿在氧化带中生成硫酸铁,经水解后形成褐铁矿。

(5) 鉴定特征:晶体完好,晶面有条纹,浅黄(铜黄)色,条痕绿黑色,具有较大的硬度(小刀刻不动),无解理,燃烧时有硫黄臭味。

图2-12 立方体黄铁矿晶形

(6) 用途:是制取硫酸的主要原料。

10. 赤铁矿(Fe$_2$O$_3$)

(1) 化学组成:含 Fe 70%、O 30%,有时含 Ti、Mg 等类质同象混入物。

(2) 形态:晶形呈板状、片状、菱面体状,集合体主要有鲕状、肾状、致密块状等。

(3) 物理性质:结晶者为铁黑、钢灰色,隐晶质或粉末状者为红褐色,条痕为樱红色,不透明,金属光泽至半金属光泽,硬度5.5~6.0,无解理,性脆,相对密度5.0~5.3,无磁性。

(4) 成因与产状:分布十分广泛,在氧化条件下,形成于各种成因类型的矿床和岩石中。

(5) 鉴定特征:形态多为鲕状或肾状、暗红色及樱红色条痕、无磁性等区别于磁铁矿。

(6) 用途:是重要的铁矿石之一。

— 41 —

11. 磁铁矿(Fe₃O₄)

(1)化学组成:FeO 31%、Fe₂O₃ 69%,常含钛(Ti)、钒(V)、铬(Cr)、锰(Mn)、镍(Ni)等类质同象混入物。

(2)形态:晶形呈八面体或菱形十二面体,其菱形晶面上常有平行于长对角线的细纹,集合体通常为粒状、块状(图2-13)。

(3)物理性质:常为铁黑色至褐色,条痕呈黑色,不透明,金属至半金属光泽,硬度5.5~6.0,无解理,性脆,相对密度4.9~5.2,具有强磁性。

(4)成因与产状:磁铁矿分布广泛,生于还原条件下,主要形成于内生和变质矿床中,常与赤铁矿、钛铁矿、铬铁矿等伴生。

(5)鉴定特征:呈铁黑色,条痕为黑色,相对密度大,具强磁性。

(6)用途:为炼铁的重要矿石。

12. 石膏(CaSO₄·2H₂O)

(1)化学组成:CaO 32.5%、SO₃ 46.6%、H₂O 20.9%,机械混入物有黏土、有机质等。

(2)形态:晶形常呈板状,少数为柱状、针状、粒状,常呈燕尾及箭头双晶(图2-14)。集合体呈纤维状的称为纤维状石膏,雪白致密块状的称为雪化石膏,质松呈土状者称为土状石膏。

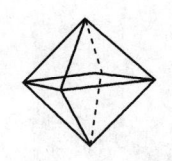

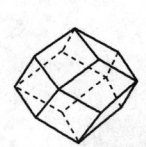

图2-13 磁铁矿的晶体形态

图2-14 石膏的晶形和双晶
(a)板状晶形 (b)燕尾双晶 (c)箭头双晶

(3)物理性质:多为白色,含杂质时呈灰色、淡黄色、浅红色等,玻璃光泽,解理面珍珠光泽,纤维状集合体则呈丝绢光泽,硬度1.5,一组极完全解理,另两组解理中等,薄片具挠性,性脆,相对密度2.3,加热后失水,并变成粉末,称为熟石膏。

(4)成因与产状:主要在干燥的气候条件下,由湖、海中化学沉积而成,亦可由硬石膏水化而成。

(5)鉴定特征:板状晶体、集合体纤维状、硬度1.5、遇盐酸不起泡等可与碳酸盐矿物区别。

(6)用途:石膏可用于制造塑料模型、水泥、医药及肥料等。

13. 重晶石(BaSO₄)

(1)化学组成:BaO 65.7%、SO₃ 34.3%,常含有锶和钙的类质同象混入物。

(2)形态:晶形常呈板状、柱状,少数情况下呈粒状,集合体为板状、致密块状、粒状、结核状等。

(3)物理性质:纯净者为无色透明,常为白色,含杂质而被染成黄白、淡红、淡褐、灰等色,条痕为白色,透明至半透明,玻璃光泽,解理面珍珠光泽,硬度3~3.5,三组解理完全,性脆,相对密度4.3~4.7,紫外线下呈紫或黄色荧光。

(4)成因与产状:为中至低温热液或沉积形成。常与萤石、方解石、黄铜矿、方铅矿等共生。

(5)鉴定特征:白色、板状晶形,硬度小,相对密度大(重晶石据此定名),可与长石区别;三组解理完全,交角近90°,不溶于盐酸,可与碳酸盐区别。

(6)用途:用以制取各种钡盐和化学药品,可作钻井液加重剂,制作优质白色颜料和涂料,在橡胶工业、造纸业中作充填剂和加重剂。

14. 普通角闪石[NaCa$_2$(Mg,Fe),(Al,Fe)[(Si,Al)$_4$O$_{11}$](OH)$_2$]

(1)化学组成:比其他角闪石成分复杂,类质同象现象普遍存在,常含有TiO$_2$。

(2)形态:晶形为长柱状,横断面为假六边形,集合体多呈柱状、针状等。

(3)物理性质:颜色为暗绿色、暗褐色、黑色,条痕为浅灰绿色,玻璃光泽,硬度5.5~6,沿柱面(横断面)有两组完全解理,交角56°和124°,相对密度3.1~3.4。

(4)成因与产状:普通角闪石是分布很广的造岩矿物,常见于中酸性岩浆岩和变质岩中。

(5)鉴定特征:暗绿色、长柱状晶形、解理交角等可与普通辉石区别。

15. 普通辉石[Ca(Mg,Fe,Al)[(Si,Al)$_2$O$_6$]]

(1)化学组成:成分比较复杂,与其他辉石相比以富含Al$_2$O$_3$(4%~9%)和Fe$_2$O$_3$为特征。常含有钠(Na)、钛(Ti)、铬(Cr)等类质同象混入物。

(2)形态:晶形常呈短柱状,横断面近于八边形,具接触双晶或聚片双晶,集合体一般为粒状或致密块状。

(3)物理性质:多为绿黑至黑色,条痕灰绿色,玻璃光泽,硬度5~6,平行柱面有两组中等解理,交角为87°,相对密度3.2~3.6。

(4)成因与产状:普通辉石为基性和超基性岩浆岩的主要造岩矿物,与斜长石、橄榄石、角闪石共生。

(5)鉴定特征:绿黑至黑色,横断面近八边形、短柱状晶形,两组解理交角近于90°,可与普通角闪石区别。

16. 橄榄石[(Mg,Fe)$_2$(SiO$_4$)]

(1)化学组成:通常所说的橄榄石是指镁橄榄石Mg$_2$[SiO$_4$]和铁橄榄石Fe$_2$[SiO$_4$]两个端员组分形成的连续类质同象系列的中间成员。其化学组成MgO 40%~50%,FeO 5%~20%。常含有锰(Mn)、镍(Ni)、CO等元素。

(2)形态:晶形呈短柱状、厚板状,但不常见,通常为粒状集合体。

(3)物理性质:一般为橄榄颜色、黄绿色至无色,玻璃光泽,硬度6.5~7,解理不完全,具贝壳状断口,性脆,相对密度3.3~3.5。

(4)成因及产状:为岩浆早期结晶而成,是超基性岩的重要造岩矿物。

(5)鉴定特征:根据粒状形态,特殊的绿色—橄榄绿,玻璃光泽及贝壳状断口,结合产状进行识别。

第二节 岩 浆 岩

一、岩浆与岩浆岩的概念

1. 岩浆

岩浆是指地壳下具有高温、高压、富含挥发组分、成分复杂的硅酸盐熔融物质。一般认为岩浆发源于地幔上部软流圈及地壳中局部地段，温度高达1000℃以上，压力可达1000MPa。它的成分相当复杂，主要是硅酸盐及部分金属硫化物、氧化物和一些挥发性物质（如 H_2O、CO_2、H_2S 等气体）。

2. 岩浆岩

岩浆岩是岩浆在内力地质作用的影响下，由地壳深处侵入地壳表层或喷出地表，并经过冷凝固结而形成的岩石。由岩浆喷出作用形成的岩石称为喷出岩（火山岩）；由岩浆侵入作用形成的岩石称为侵入岩。侵入岩又可按侵入深浅的不同，分为深成侵入岩（>3km）和浅成侵入岩（<3km）。

岩浆岩在地壳中分布十分广泛，约占地壳总质量的80%，在大陆地表出露普遍，整个大洋地壳几乎全部由岩浆岩中的玄武岩组成。

二、岩浆岩的物质成分

1. 岩浆岩的化学成分

根据统计资料，地壳中已发现的化学元素在岩浆岩中几乎都能找到，但其含量相差悬殊。其中含量最多的是氧（O）、硅（Si）、铝（Al）、铁（Fe）、钙（Ca）、钠（Na）、钾（K）、镁（Mg）、钛（Ti）等9种元素。它们的总和约占岩浆岩总量的99.25%，其中氧占46.59%，硅占27.59%，因此岩浆岩主要是由硅酸盐矿物组成。

岩浆岩的化学成分常用氧化物来表示，其中含量最多的为 SiO_2、Al_2O_3、CaO、Na_2O、MgO、Fe_2O_3、FeO、K_2O、H_2O、TiO_2 等10种氧化物，它们的平均含量约占岩浆岩总量的99.0%以上。其中又以 SiO_2 含量最多，平均含量约为59.14%，所以 SiO_2 是岩浆岩最主要的化学成分。SiO_2 含量的多少用肉眼是难以估计的，但可以从矿物颜色大致反映出来。一般情况是岩石中 SiO_2 含量多时，浅色矿物多，暗色矿物少；SiO_2 含量少时，浅色矿物少，暗色矿物相对增多。

2. 岩浆岩的矿物成分

岩浆岩的种类很多，组成岩浆岩的矿物种类也各不相同，但最常见的矿物不过20余种，我们把这些矿物称为造岩矿物。常见的造岩矿物有石英、正长石、斜长石、角闪石、辉石、橄榄石、黑云母等。前三种矿物中 SiO_2、Al_2O_3 含量高，颜色浅，称为浅色矿物；后几种矿物中 FeO、MgO 含量高，硅铝含量少，颜色较深，称为暗色矿物。这些矿物是我们肉眼鉴定岩浆岩类别的重要依据。岩浆岩中按矿物的含量，又分为主要矿物、次要矿物和副矿物三类。

（1）主要矿物。在岩浆岩中含量较多的矿物，是确定岩石大类的主要依据。如酸性岩中的石英、钾长石是其主要矿物。

(2) 次要矿物。在岩浆岩中含量较少的矿物,是岩石进一步分类和命名的依据,作为"×××岩石"的主要形容词,一般含量在 10%~20%,如石英闪长岩中的石英。

(3) 副矿物。岩浆岩中含量很少的矿物,一般含量在 1%~5%,对分类和命名不起作用,但经常出现,种类繁多,如磁铁矿、磷灰石、锆英石、榍石等。

三、岩浆岩的结构和构造

1. 岩浆岩的结构

岩浆岩的结构是指岩石中所含矿物的结晶程度、矿物颗粒的大小、形状以及矿物之间组合方式所表现出来的特征。

1) 按岩石中矿物的结晶程度划分

(1) 全晶质结构。岩石中全部由结晶矿物组成,矿物颗粒比较粗大,肉眼可直接辨别。这种结构常见于深成侵入岩中[图 2-15(a)],如花岗岩等。

(2) 半晶质结构。岩石中既有结晶矿物也有玻璃质矿物存在。这种结构多见于浅成岩和部分喷出岩中[图 2-15(b)]。

(3) 玻璃质结构。岩石中不含结晶的矿物颗粒,几乎全部由天然玻璃质组成。玻璃质结构是由于岩浆温度快速下降,各种组分来不及结晶即冷凝而形成,常具有贝壳状的断口和玻璃光泽,这种结构常见于喷出岩中[图 2-15(c)],如黑曜岩。

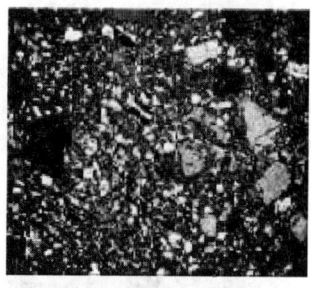

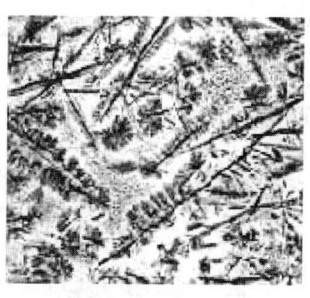

(a) 全晶质结构　　(b) 半晶质结构　　(c) 玻璃质结构

图 2-15　根据矿物结晶程度划分的三种结构类型

2) 按岩石中矿物颗粒的相对大小划分

(1) 等粒结构。岩石中矿物全部为结晶质,同种矿物颗粒大小近于相等,颗粒大小均匀[图 2-16(a)]。此种结构常见于侵入岩,如橄榄岩等。

(2) 不等粒结构。岩石中同种矿物颗粒大小不等,但粒度大小是连续的。这种结构多见于深成侵入岩体的边缘或浅成岩中。

(3) 斑状结构。岩石中大颗粒的矿物与较小颗粒的矿物呈明显的突出,比较粗大的晶体称为斑晶,细小的物质称为基质,为隐晶质或玻璃质[图 2-16(b)]。这种结构常见于浅成岩或喷出岩。

斑状结构是由于矿物结晶时有先后顺序形成的。在地下深处由于温度和压力都很高,而且降低缓慢,部分岩浆先冷凝结晶,形成了个体较大的结晶体,后期它们随着岩浆上升到浅处

(a)等粒结构　　　　　　　　(b)斑状结构

图2-16　根据矿物颗粒相对大小划分的结构类型

或喷出地表,那些尚未结晶的岩浆则在温度下降较快的条件下迅速冷凝成细小的隐晶质或未结晶而成玻璃质,成为基质。

(4)似斑状结构。其特征与斑状结构相似,但基质部分由显晶质构成。它主要出现于侵入体的顶部,是由已形成的矿物在挥发性组分作用下,经交代重新结晶而成,其斑晶和基质大致同时形成,这种结构多见于中酸性侵入岩中。

3)按岩石中矿物颗粒的绝对大小划分

(1)粗粒结构。矿物颗粒平均直径大于5mm。

(2)中粒结构。矿物颗粒平均直径为2~5mm。

(3)细粒结构。矿物颗粒平均直径为0.2~2mm。

(4)微粒结构。矿物颗粒平均直径小于0.2mm,肉眼无法分辨,多见于浅成岩或喷出岩。

4)按岩石中矿物的自形程度及其结合方式划分

(1)自形结构。主要矿物均呈自形晶,晶面完整,晶体规则。它是在岩浆冷却速度缓慢,结晶时间充分或晶体生长能力强的状况下形成的[图2-17(a)],这种结构常见于深成岩中。

(a)自形结构　　　　(b)半自形结构　　　　(c)他形结构

图2-17　根据矿物自形程度划分的结构类型

(2)半自形结构。主要矿物有的自形较好,有的较差,有的呈他形晶。这是因为在结晶过程中有很多矿物都在析出(生长),但条件不允许所有矿物按自身结晶规律充分结晶而形成的结果[图2-17(b)],这种结构常见于深成岩或浅成岩中。

(3)他形结构。主要矿物完全不具晶形而呈他形,晶面不完整,晶体不规则[图2-17(c)],这种结构常见于浅成岩中。

2. 岩浆岩的构造

岩浆岩的构造是指岩石中各种矿物和其他组成部分的空间排列和充填方式所反映出来的

岩石外貌特征。构造特征是岩石分类定名的重要依据之一。常见的岩浆岩构造类型有块状构造、流纹构造、气孔及杏仁构造等。

(1)块状构造。岩石中的各种矿物空间排列无一定方向,紧密相嵌,分布比较均匀。这种构造常见于侵入岩,特别是深成侵入岩中,如花岗岩等。

(2)流纹构造。岩石中不同颜色的条纹及拉长了的气孔沿一定方向排列所形成的外貌特征。它反映熔岩的流动状态,是喷出地表的岩浆在流动过程迅速冷却而保留下来的痕迹[图2-18(a)]。这种构造为喷出岩类所具有,是流纹岩的典型构造。

(3)气孔构造及杏仁状构造。岩石中分布着大小不等的圆形或椭圆形的空洞,称为气孔构造。它是在熔岩冷却时,由于挥发组分或气体逸散,遗留下许多气泡空间而形成的构造[图2-18(b)]。如果气孔被后来的次生矿物(如方解石、蛋白石等)充填,则形成杏仁状构造。这两种构造都是喷出岩所特有的。

(4)带状构造。这是一种不均匀的构造,表现为颜色或粒度不同的矿物相间排列,成带出现。这种构造多见于基性岩中,是由于结晶条件周期性变化或同化混染而成[图2-18(c)]。

(a)流纹构造 　　(b)气孔构造 　　(c)带状构造

图2-18　岩浆岩的构造

四、岩浆岩的产状

岩浆岩的产状是指岩体的形状、大小及其与围岩的接触关系。

1. 侵入岩的产状

根据侵入作用的深浅不同,可分为深成侵入岩体和浅成侵入岩体。

1)深成侵入作用形成的岩体

深成侵入作用多发生在地壳较深处,一般深度为3~6km,形成的岩体主要呈岩基、岩株产出(图2-19)。

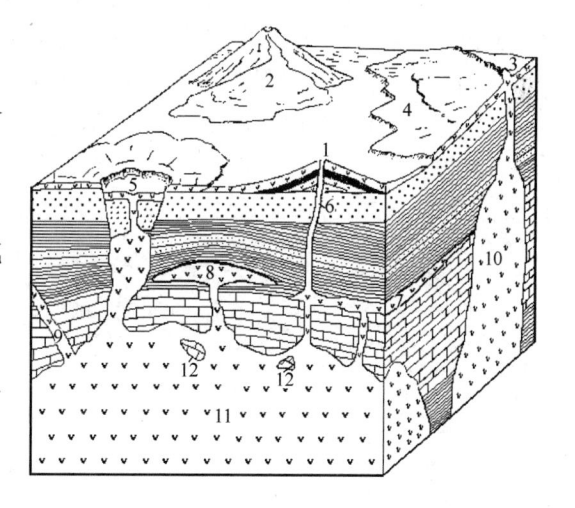

(1)岩基。它是规模巨大的不规则的穹隆状侵入体,在地面的出露面积可达几百平方千米以上,越往地下深处,面积越大。这种大规模岩基的主要成分是花岗岩类,因此有花岗岩基之称。在我国花岗岩分布很广,如海南的占县、琼中两个花岗岩基面积分别为3000km² 和5000km²,占海南岛总面积的四分之一。

图2-19　岩浆侵入体与喷出体示意图
1—火山锥;2—熔岩流;3—火山颈及岩墙;
4—岩被;5—破火山;6—火山颈;7—岩床;
8—岩盘;9—岩墙;10—岩株;11—岩基;12—捕房体

岩基上覆地层和周围的岩石称为围岩。围岩因岩浆侵入而发生接触变质现象，在其边缘部分常有围岩的捕虏体。

(2) 岩株。它是规模相对较小的侵入岩体。平面上呈近圆形或不规则形态，与围岩接触面较陡，且常参差不齐，边缘常有树枝状小岩枝穿切贯入围岩。岩株出露面积一般小于 100km^2，其成分与岩基相类似。

2) 浅成侵入作用形成的岩体

浅成侵入作用多发生在地下 0~3km 处，所形成的岩体一般距地表较近，规模不大，形状也较规则，形成的岩体呈岩盘、岩盆、岩床、岩墙和岩脉产出。

(1) 岩盘和岩盆。岩浆沿断裂上升，侵入岩层中，冷凝成一个上凸下平的透镜状侵入体，称为岩盘或岩盖，规模一般不大。而形状中央凹下四周高起似盆者称为岩盆，规模大小不一，大者面积可达几百平方千米，小者仅有几平方千米，厚度从几百米至几十米不等（图 2-20）。

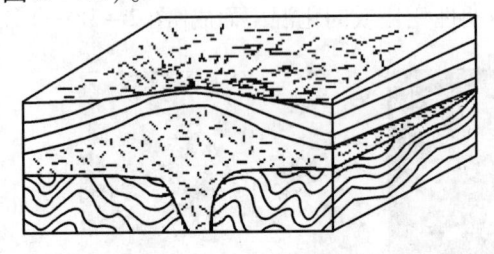

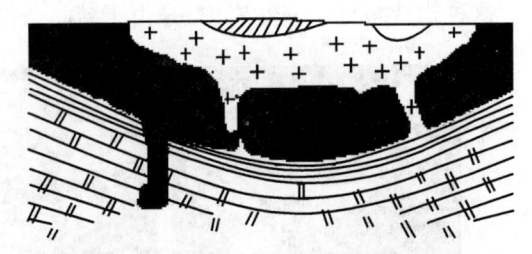

图 2-20 岩盘和岩盆
图中短线、加号、黑色部分均为侵入岩体

(2) 岩床。它呈层状夹于围岩岩层之间，是岩浆沿围岩顺层侵入冷凝而成的板状岩体，产状与围岩平行一致，多由基性岩组成，其厚度可以从不到一米至数十米不等（图 2-21）。

(3) 岩墙和岩脉。岩浆沿围岩的垂直或斜交方向的裂缝侵入后冷凝而成（图 2-22），岩体呈墙状，与围岩层理相交，厚度从数厘米至数千米不等，长度从数十米至数十千米，其中规模很小者称为岩脉。

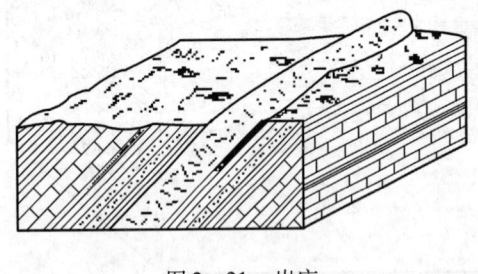

图 2-21 岩床 　　　　　　图 2-22 岩墙

2. 喷出岩的产状

岩浆喷出地表的地方称为火山。火山是通过火山喉管与地壳深部的岩浆源连接起来的，岩浆上升的通道称为火山颈，火山颈的出口称为火山口，一般呈漏斗状。有的火山呈锥形，称为火山锥；有的不见山形，只有火山口。当火山堆积物填堵火山颈时，往往会造成积水的保存，形成火山口湖，如我国吉林省旅游胜地长白山的白头天池，就是一个著名的火山口湖（图 2-23）。

1）火山喷发方式

（1）熔透式喷发。深部岩浆上升到地壳表层，因过热和高度化学能，使围岩顶被岩浆熔透而喷发形成大面积熔岩流，又称为面式喷发。

（2）裂隙式喷发。岩浆沿一定方向的大断裂或断裂群上升至地表而形成的一种喷发，火山口沿断裂呈线状分布，又称为线状喷发。

图2-23　长白山白头天池

（3）中心式喷发。岩浆沿颈状管道喷出地表的一种喷发。喷发通道在平面上呈点状，又称为点式喷发，其特点是形成火山锥，并可有熔岩流和火山充填物，如岩钟、岩针。

2）喷出岩的产状

（1）火山锥。火山喷发物围绕火山口堆积而形成的锥状体（图2-24），可分为火山碎屑锥、熔岩火山锥和复合火山锥等。

（2）火山口。火山锥顶部火山物质出口的地方，常呈圆形凹陷。

（3）熔岩流。由火山口溢出的岩浆沿山坡或河谷顺流而下形成（图2-25）。

图2-24　富士山火山锥

图2-25　熔岩流

（4）熔岩穹。在岩浆喷发晚期特别猛烈的喷发后，挥发组分大量溢出，岩浆黏度增大，靠内部压力挤出火山口，所形成的高耸的熔岩穹。

（5）破火山口。经过破坏的火山口及其周围的洼陷。

常见的火山喷出岩产状类型还有熔岩被、熔岩瀑布、岩钟、岩针、熔岩丘、熔岩高原、熔岩台地、火山颈等。

五、岩浆岩的分类

地壳中岩浆岩种类很多，据统计可达上千种。过去曾提出了各种各样的分类方法，由于各自的基础不同，至今还没有一个统一的意见。岩浆岩的分类基础包括岩浆岩的化学成分、矿物成分、结构和构造、形成原因以及产出状态等方面。

根据岩浆岩的产状可以分为深成岩、浅成岩和喷出岩三大成因类型，根据二氧化硅（SiO_2）含量多少可以划分为不同的化学成分类型。在上述分类的基础上，结合岩石的结构、构造、产状等因素综合成简单分类表(表2-3)。

表2-3 主要岩浆岩分类简表

产状	结构和构造	岩类 主要矿物成分	超基性岩 $SiO_2 <45\%$ 橄榄石 辉石	基性岩 $SiO_2\ 45\% \sim 52\%$ 辉石 基性斜长石	中性岩 $SiO_2\ 52\% \sim 65\%$ 中性斜长石 角闪石	酸性岩 $SiO_2 >65\%$ 石英正长石 云母
喷出岩		细粒、玻璃质、斑状结构;气孔、杏仁、流纹、块状构造	苦橄岩 (少见)	玄武岩 (大量出现)	安山岩 (大量出现)	流纹岩
侵入岩	浅成岩	半晶质、等粒、斑状结构;块状构造	苦橄玢岩	辉绿岩	闪长玢岩	花岗斑岩
	深成岩	全晶质、等粒、似斑状结构;块状、带状构造	橄榄岩	辉长岩	闪长岩	花岗岩
岩石颜色			深色→中色→浅色			

六、常见的岩浆岩

由于岩浆岩种类繁多,本节无法逐一介绍,择其主要的类型简介如下:

1. 花岗岩

花岗岩为酸性岩类的深成侵入岩。常见为肉红色或灰白色,主要组成矿物为石英、长石,含量在85%以上,此外还有角闪石、辉石、黑云母等。花岗岩具有全晶质等粒结构或似斑状结构、块状构造。花岗岩有时出现很大的长石斑晶,则称斑状花岗岩;若暗色矿物以角闪石为主,称为角闪石花岗岩;若无或极少含暗色矿物时,则称为白花岩。花岗岩主要以岩基产出,也有以岩株、岩盖产出。

2. 闪长岩

闪长岩为中性岩类的深成侵入岩。一般为灰色或灰绿色,主要组成矿物为斜长石和角闪石,此外还有辉石、黑云母等,很少或没有石英。闪长岩具有全晶质—粗粒等粒结构,块状构造。由于次生变化,斜长石变为绿帘石、角闪石变成绿泥石,致使岩石呈浅绿色。闪长岩以岩株、岩盖、岩墙产出,常与花岗岩及辉长岩共生。

3. 辉长岩

辉长岩为基性岩类深成侵入岩。一般为灰至灰黑色,主要组成矿物为辉石和斜长石,其次为角闪石和橄榄石。辉长岩具有全晶质中—粗粒等粒结构,块状构造。辉长岩多以岩盆、岩床、岩墙产出,与超基性岩、闪长岩共生或独立存在。

4. 流纹岩

流纹岩是成分与花岗岩相当的酸性喷出岩。一般为灰色、灰红色、肉红色。具有斑状结构和流纹构造,斑晶为石英、透长石(透明斜长石),基质部分为玻璃质或隐晶质,有时可见气孔或块状构造。

此外,尚有一些几乎全部由玻璃质组成的玻璃质流纹岩,如松脂岩、珍珠岩等。流纹质火山玻璃中可具有大量气泡,形成浮石构造,具有这种构造的岩石能浮于水面,因此有"浮岩"之称。

5. 安山岩

安山岩是成分与闪长岩相当的中性喷出岩。常呈深灰、浅玫瑰、褐色等。一般为斑状结构,斑晶为斜长石、辉石等,有时含角闪石,具有气孔、杏仁或块状构造。安山岩形成较大的熔岩流,并与玄武岩、英安岩等共生,分布面积仅次于玄武岩,占岩浆岩总分布面积的22%。

6. 玄武岩

玄武岩是成分与辉长岩相当的基性喷出岩。常呈黑、灰黑、黑绿、灰绿色等。具有隐晶质—细粒至斑状结构,块状构造,有时也具有气孔或杏仁构造。玄武岩在地壳上分布很广,约占岩浆岩总分布面积的35.1%,常以大面积的熔岩流、岩被形式出现。陆相喷发常具有柱状节理,水下喷发常形成枕状构造。大洋底几乎全部由玄武岩组成,它也是月球表面的主要岩石。

7. 橄榄岩

橄榄岩呈暗绿、灰黑色,主要组成矿物为橄榄石和辉石,橄榄石含量占40%~70%,有时含有少量角闪石、黑云母。具有全晶质中—粗粒结构,块状构造。

8. 花岗伟晶岩

花岗伟晶岩的成分与花岗岩相似,主要组成矿物为石英、碱性长石。晶体颗粒粗大,粒径由几厘米至几十厘米不等,多呈脉状体产出。伟晶岩中有时也有少量斜长石、白云母、电气石、绿柱石,以及各种含有稀有元素和放射性元素的矿物等,这些矿物常呈较好的晶形穿插在主要矿物中,有时可富集成矿。

9. 正长岩

正长岩是半碱性岩类的深成侵入岩,颜色多为肉红色或灰白色,几乎全由肉红色或灰白色的钾长石组成,含少量斜长石。暗色矿物多为角闪石、黑云母、辉石等,一般无石英或含量极少。具有全晶质中粒结构,块状构造,风化后常形成铝土矿。正长岩体一般不大,多呈小型岩株、岩盖产出,常与花岗岩共生。

第三节 变 质 岩

变质岩分布很广,约占地壳总体积的27.4%,在各个地质时代均有分布,特别是前寒武系地层,绝大部分由变质岩系组成。变质作用过程中能够产生大量的矿产,据统计,现在世界上开采的矿石中,有53%的铁矿、55%的铬铁矿、47%的铜矿、81%的金矿、85%的铀矿等均产于变质岩系中。变质岩受到长期风化作用和构造作用时,其内部可形成风化孔隙、风化裂缝及构造裂缝等储集空间,从而形成油气储集岩,所以对变质岩的研究具有重要的理论意义和实际意义。

一、变质岩的概念

变质岩是指由变质作用形成的岩石,即已经形成的岩石(岩浆岩、沉积岩、变质岩)因物理化学条件的改变,使原岩的矿物成分、结构、构造发生变化而形成的岩石。

根据变质前原岩的不同,变质岩可分为两大类,即由岩浆岩变质而成的正变质岩和由沉积岩变质而成的副变质岩。

由于变质作用基本上是在固态下进行的,变质岩的矿物成分、结构、构造及产状都与原岩有着密切的联系。一方面具有一定的继承性,另一方面经过变质作用后也产生了一系列新的变化。

二、变质岩的物质成分

1. 变质岩的化学成分

变质岩的化学成分,一方面取决于原岩的化学成分,另一方面也与变质作用所加入和带出的成分有关。由于原岩化学成分多种多样,化学活动性流体的成分各不相同,以及变质条件的变化等,使变质岩的化学成分变得相当复杂。表2-4对正、副变质岩化学成分的组成特征进行了对比。

表2-4 正、副变质岩化学成分特征对比表

类型	化学成分,%					
	SiO_2	Al_2O_3	$FeO+Fe_2O_3$	MgO	CaO	K_2O/Na_2O
正变质岩	35~78	0.86~28	3~15	<30	<17	<1
副变质岩	0~80	17~40	不定	可达47	可达56	>1

2. 变质岩的矿物成分

由于原岩成分的多样性和变质作用的复杂性,决定了变质岩矿物成分较岩浆岩和沉积岩要复杂得多。根据矿物适应温度、压力等变质因素变化的情况,可将变质岩的矿物成分分为两类:一类是能适应较大温度、压力变化范围的矿物,在变质岩中可以保存下来,如石英、长石、云母、角闪石和辉石等;另一类是变质作用形成的新的变质矿物,如硅灰石、红柱石、蓝晶石、石榴子石、十字石、绿泥石、绿帘石、滑石、蛇纹石、石墨等。这些矿物是变质岩中特有的矿物,它们的大量出现,就是岩石发生变质作用的有力证据,同时也是区别于岩浆岩和沉积岩的主要标志。

三、变质岩的结构

变质岩的结构和岩浆岩一样,是指岩石中矿物的结晶程度、颗粒大小、形状及其结合方式所表现出的特征。根据岩石特点和结构的成因,可把变质岩的结构分为变晶结构、变余结构以及压碎结构等。

1. 变晶结构

变晶结构是原岩在变质过程中经重结晶作用而形成的结晶质结构的总称。变晶结构是变质岩的重要特征。根据变晶矿物的粒度、形状、和相互关系等特点,可把变晶结构进一步分成以下几种:

1)按变晶矿物颗粒的相对大小划分

(1)等粒变晶结构。岩石中划分主要变晶矿物颗粒大小大致相等[图2-26(a)]。

(2)不等粒变晶结构。岩石中主要变晶矿物颗粒大小不等,但呈连续变化[图2-26(b)]。

(3)斑状变晶结构。岩石中矿物颗粒直径大小相差悬殊,在较细粒的变质基质中,有较大的变晶矿物[图2-26(c)]。

2)按变晶矿物颗粒的绝对大小划分

(1)粗粒变晶结构。矿物颗粒平均直径大于3mm。

(2)中粒变晶结构。矿物颗粒平均直径1~3mm。

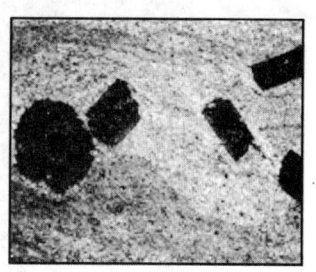

(a)等粒变晶结构　　　　(b)不等粒变晶结构　　　　(c)斑状变晶结构

图2-26　根据变晶矿物颗粒相对大小划分的结构类型

(3)细粒变晶结构。矿物颗粒平均直径小于1mm。

3)按变晶矿物的外形划分

(1)粒状变晶结构。岩石大致由等轴粒状矿物颗粒组成,镶嵌紧密,不具有方向性[图2-27(a)]。

(2)鳞片变晶结构。岩石主要由云母、绿泥石、滑石等片状、鳞片状矿物组成[图2-27(b)]。

(3)纤维变晶结构。岩石主要由纤维状、针状或长柱状矿物组成[图2-27(c)]。

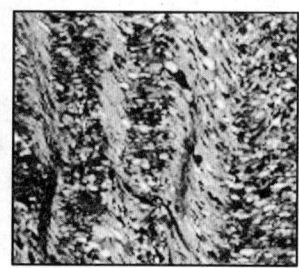

(a)粒状变晶结构　　　　(b)磷片变晶结构　　　　(c)纤维变晶结构

图2-27　根据变晶矿物颗粒形态划分的结构类型

2. 变余结构

变余结构也称为残留结构,它是因为重结晶作用不彻底,使原岩的矿物成分和结构特征部分保留下来形成的一种结构类型。变余结构在浅变质带形成的变质岩中最常见。这主要与温度较低,溶液活动性不强,使得原岩的部分结构特征得以保留。变余结构的命名原则,就在原岩结构之前加"变余"二字即可。

变质岩中常见的变余结构有变余花岗结构、变余斑状结构、变余砂状结构、变余泥质结构等(图2-28)。

3. 压碎结构

压碎结构是变质作用较为典型的结构,根据矿物的机械破碎程度分为碎裂结构和糜棱结构。

(1)碎裂结构。岩石受定向压力作用后,其本身及组成矿物发生破裂、移动、研磨等现象。部分矿物被压碎为细粒,部分保留原形,但也出现裂纹(图2-29)。

(2)糜棱结构。岩石中所有矿物均被压碎成细小的颗粒,并呈锯齿状接触,其内部物质在滑动时可形成一种类似流动的构造的排列(图2-30)。

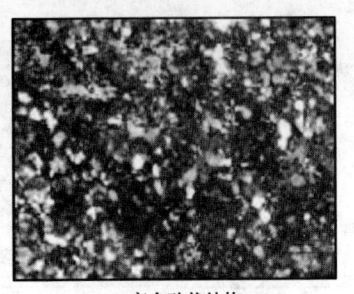

(a)变余辉绿结构　　　　　　(b)变余砂状结构

图 2-28　两种变余结构类型

图 2-29　碎裂结构　　　　　　图 2-30　糜棱结构

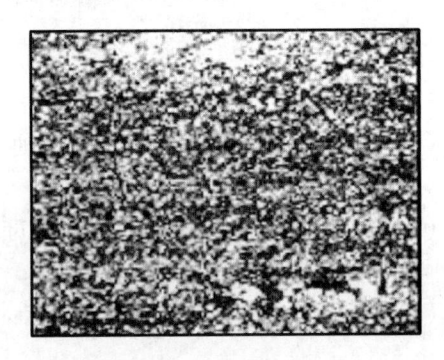

四、变质岩的构造

变质岩的构造是指组成岩石的各种矿物在空间分布和排列的方式。变质岩的构造能反映变质作用的基本特征,可分为定向构造和无定向构造两大类。

1. 定向构造

岩石中的长条状、片状或板状矿物平行于某一平面或某一方向排列形成的构造,它是在定向压力参与下形成的。常见的变质岩定向构造有以下五种:

(1)板状构造。岩石中矿物颗粒细小,肉眼难以分辨。岩性似薄板状,常出现一组平行的破裂面,且光滑平整,破裂面具有微弱的丝绢光泽。具有变余泥质结构(图2-31)。

(2)千枚状构造。岩石中的鳞片状矿物呈定向排列,沿定向排列方向可劈成薄片。具有较强的丝绢光泽,断面参差不齐。千枚状构造为千枚岩所特有的构造(图2-32)。

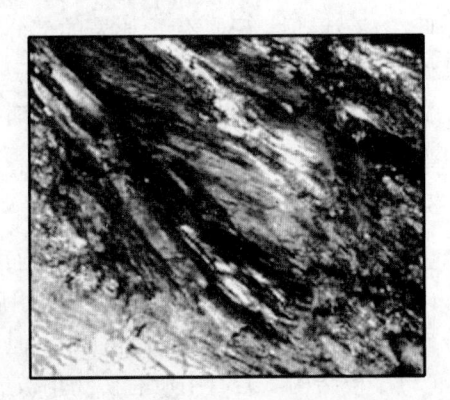

图 2-31　板状构造　　　　　　图 2-32　千枚状构造

(3)片状构造。又称片理构造。由云母、绿泥石、滑石、角闪石等片状、板状或针状矿物呈连续平行排列而成。沿片理面极易劈成薄片,而且还常呈波状弯曲,呈现强烈的丝绢光泽。矿物颗粒较粗,肉眼可识别,以此区别于千枚状构造(图2-33)。

(4)片麻状构造。与片状构造类似,但其变质程度较深。它的特征是暗色的片状、柱状矿物(如云母、角闪石等)呈平行排列,且被浅色粒状矿物(如石英等)所隔开,呈现出黑白相间的条带。大部分片麻岩都具有此构造(图2-34)。

(5)眼球状构造。沿片状、片麻状构造的片理,分布有类似眼球状的(如长石等)矿物晶体,组成眼球状构造。它可以出现在片麻岩中(图2-35)。

图2-33 片状构造

图2-34 片麻状构造

2. 无定向构造

(1)块状构造。整个岩石的矿物分布均一,无定向排列。这种构造反映岩石在变质过程中,不具有显著的定向压力,如大理岩。

图2-35 眼球状构造

(2)斑点构造。岩石在发生变质过程中,有些物质发生迁移、聚集成斑点,为浅变质岩的构造特征。

五、常见的变质岩

1. 板岩

板岩是由粉砂岩、黏土岩等经区域变质作用或接触热力变质作用形成的具有板状构造的浅变质岩石。颜色多为灰色至黑色。主要具有变余结构,有时具有变晶结构。岩石均匀致密,矿物颗粒用肉眼难以识别。板理面上可有少量绢云母、绿泥石等新生矿物,微显丝绢光泽,敲击时可发出清脆的声音。图2-31为典型的板岩。

2. 千枚岩

千枚岩是具有典型的千枚状构造的浅变质岩。颜色有黄、绿、浅红、蓝灰等色。主要由很细小的绢云母、绿泥石、石英等矿物组成,容易裂成薄片。一般为鳞片变晶结构,具有较强的丝绢光泽。这种岩石是由黏土岩、粉砂岩、凝灰岩等变质而成。图2-32为绢云母千枚岩标本。

3. 片岩

片岩具有明显片状构造。颜色有黑、灰黑、绿、浅褐等色。富含云母、绿泥石、滑石、角闪石等片状或柱状矿物,矿物结晶程度较高,多为鳞片变晶结构和纤维变晶结构。图2-33为云母片岩手标本。

4. 片麻岩

片麻岩是具有明显片麻状构造的变质岩。颜色多为灰色和浅灰色。具有中至粗粒变晶结构。主要矿物成分有长石、石英,片状或柱状矿物有黑云母、角闪石和辉石。有时出现矽线石、石榴子石等变质岩特有矿物。片麻岩是变质程度较深的变质岩,主要由花岗岩、长石石英砂岩经区域变质作用而成(图2-34)。

5. 大理岩

大理岩是由石灰岩和白云岩变质而成。岩石主要由碳酸盐矿物方解石和白云石组成。一般为白色,因含杂质不同,也有灰、绿、黄色等。具有粒状变晶结构、块状构造。以我国云南大理盛产而得名。质地致密的白色细粒大理岩又称为"汉白玉"。

6. 石英岩

石英岩是各种石英砂岩受热变质而成,一般呈白色或灰白色,具有粒状变晶结构,块状构造。主要矿物成分为石英,其含量大于85%,次为长石、绢云母、绿泥石、白云母、角闪石等。

7. 蛇纹岩

蛇纹岩主要是由橄榄岩、辉岩经热液交代作用而形成。矿物成分以蛇纹石为主,有时残存少量橄榄石与辉石。颜色为黄绿至黑色,质软且具滑感,蜡状光泽,具有隐晶质变晶结构,块状构造(图2-36)。

图2-36 蛇纹岩

第四节 沉 积 岩

一、沉积岩的概念

沉积岩是在近地表的常温、常压条件及水、大气、生物、重力等作用下,由母岩的风化产物、火山物质、有机物质等沉积岩的原始物质成分,经搬运、沉积及沉积后作用而形成的一类岩石。

沉积岩是组成岩石圈的三大类岩石之一,约占岩石圈体积的5%,主要分布在岩石圈的上部和表层部分。陆地面积的大约四分之三被沉积物(岩)所覆盖,而海底几乎全部被沉积物(岩)所覆盖。沉积岩中蕴藏着丰富的矿产,据统计,世界资源总储量的75%~85%是沉积和沉积变质成因的,而可燃有机矿产几乎全部是沉积成因的。石油和天然气不仅生成于沉积岩中,而且绝大部分也储存于沉积岩中。沉积岩与人类的生产、生活密切相关,研究沉积岩有着重要的理论意义和实际意义。

二、沉积岩的物质成分

沉积岩中已发现的矿物有160多种,其中最常见的约20种,但对于每一种岩石来说,造岩矿物只有3~5种。这些矿物的来源,一是从母岩区搬运而来的较稳定的不易风化的陆源矿物,如石英、长石、云母等;二是在沉积、成岩过程中形成的新矿物,即自生矿物,如碳酸盐矿物(方解石、白云石等)、硅酸盐矿物(海绿石、鲕绿泥石等)。沉积岩中的矿物成分与岩浆岩中的矿物成分明显不同,如橄榄石等高温高压条件下形成的矿物,因在地表易分解,所以在沉积岩中很少,而在地表条件下形成的有机质和黏土矿物等则为沉积岩所特有。

在化学成分上,沉积岩中 Fe_2O_3 含量多于 FeO,K_2O 含量多于 Na_2O,岩浆岩则与此相反。因为地表环境富含水和二氧化碳,所以,沉积岩中水和二氧化碳的含量明显比岩浆岩中的高。

三、沉积岩的颜色

沉积岩的颜色取决于岩石的物质成分、沉积环境及成岩后的次生变化,它是沉积岩最醒目的宏观特征,对鉴别岩石、划分和对比地层、寻找矿产、分析判断古气候和古地理条件等均具有重要意义。

按成因可将沉积岩的颜色分为三类,即继承色、自生色和次生色。

(1)继承色。岩石的颜色主要继承了陆源碎屑颗粒的颜色。如长石砂岩为肉红色是继承了正长石的颜色,纯石英砂岩为白色是继承了石英的颜色等。

(2)自生色。在沉积成岩阶段由自生矿物造成的颜色,为大部分黏土岩、化学岩所具有。如海绿石砂岩呈绿色,是自生海绿石造成的。

(3)次生色。主要是岩石受到风化作用而转变成的颜色。如在露头上海绿石砂岩常被风化成黄褐色、褐红色等。

大部分自生色和次生色都是由色素造成的。常见的色素物质为铁质和有机碳。含有机碳少的沉积岩呈灰色,多的呈黑色;Fe^{3+} 与 Fe^{2+} 的比值不同,沉积岩呈现不同的颜色:

$$Fe^{3+}:Fe^{2+} \begin{cases} > 3.0 & 红色、棕红色、红棕色 \\ = 1.6 \sim 3.0 & 紫色、砖红色、棕色 \\ < 1.6 & 浅绿灰色、灰色 \\ 近于 0 & 黑色 \end{cases}$$

不含铁的化合物和不含游离碳等色素物质的岩石呈白色,如纯净的石英砂岩、盐岩、白云岩、石灰岩、高岭土等呈白色或浅灰色。在红色岩层中,有时可见绿色斑点,或红、黄、绿、灰诸色掺杂,这主要是因氧化铁局部还原的结果。如氧化铁受到植物有机体的局部还原作用,可使红层中的植物根呈现模糊的绿色或灰蓝色枝杈状痕迹。

继承色和自生色统称为原生色。沉积岩的原生色一般反映了岩石的特有组分和沉积环境。例如,由方解石组成的石灰岩本应呈白色,但因含有机质,有时含分散状的硫化铁,而多呈深灰色至灰黑色,它是在还原环境中沉积形成的。呈红、褐红、黄棕色的沉积岩一般含 Fe^{3+} 的氧化物或氢氧化物,反映岩石在氧化条件下生成,是炎热气候环境中的产物。绿色岩石与含 Fe^{2+} 的硅酸盐矿物(海绿石、鲕绿泥石等)有关,代表弱氧化或弱还原的介质条件。

研究沉积岩要注意区分原生色和次生色。原生色分布均匀、稳定,且与岩层的层理一致。次生色常沿裂隙、孔洞和破碎带分布,颜色不均匀,常呈斑点状,分布与层理不一致。

影响岩石颜色的因素是多方面的,除岩石的成分及沉积环境外,还有颗粒大小、干湿程度、风化程度等。一般来说,粒度越细、越潮湿,观察面就越阴暗,颜色越深;反之则浅。因此,描述颜色必须观察岩石的新鲜面,并说明是在怎样的状态下观测的。

四、沉积岩的结构

沉积岩的结构是指岩石组分(碎屑、晶粒等)的大小、结晶程度、形态及其排列方式等特征。根据岩石特点和结构的成因,可把沉积岩的结构分为机械作用形成的结构,化学结构和生物结构。

1. 机械作用形成的结构

由机械作用形成的结构既可见于陆源碎屑岩、黏土岩中,也可见于碳酸盐岩中。其主要特点是岩石由碎屑颗粒与基质或胶结物组成,如陆源碎屑结构、粒屑结构、黏土结构等。

2. 化学结构

化学结构是由化学沉淀作用形成的,如隐晶质结构、显晶质结构等。显晶质结构按晶粒大小可分为粗晶、中晶、细晶、粉晶、泥晶等。其中较粗的晶粒结构主要是在成岩及后生阶段由交代作用或重结晶作用形成的次生结构。化学结构可见于碳酸盐岩中,亦可见于碎屑岩的胶结物中。

3. 生物结构

生物结构主要由生物骨架及生物化学组分构成,如珊瑚礁结构、藻礁结构等。生物骨架结构常见于生物礁灰岩中。

五、沉积岩的构造

沉积岩的构造是指岩石各组分在空间的分布、排列和充填方式所显示出来的形貌特征。沉积岩在固结成岩之前的原生构造,是判断古代沉积环境的重要依据。沉积岩的构造可分为层理构造、层面构造、化学成因构造、生物成因构造四类。

1. 层理构造

层理是由岩石的成分、颜色、结构等特征,在垂向上的突变或渐变而显现出来的一种构造现象。它是沉积岩最典型、最重要的特征之一,是区别于岩浆岩的主要标志。层理是沉积岩中最普遍的一种原生构造,根据层理特征,可以帮助判断沉积介质的特征和沉积环境。

1)层理的结构术语

(1)纹层。组成层理的最小单位,其厚度常以毫米计。纹层之内没有肉眼可见的层。同一纹层往往具有比较均一的成分和结构,是在相同的水动力条件下同时形成的,其产状有水平的、倾斜的或波状的。

(2)层系。由相邻的许多在成分、结构、厚度和产状上相似的纹层组成。组成同一层系的各个纹层,是在同一沉积环境的相同水动力条件下,不同时期形成的。

(3)层系组。由两个或两个以上相似的层系或成因上有联系的层系叠覆而成。组内的各层系是在同一沉积环境的相似水动力条件下形成的。

（4）层。组成沉积地层的基本单位，它具有基本均一的成分、颜色、结构和内部层理构造，纹层、层系、层系组均是层的内部构造。

层是在较大区域内沉积环境基本一致的条件下形成的。层的厚度代表沉积物的堆积速度或地壳坳陷的程度。层与层之间有层面分开，层面代表了短暂的无沉积或沉积作用突然变化的间断面。

层按厚度可分为：块状层（>1m）、厚层（1.0~0.5m）、中厚层（0.5~0.1m）、薄层（0.1~0.01m）、微细层或页状层（<0.01m）。

2）层理的主要类型

在自然界，常见的层理构造有下列几种类型（图2-37）：

（1）水平层理。

水平层理的特点是纹层界面平直并平行于层面。一般认为水平层理是在比较弱的水动力条件下，由悬浮载荷缓慢沉积而成。层理的显现是由于进入沉积物中的物质发生变更所致，如粒度的变化、不透明矿物的分布、云母片和碳质碎片的顺层排列等。

水平层理分布广泛，多在细粒的粉砂和泥质沉积中出现，常见于海（湖）深水区、闭塞海湾、潟湖、沼泽、河漫滩及牛轭湖等低能环境中。

（2）平行层理。

平行层理的外貌与水平层理极为相似，但它主要形成于砂岩中，由平行而又几乎水平的纹层状砂和粉砂组成。这种层理的特点是由颗粒大小不同的纹层叠覆，或是含有不同重矿物的纹层叠覆，或两者兼备。

具有平行层理的砂岩沿纹层面易于剥开，在剥开面上可见到平行的条纹，统称为剥离线理构造（图2-38）。剥离线理构造中的长形颗粒平行于水流方向分布，可指示古水流方向。

图2-37 层理的基本类型及有关术语

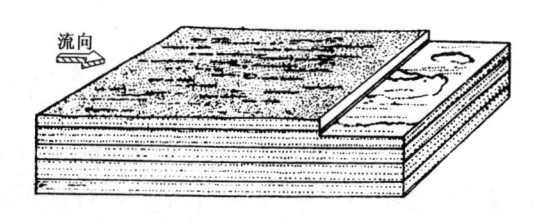

图2-38 由上部平坦床沙迁移所形成的平行层理及剥开面上显示的剥离线理构造（据Harms,1975）

一般认为，平行层理是在急流及高能的环境中，在平坦的沉积底床上形成的，如河道、海（湖）岸、海滩等急流、水浅的沉积环境，常与大型交错层理共生。平行层理砂岩常具有良好的储油物性。

（3）波状层理。

波状层理的纹层界面呈波状起伏，但总的方向平行于层系面。纹层的波状形态是对称的或不对称的，连续的或不连续的。

一般形成波状层理要有大量的悬浮物质沉积,当沉积速率大于流水的侵蚀速率时,即可保存连续的波状纹层,形成波状层理。波状层理按成因分为两种:一种是往复振荡的波浪造成的,波层对称,多见于海(湖)浅水带、海湾、潟湖环境的沉积物中;另一种是微弱的单向水流造成的,波层不对称,叠覆层相位错开,多见于河漫滩沉积物中。

(4)交错层理。

交错层理通常也称为斜层理。纹层倾斜与层系界面相交,且层系之间可以重叠、交错、切割。根据交错层理中层系的形态不同,可分为板状交错层理、楔状交错层理和槽状交错层理。按层系厚度不同,可分为小型(<3cm)、中型(3~10cm)、大型(10~200cm)、特大型(>200cm)交错层理。

① 板状交错层理。层系界面为平面,且彼此平行。大型板状交错层理常见于河流沉积之中,其层系底界有冲刷面,纹层内常有下粗上细的粒度变化,有的纹层向下收敛。

② 楔状交错层理。层系界面为平面,但互不平行,层系呈楔形。楔状交错层理常见于海、湖的浅水区和三角洲沉积区。

③ 槽状交错层理。在层理的横切面上,层系界面呈凹槽状,纹层的弯度与凹槽一致或以很小的角度与之相交;在纵剖面上,层系界面呈缓弧状彼此切割,纹层与之斜交。大型槽状交错层理多见于河床沉积中,其层系底界冲刷面明显,底部常有泥砾。

交错层理是在水流具有一定流速时,由波痕迁移叠加形成。纹层的倾向反映了古水流的流向。直脊波痕的迁移叠加形成板状交错层理,曲脊波痕的迁移叠加形成槽状交错层理(图2-39、图2-40)。流动方向稳定时形成板状交错层理,流动方向交替时形成楔状交错层理。

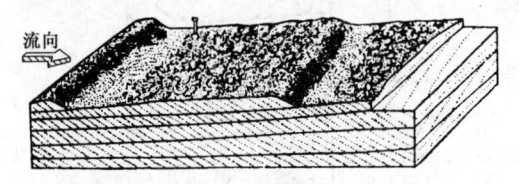

图2-39 由直脊沙波迁移形成的
大型板状交错层理(据 J. C. Harms,1975)

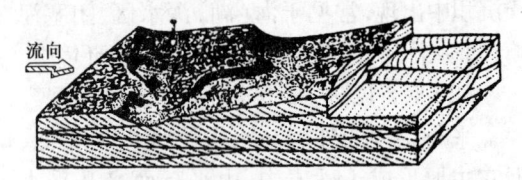

图2-40 由曲脊沙波迁移形成的
大型槽状交错层理(据 J. C. Harms,1975)

(5)透镜状层理和压扁层理。

砂质小透镜体连续地且较有规律地被包裹于泥质层中,砂岩小透镜体内部又具有斜层理,称为透镜状层理。反之,若波状起伏的砂层中夹泥质脉状体,则称为压扁层理。

这类层理常见于潮汐环境。在潮汐水流或波浪作用较弱,并且砂质供应不足,泥质比砂质的沉积与保存均较有利的情况下,可形成"泥包砂"的透镜状层理;当水流或波浪作用较强,有利于砂质沉积和保存的情况下,则形成"砂包泥"的压扁层理;在透镜状层理和压扁层理之间的过渡类型为砂泥交互的波状层理(图2-41)。

(6)递变层理。

递变层理又称为粒序层理,整个层理主要表现为粒度的变化,即由下至上粒度由粗到细逐渐递变,除了粒度的变化外,没有任何内部纹层(图2-42)。

根据递变层的内部构造特征,主要有两种基本类型:第一类是颗粒向上逐渐变细,但下部不含细粒物质,它可能是由于在沉积环境的水流速度或强度逐渐减低的过程中,沉积物按粒度大小依次沉降而形成,如图2-42(a);第二类是以细粒物质作为基质全层均匀分布,粗粒物质向上逐渐减少和变细。它可能是由于悬浮体含有各种大小不等的颗粒,在流速减低时因重力分异而整体堆积的结果,如图2-42(b)。在这两类递变层理中,前者属于牵引流成因,如河

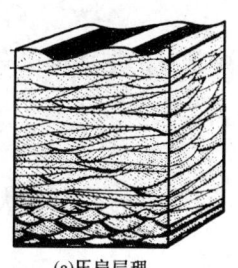

(a) 压扁层理　　　(b) 波状复合层理　　　(c) 透镜层理

图 2-41　潮汐层理

流、潮汐流等；后者属于浊流成因，大多数递变层理属于第二种类型。

除以上两种基本类型之外，有时偶见递变序列中部颗粒粗、上下颗粒细的双向递变和下细、上粗的反向递变。

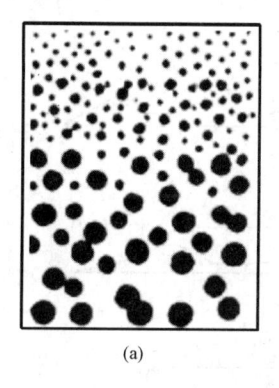

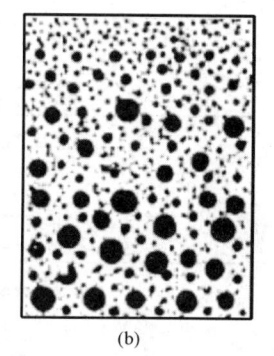

(7) 韵律层理。

韵律层理是由不同成分、结构或颜色的沉积物有规律地交替叠置而成。这种有规律的韵律性变化是由于潮汐的变化、季节性的变化或其他原因而引起。

潮汐变化形成的潮汐韵律，实质上是由砂、泥薄层相间的交替纹层构成。其砂层是

图 2-42　递变层理的两种基本类型
（据 H. E. 赖内克等，1973）

在涨潮和落潮的水流活动时期沉积的，泥层是在高潮和低潮的滞流阶段沉积的，两者交替叠置构成韵律。潮汐韵律常见于潮间滩地和河口湾地带。

季节性变化产生的季节韵律，是由暗色层和浅色层交替叠置而成。构成韵律的各个单层，其物质组成都是很细的粉砂和泥质颗粒，因此肉眼观察通常只能根据颜色的深浅来识别。冰融水在冰川湖中沉积的冰川纹泥，是季节韵律层理的一个重要类型。夏季冰融化，释出大量碎屑物质，形成颗粒较粗的浅色层；冬季因没有新的陆源物质，悬浮的细粒物质下沉形成暗色层。这种层序每年重复，构成韵律。

季节韵律和潮汐韵律有明显区别：滞水盆地中形成的季节韵律层颗粒细，显示韵律层的主要是颜色，横向延伸远；潮汐形成的韵律层是由砂层和泥层交替组成，显示韵律层的主要是粒径的变化，横向延伸短，只能追索几米甚至几分米。

(8) 均质层理。

均质层理的特征是层内物质均匀、组分和结构上无差异、不显纹层构造。均质层理又称为块状层理，常见于泥岩及厚层的粗碎屑岩中。均质层理的成因可以是由悬浮物质快速堆积、沉积物来不及分异而形成，如河流洪泛期快速堆积形成的泥岩层；也可由沉积物重力流快速堆积而成；有时是由于强烈的生物扰动作用将原生层理破坏而造成，这种现象常见于浅海和三角洲沉积中。另外，重结晶和交代作用在某些情况下也可使原生层理被破坏而形成均质层理。

严格地讲，不只是肉眼观察不到任何层理特征，使用仪器也不能辨认出任何内部纹层时，才符合均质层理的真正含义。

2. 层面构造

层面构造是指岩层表面呈现出的各种构造痕迹,沉积岩中常见的层面构造有波痕、冲刷痕迹、泥裂等。

1)波痕

波痕是指由于波浪、流水、风等介质的运动,在沉积物表面形成的一种波状起伏的痕迹。按成因可分三种类型(图2-43):

(1)浪成波痕。常见于海、湖浅水地带(图2-44)。其特点是波峰尖、波谷圆,形状对称。其波痕指数(L/H)为4~13,多数为6~7,但拍岸浪的波痕指数可达20,且不对称,陡坡朝向岸。

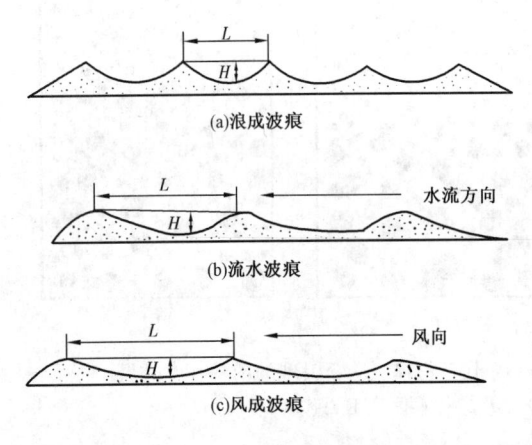

图2-43 波痕的成因类型
L—波长;H—波高

图2-44 浪成波痕(山东日照,黄海海岸)

(2)流水波痕。由定向水流形成,见于河流或有底流存在的海、湖近岸地带。其特点是波峰、波谷都较圆滑,不对称。陡坡倾向水流方向,在海、湖滨岸地段,陡坡朝向陆地。

(3)风成波痕。由定向风形成,见于沙漠及海、湖滨岸沙丘沉积中。其特点是波峰波谷都较圆滑,但谷宽峰窄,沉积颗粒在波峰处粗、波谷处细,与流水波痕情况相反。其波痕指数(L/H)为10~70,一般在20以上,呈极不对称状,陡坡的倾斜方向与风向一致。

波痕是沉积岩典型的沉积构造之一,它可提供有关古水流方面的重要信息,是进行沉积环境分析的重要标志。波痕出现于岩层的顶面,并可在上覆岩层的底面上留下印痕,因此,可以利用波痕来判断岩层的顶面和底面。

2)冲刷痕迹

冲刷痕迹是指由于流速加大或河流改道,先沉积的较细沉积物被冲蚀形成凹坑;当流速减缓时,凹坑又被沉积物充填,在充填物底部常有来自下伏岩层的岩块(图2-45)。在河床沉积中常见有冲刷痕迹。

3)泥裂、雨痕及冰雹痕

(1)泥裂。亦称干裂,是由未固结的沉积物被阳光暴晒、脱水收缩形成的多角形龟裂纹(图2-46)。其平面是不规则多边形裂块,横剖面呈V字形,常位于黏土岩和石灰岩的顶面,在上覆岩层的底板上可留下印模。

泥裂主要出现在海(湖)滨岸地带、潮间带、河漫滩等地区,是干旱气候条件下的产物。

(a)

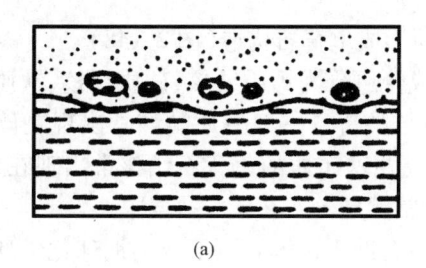

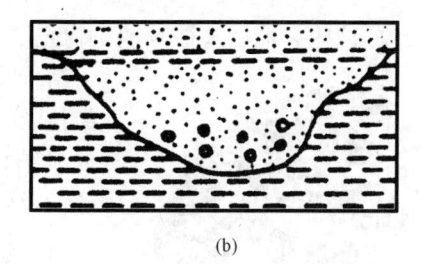

(b)

图 2-45　冲刷痕迹示意图
(a)泥岩碎块包含在上覆砂岩中；(b)河流下切形成凹陷,被砾、砂充填

(2)雨痕及冰雹痕。是雨滴或冰雹降落在泥质沉积物的表面,撞击成的小坑。如雨滴垂直降落时,小坑呈圆形,否则成椭圆形,坑的边缘略微耸起,且粗糙。只有偶尔降雨形成的雨痕才能保存下来,如果是连续降雨,前期形成的凹坑将被破坏。所以,雨痕主要见于干燥与半干燥气候条件下的大陆沉积。冰雹痕形似雨痕,但坑比雨痕大一些、深一些,且更不规则,边缘更粗糙。

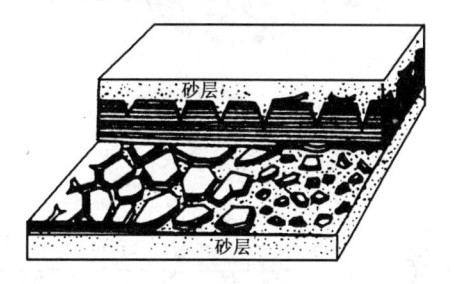

图 2-46　泥裂示意图

泥裂、雨痕及冰雹痕常相伴而生,这些构造的同时出现是沉积面间断暴露于地表的最好标志,具有重要的指相意义。借助泥裂尖端朝下的产状特征,还可判别岩层的顶面和底面。

3. 化学成因构造

1)结核

结核是指成分、结构、颜色等方面与围岩有明显差别的自生矿物集合体,属化学成因构造。结核的大小不一,从数毫米至数十厘米不等,大者可达几米;形态上常呈球状、椭球状及不规则的团块状,可孤立出现或呈串珠状顺层断续分布,甚至呈层状分布,延伸可达数十米,如石灰岩中的燧石结核条带;结核的内部构造很不相同,可以是均质的,或是同心圆状、放射状等。

结核按形成阶段可分为三种类型(图 2-47):

(1)同生结核。即与沉积作用同时形成的结核,它可以是胶体物质围绕某些质点凝聚,或呈凝块状析出的结果。其特点是与围岩界线清楚,不切穿层理,层理绕过结核呈弯曲状,如现代海底的铁锰结核。

(2)后生结核。形成于沉积物成岩之后,外来溶液沿裂隙或层理渗入岩石内沉淀而成。其特点是结核形状不规则并切穿围岩层理。

(3)成岩结核。即成岩阶段物质重新分配的产物。其特点是结核切穿部分层理及部分层理绕结核弯曲。龟背石是一种特殊的成岩结核,当结核(特别是胶体的结核)脱水收缩时,可

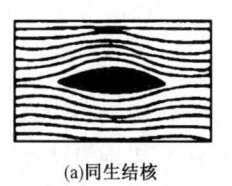

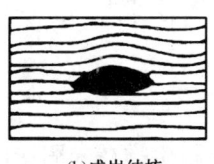

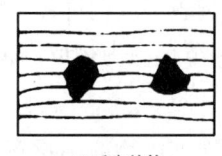

(a)同生结核　　　　(b)成岩结核　　　　(c)后生结核

图 2-47　结核类型

发生网状裂隙,这些裂隙后来被其他矿物充填,即形成龟背石构造(图2-48)。

结核按成分可分为钙质结核、硅质结核、铁质结核、磷质结核、锰质结核等。一般钙质结核常出现在碎屑岩中;黄铁矿结核或菱铁矿质的龟背石结核常出现在煤系地层中;燧石结核常顺层分布在碳酸盐岩中。

研究结核有助于了解岩石形成的地球化学环境,结核还可作为找矿及地层划分对比的标志之一。

2)缝合线

缝合线实质上是一种裂缝构造,常见于碳酸盐岩地层中。缝合线在地层剖面中呈锯齿状曲线(图2-49),在平面上是一个起伏不平的面,沿此面较易劈开。缝合线裂隙中常充填有黏土、沥青或其他物质。

图2-48 龟背石构造
(据成都地质学院,1973)

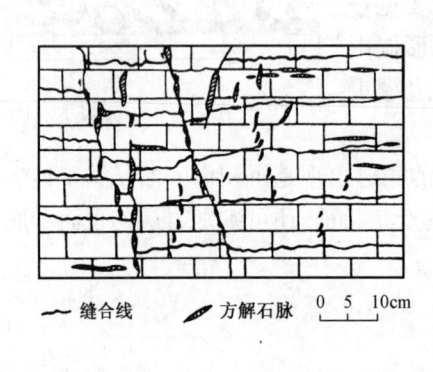

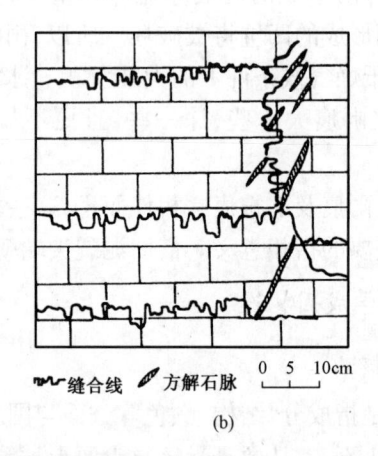

图2-49 缝合线构造(据刘和甫,1959)
(a)缝合线被方解石脉切割,鄂西,建始,三叠系;(b)缝合线切割方解石脉,鄂西,恩施,三叠系

一般认为缝合线是由于压溶作用而形成的,即在上覆岩层的静压力或构造应力的作用下,岩石发生不均匀的溶解而成。缝合线的形成可以是多期的,有成岩的、后生的,也有表生的。大多数缝合线形成于后生阶段,它切过结核、化石或鲕粒,切断方解石脉;而成岩阶段形成的缝合线常绕过结核或鲕粒,或被方解石脉切断。

缝合线是重要的微裂缝,往往是油、气、水及成矿溶液运移的通道。已有许多证据证明,缝合线在油气的运移和聚集上起了积极的作用。缝合线也可用于划分和对比地层,了解岩石存在和改造的环境等。

4. 生物成因构造

生物在沉积物表层或内部活动时,常使原来的沉积构造被破坏或发生变形,而留下它们活动的痕迹,这些构造称为生物成因构造。

1)生物遗迹构造

生物遗迹构造即生物遗迹化石,是指生物在未固结的沉积物表面及内部活动所保留在岩层中的痕迹。如保存在沉积物层面上的爬行迹、停息迹、觅食迹,保存在层内的摄食迹、穴居迹等(图2-50)。

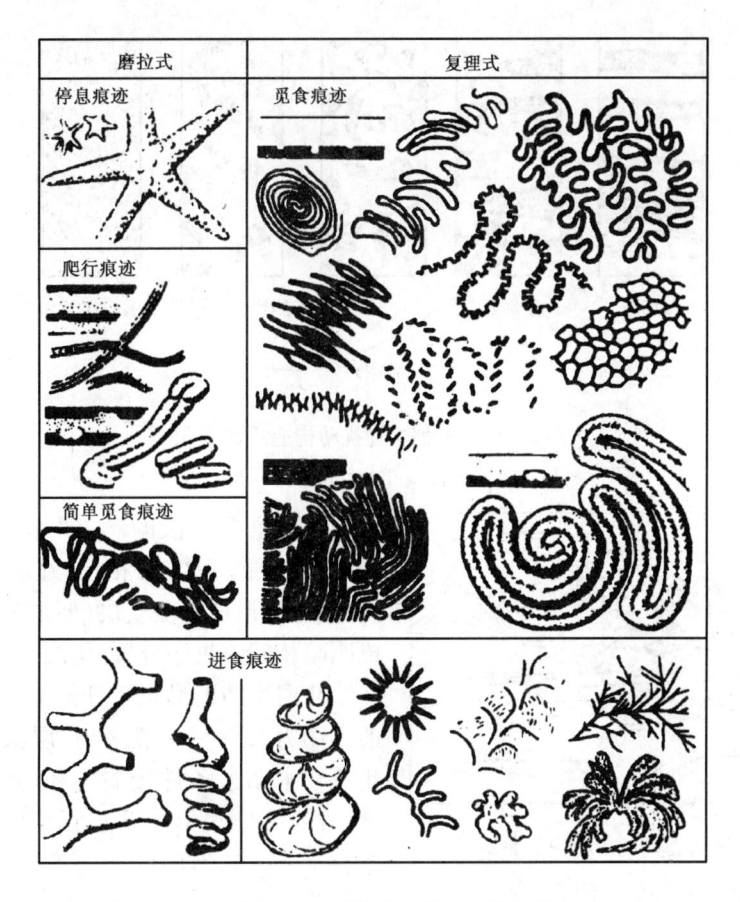

图 2-50　生物遗迹化石的基本类型(据裴蒂庄,1972)

生物遗迹构造都是原地形成的,不被搬运转移,并随沉积物固结成岩而保存下来,所以是判断沉积环境的良好标志。它们能在水深、盐度、能量等级、沉积速度,以及底层性质和气体状况等方面,提供环境解释的重要资料。

2) 生物扰动构造

底栖生物的活动使沉积物层理遭到破坏,同时产生新的构造面貌,通常称为生物搅动构造。在自然界中存在着大量的不具确定形态的生物搅动构造,人们可借助发育良好的层理被生物搅动所破坏来识别它们。斑点构造就是一种常见的生物搅动构造,其特点是在泥质沉积物中有呈不规则斑点状分布的砂质潜穴。当生物搅动强烈时,会使层理全部破坏,形成生物搅动岩(图 2-51)。均质化的砂质搅动岩常具有良好的储油物性。

3) 叠层构造

叠层构造常见于碳酸盐岩中,简称为叠层石。它由两种基本纹层组成:

(1) 富藻纹层。又称为暗层,藻类组分含量多,有机质含量高,碳酸盐沉积物少,因此色暗。

(2) 富碳酸盐纹层。又称为亮层,藻类组分含量少,有机质少,因此色暗。

这两种基本纹层交替叠置,即成叠层构造(图 2-52)。

叠层构造主要形成于潮间带地区。生活在这一地带的藻类所分泌的大量黏液,可以捕集碳酸盐颗粒和泥。在风暴期或高潮期,被风暴水流或潮汐水流带来的碳酸盐颗粒和泥,将大量

规则层　　不规则层　　斑点状　　　　　均质化

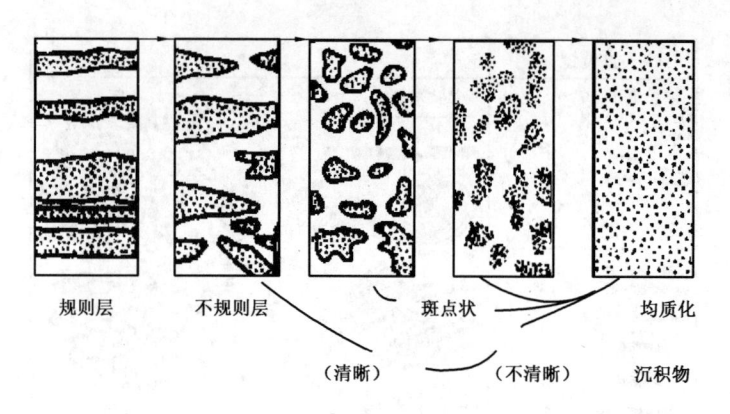

（清晰）　　（不清晰）　　沉积物

图 2-51　各种生物扰动构造及其演变
（据 Moore 和 Scruton,1957）

地被这些富含黏液的藻类所捕获,从而形成富碳酸盐纹层（亮层）；相反,在非风暴期或低潮期,则主要形成富藻纹层（暗层）,如此往复便形成明暗相间的纹层叠置,构成叠层构造。

叠层构造的形态特征能够反映其生成环境的水动力条件。一般来说,层状形态的叠层石生成在水动力条件较弱的环境,多为潮间带上部的产物；柱状形态叠层石生成环境的水动力条件较强,多为潮间带下部及潮下带上部的产物。

图 2-52　昆明震旦系灰岩中的叠层石
（据刘宝珺,1980）

4）植物根痕迹

陆相地层中常见碳化植物根痕迹或枝杈状矿化植物根痕迹。它们在煤系地层中尤为常见,是陆相沉积的可靠标志。植物根痕迹对识别淡水和微咸水环境具有重要价值。

六、沉积岩的分类

沉积岩分类的主要依据是岩石的成因、成分、结构、构造等。岩石的成因是指沉积作用的性质和环境、沉积物质的来源、沉积分异的顺序、成岩作用、沉积方式等。成因分类不仅可以反映各类岩石在成因上的不同,同时也反映了主要成分及结构特点上的差异。所以,通常是以成因作为划分基本类型的基础,而以成分、结构等特征作为进一步分类的依据。实践证明,这种综合分类的方法是比较合理的,它既能反映岩石的内在联系,又便于对岩石进行命名,而且使用方便。根据这个原则,将沉积岩划分为三大类：

1. 碎屑岩

碎屑岩是主要由碎屑物质组成的岩石。这类岩石又按碎屑物质的成因、成分和结构的特点,划分为两个亚类：

（1）正常碎屑岩。即沉积碎屑岩类,指由母岩经过风化作用后所产生的碎屑物质而组成的岩石,如砾岩和角砾岩、砂岩、粉砂岩等。

（2）火山碎屑岩。它是火山喷发出来的火山碎屑物质就地或在附近堆积而形成的岩石。

2. 黏土岩

黏土岩主要由母岩机械破碎和化学分解而成的黏土矿物组成,是沉积岩中分布最广的一类岩石。

3. 化学岩和生物化学岩

这类岩石是由母岩风化产物中的溶解物质,经搬运至沉积环境后以化学或生物化学方式沉淀析出而形成的岩石,由生物遗体直接堆积而成的岩石亦属此类。根据其成分可分为以下几类:

(1)铝质岩,如铝土矿岩。

(2)铁质岩,如菱铁矿岩、鲕状赤铁矿岩。

(3)锰质岩,如菱锰矿岩、氧化锰矿岩。

(4)硅质岩,如碧玉岩、硅质板岩等。

(5)磷质岩,如结核状磷块岩、层状磷灰岩。

(6)盐岩,如石盐岩、石膏岩。

(7)碳酸盐岩,如石灰岩、白云岩。

(8)可燃有机岩,如煤、油页岩。

沉积物质的三种主要组分为碎屑物质、黏土物质、化学及生物化学沉积物质。在自然沉积作用过程中,常有两种或两种以上物质同时混杂于一种岩石中,如果它们的含量接近相等时称为混积岩。

七、碎屑岩

1. 碎屑岩的物质成分

碎屑岩的物质成分主要包括碎屑物质、杂基和胶结物。

1)碎屑物质

碎屑物质是碎屑岩中最主要的组分,如砾岩中的砾石、砂岩中的砂粒。碎屑物质主要来源于陆源区母岩机械破碎的产物,也称为陆源碎屑。它是由母岩(如岩浆岩、变质岩、先成的沉积岩)继承下来的。陆源碎屑可分为矿物碎屑和岩石碎屑(简称岩屑)。因各种矿物和岩石的稳定性不同,因此它们在岩石中的含量也不同,常见的有石英、长石、云母等矿物碎屑,还有少量的重矿物和岩屑。矿物碎屑常分布于中、细粒碎屑岩中,岩屑在粗碎屑岩中较多。在碎屑岩中最常见的矿物约有20种左右,但在一种碎屑岩中通常只有3~5种。除母岩继承组分外,碎屑岩中有时含有少量火山喷发物质等其他碎屑。

2)杂基

杂基也称为基质,是与砂、砾等碎屑一起以机械方式沉积下来的细粒碎屑物质,主要为高岭石、水云母、蒙脱石等黏土矿物,还有细砂、粉砂、泥和碳酸盐等。在粗碎屑岩中,杂基也相对变粗,如砾岩中的杂基甚至可有砂级颗粒。碎屑岩中若含大量杂基,表明其沉积环境簸选作用不强,致使不同粒度的砂和泥混杂堆积。在潟湖等低能环境中形成的砂岩,以及洪积和深水重力流形成的砂岩,杂基含量都很高。杂基对碎屑可起胶结作用,但与胶结物不同,它不是化学成因的。

3）胶结物

胶结物是碎屑岩中以化学沉淀方式形成于粒间孔隙中的自生矿物。它们有的形成于沉积—同生期，但大多数是成岩期的沉淀产物。也有在形成的。常见的胶结物有硅质、钙质、铁质和泥质四种类型。硅质包括石英、蛋白石等，多呈灰白色，质坚硬；钙质包括方解石、白云石，它们遇盐酸起反应，方解石强烈起泡，白云石则反应较弱；铁质主要包括赤铁矿、褐铁矿，多呈红色或红褐色，质坚硬；泥质呈土黄色，较疏松。此外，石膏、黄铁矿、海绿石、绿泥石等自生矿物，也是常见的胶结物质。

在碎屑岩中，杂基和胶结物都可充填于碎屑颗粒之间，作为孔隙的充填物，因此杂基和胶结物合称为填隙物。

2. 碎屑岩的结构

碎屑岩的结构是指组成碎屑岩的各部分自身的特征及其相互关系，具体是指碎屑颗粒和填隙物的结构以及碎屑颗粒与填隙物之间的关系。

1）碎屑颗粒结构

（1）粒度。

粒度是指碎屑颗粒直径的大小，它是碎屑岩最重要和最基本的结构特征。关于粒度的分级有不同的方案，我国生产实践中应用较广泛的是十进制。常用的碎屑颗粒粒度分级如表2-5所示。

表2-5 碎屑颗粒粒级划分表

颗粒直径，mm	粒级名称	
>1000	巨砾	
1000~100	粗砾	砾
100~10	中砾	
10~1	细砾	
1~0.5	粗砂	
0.5~0.25	中砂	砂
0.25~0.1	细砂	
0.1~0.05	粗粉砂	粉砂
0.05~0.01	细粉砂	
<0.01	泥	

碎屑岩的粒度及其分布特征与岩石的储油物性密切相关，而且可反映沉积时的水动力条件，一般水流能量强时，沉积的碎屑岩粒度粗，缺少细粒组分；水流能量弱时，则沉积物粒度细或粗细混杂。粒度资料是研究碎屑岩成因的重要标志。

（2）圆度。

圆度是指碎屑颗粒的棱角被磨圆的程度。一般将圆度分为四级（图2-53）：

① 棱角状。颗粒具有尖锐的棱角，棱角没有或很少有磨蚀的痕迹，反映未经搬运。

② 次棱角状。颗粒的棱角稍有磨蚀现象，但棱角仍清楚可见，反映颗粒在棱角形成后经过短距离搬运。

③ 次圆状。颗粒的棱角有明显的磨损，棱角圆化，但颗粒的原始轮廓、棱角所在位置仍然可以辨认，反映颗粒经过了较长距离或时间的搬运。

(a)棱角状　　　　(b)次棱角状　　　　(c)次圆状　　　　(d)圆状

图 2-53　圆度等级示意图

④ 圆状。颗粒的棱角已磨损消失，颗粒圆化，原始轮廓、棱角位置难以辨认，甚至无法辨认，颗粒大都呈球状、椭球状，反映颗粒经过长距离搬运和长期磨蚀。

(3) 球度。

球度是指碎屑颗粒近于球体的程度。通常分为球状、扁球状、椭球状和不规则状四类。

(4) 分选性。

分选性是指碎屑颗粒大小的均匀程度。一般根据碎屑岩中主要粒级的含量，划分为三级：若岩石中某一粒级含量大于或等于75%，说明岩石中颗粒大小均匀，为分选好；某一粒级含量为50%~75%，为分选中等；任何粒级的含量都小于50%，为分选差。

一般来说，经过远距离和长期搬运才沉积下来的碎屑物质，颗粒的分选性和圆度、球度都好，反之则均较差。

2) 填隙物结构

(1) 杂基的结构。

杂基是碎屑岩中与粗碎屑同时以机械方式沉积下来的、起填隙作用的细粒组分。对于砂岩而言，杂基的粒度一般小于0.03mm；而对于更粗的碎屑岩，如砾岩而言，杂基也相对变粗，除泥以外，可以包括粉砂甚至砂级颗粒。

杂基含量可以反映搬运介质的流动特性。重力流沉积中含有大量杂基，沉积物以杂基支撑结构为特征；而牵引流砂质沉积物中杂基含量很少，以颗粒支撑结构为特征，颗粒间由化学沉淀胶结物充填。

杂基含量也是水动力强度的重要标志。在高能量环境中，水流的簸选能力强，黏土会被移去，从而形成干净的砂质沉积物；反之，则砂岩中杂基含量较高。

杂基含量还是沉积速率的标志。一般沉积越快，杂基含量也越高。

(2) 胶结物的结构。

与机械沉积的杂基不同，胶结物是化学成因的物质，它的结构按结晶颗粒大小可分为三种：

① 非晶质结构。它们在偏光显微镜下表现为均质体性质，蛋白石及磷酸盐矿物常形成非晶质胶结物。

② 隐晶质结构。用肉眼不能分辨晶粒，但在偏光显微镜下能见到微弱的晶体光性，如玉髓、隐晶质磷酸盐等。

③ 显晶粒状结构。胶结物呈结晶粒状分布于碎屑颗粒之间，因晶粒较大，在手标本上可以分辨，碳酸盐胶结物常具有这种结构。

3) 颗粒支撑结构和胶结类型

(1) 支撑结构。

在碎屑岩中，按颗粒和杂基的相对含量，可将碎屑颗粒的支撑类型划分为两大类，即杂基支撑和颗粒支撑。在杂基支撑结构中,杂基含量高,颗粒在杂基中呈漂浮状。在颗粒支撑结构中,颗粒之间可有不同的接触性质,包括点接触、线接触、凹凸接触和缝合接触。从成因上看,上述顺序(从点接触至缝合接触)反映了沉积物的埋藏深度及压固、压溶等成岩作用的强度和进程。

(2)胶结类型。

胶结物或填隙物的分布及其与碎屑颗粒的接触关系称为胶结类型。它取决于填隙物的数量、生成条件及沉积后的变化等因素。胶结类型通常可分四种(图2-54)。

① 基底胶结。填隙物含量多,为杂基支撑结构,碎屑颗粒互不接触呈游离状分散在填隙物中。具有这种胶结类型的碎屑岩一般是由快速堆积的密度流沉积而成的,形成于沉积同生期。

② 孔隙胶结。胶结物含量少,充填于颗粒之间的孔隙中,形成颗粒支撑结构。颗粒之间多呈点状接触,胶结物为成岩期或后生期的化学沉淀产物。

③ 接触胶结。为颗粒支撑结构,颗粒之间为点接触或线接触。胶结物含量很少,分布于颗粒彼此接触之处,而在孔隙中央没有胶结物。它可能是干旱气候带来的砂层,因毛细管作用,溶液沿颗粒间细缝流动并沉淀形成;或者是原来的孔隙胶结的岩石,胶结物被地下水溶蚀而成。

④ 镶嵌胶结。胶结物更少或没有,颗粒之间呈凸凹接触甚至缝合状接触。镶嵌胶结是因在成岩期遭受了强烈的压实、压溶作用的结果。

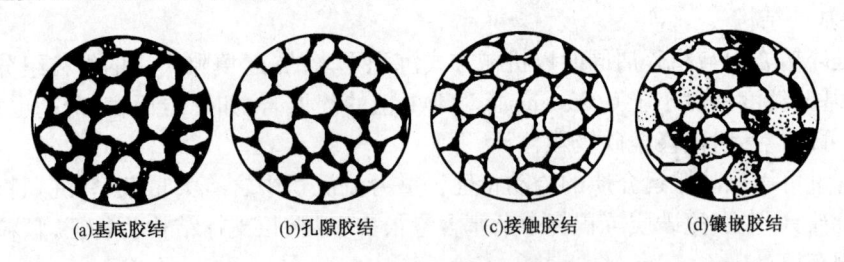

(a)基底胶结　　(b)孔隙胶结　　(c)接触胶结　　(d)镶嵌胶结

图2-54　胶结类型(据冯增昭,1993)

4)碎屑岩的结构与储油物性的关系

碎屑岩是重要的油气储集岩。埋藏在地下的油、气、水,储集在岩石的孔隙和裂缝中,并沿着互相连通的有效孔隙或裂缝进行渗流。岩石的孔隙性和渗透性统称为储油物性。岩石中孔隙的体积与岩石总体积之比称为孔隙度,互相连通的有效孔隙(即可供油气流动的孔隙)的体积与岩石总体积之比称为有效孔隙度,它直接关系到油气的储量。在一定的压差下,岩石能使流体通过的能力称为岩石的渗透性,渗透性的好坏用渗透率来表示,它关系到油井的产量高低。有效孔隙度越高、渗透性越好的岩石,其储油物性就越好。

碎屑岩的结构与储油物性密切相关。一般来说,粒度粗、圆球度好、分选好、胶结物含量少、堆积疏松的碎屑岩,储油物性较好。例如,孔隙胶结和接触胶结的、颗粒较大的、分选较好的砂岩往往具有较高的有效孔隙度和渗透率;而基底胶结和镶嵌胶结的砂岩孔隙度和渗透率较低,储油物性较差。另外,胶结物成分为硅质或铁质的岩石,一般较致密坚硬,储油物性较差。

3. 碎屑岩的分类命名

粒度资料是分析沉积岩成因及特征的重要依据,是碎屑岩分类和命名的基础。结合我国各油田生产实际,采用十进制将碎屑岩划分为砾岩、砂岩、粉砂岩,每类再进一步细分(表2-6)。

表2-6 碎屑岩分类表

结构	碎屑	岩石	粒径,mm
砾状	巨砾 粗砾 中砾 细砾	巨砾岩 粗砾岩 中砾岩 细砾岩	>1000 1000~100 100~10 10~1
砂状	粗砂 中砂 细砂	粗砂岩 中砂岩 细砂岩	1~0.5 0.5~0.25 0.25~0.1
粉砂状	粗粉砂 细粉砂	粗粉砂岩 细粉砂岩	0.1~0.05 0.05~0.01

假如碎屑岩的粒度分选程度非常好,其碎屑基本属于一个粒级,那么它的粒度分类和命名只需在相应的粒级后面加上一个"岩"字即可,如细砂岩,粗砂岩等。但自然界中的岩石大都是由几个不同粒级的碎屑所组成的,随着各种粒级所占百分含量的不同,应给予不同的命名。常用的粒度分类命名原则如下:

(1)三级命名法,即根据粒级分类标准,将含量大于或等于50%的粒级定为主名,即基本名;含量介于50%~25%的粒级以形容词"××质"的形式写在主名之前;含量在25%~10%的粒级以"含××"的形式写在最前面;含量小于10%的粒级一般不反映在岩石的名称中。

例如,某碎屑岩由55%的粉砂,27%的黏土和18%的细砂组成,则定名为"含细砂的黏土质粉砂岩"。

(2)假如碎屑岩的粒度分选较差,所含粒级较多,但没有一个粒级的含量大于或等于50%,而含量在50%~25%的粒级又不止一个,这时则以含量50%~25%的粒级进行复合命名,以"××—××岩"的形式表示,含量较多的写在后面。其他含量少的粒级仍按第一条原则处理。

(3)若碎屑岩的粒度分选更差,不但没有含量大于50%的粒级,而且含量在50%~25%的粒级也没有或只有一个,则应将岩石中的全部粒度组分分别合并为砾、砂和粉砂三大级,然后再按上述原则命名。如某碎屑岩含中砾石8%,细砾石10%,粗砂17%,中砂16%,细砂18%,粉砂31%,则命名为"含砾的粉砂质砂岩"。

4.碎屑岩的类型及特征

1)砾岩

主要由砾石构成的粗碎屑岩称为砾岩。因在地质上有特殊的意义,故有人把砾石含量大于30%的岩石都称砾岩。砾岩中的碎屑颗粒主要是岩屑,矿物碎屑则较少。砾石的成分是推断母岩性质及物源位置的可靠依据。与其他碎屑岩相比,砾岩中的基质较粗,除黏土物质外,还常有细砂、粉砂,其胶结物常常是沉积期后从胶体溶液和真溶液中沉淀出的方解石、二氧化硅、氢氧化铁等化学物质。砾岩的沉积构造常为大型斜层理和递变层理,有时不显示层理而呈均匀块状。

根据砾石的各种特征,砾岩除按粒度分类外(表2-5),还有以下几种分类方法。

(1)根据砾石的圆度分类。

① 砾岩。圆状、次圆状砾石含量大于50%,一般由沉积作用形成。

② 角砾岩。棱角状、次棱角状的砾石含量大于50%。除沉积作用形成的角砾岩外,还有构造作用形成的构造角砾岩、火山作用形成的火山角砾岩、重力作用成因的滑塌角砾岩和化学作用成因的岩溶角砾岩等。

(2)根据砾石的成分分类。

① 单成分砾岩。成分较单一,同种成分的砾石占75%以上,且多为稳定性高、圆度好的岩屑或矿物碎屑,如石英岩碎屑、燧石、石英等。它是受水动力作用改造较彻底的产物。单成分砾岩常分布于地势平缓的滨岸地带。

由石灰岩碎屑组成的近岸陡崖堆积、在坡脚下的堆积以及生物礁旁的堆积,也可形成成分单一的石灰岩质角砾岩。

② 复成分砾岩。成分复杂,由多种砾石组成,各种砾石含量都不超过50%。砾石的分选和圆度不好,层理不明显。这种砾岩多沿山区呈带状分布,厚度变化大,为母岩快速剥蚀和堆积的产物,如山麓洪积砾岩等。

(3)根据砾岩在地层剖面中的位置分类。

① 底砾岩。砾岩常位于海(湖)侵层位的最底部,其下为一侵蚀面,与下伏地层呈假整合或不整合接触,为海(湖)侵开始阶段的产物。其特点是砾岩的成分一般比较简单,稳定性高的坚硬砾石较多,磨圆度高,分选性好,表明砾石经过了长距离的搬运。底砾岩一般厚度不大,分布面积很广。我国华北元古界长城系底部的砾岩属此类。

② 层间砾岩。砾岩整合地夹在其他岩层之间,与下伏地层是连续沉积,它的存在不代表有沉积间断。其特点是砾石成分中可有软的不稳定的岩屑,有时这些岩屑甚至是主要成分,如石灰岩、黏土岩及弱胶结的粉砂岩等岩屑,磨圆度差,基质成分复杂。它是当地岩石边冲刷边沉积的产物,在剖面中往往与砂岩、黏土岩等多个岩性构成下粗上细的正旋回。

(4)根据成因分类。

① 海(湖)成砾岩。由河流搬运来的砾石在滨海、滨湖地带沉积而成。其特点是砾石成分较单一,以稳定组分为主,磨圆度高,分选性好,是波浪作用长期改造的结果[图2-55(a)]。砾石常呈叠瓦状排列,最大扁平面向深水方向倾斜,长轴多与岸线平行。砾岩成层性好,横向分布较稳定。

在陡峻海岸地带,由于海浪的强烈冲击,岩石崩塌,碎块就地堆积,可形成分选差的近岸角砾岩,它常呈透镜状分布。

② 河成砾岩。常见于山区河流,位于河流沉积的底部,呈透镜状分布。砾石成分复杂,分选差,最大扁平面向源倾斜[图2-55(b)]。

③ 洪积砾岩。岩体多沿山麓呈透镜状或楔状分布,是洪积锥的主体;厚度大、砾石粗,分选和磨圆度差,基质成分与砾石成分相似,且多有泥质。其为毗邻山区剧烈上升遭受剥蚀,沉积物快速堆积之产物(图2-56)。

④ 冰川角砾岩。常通称冰碛岩。其特点是成分复杂,常有不稳定组分;分选极差,大砾石和泥、砂混杂;砾石多呈棱角状,砾石表面常具丁字形冰川擦痕。

在自然界砾岩分布很广,各地质时期都有。大面积分布的砾岩常与侵蚀面相伴生,因此它常作为沉积间断和地层划分的标志。砾岩的形成通常与地壳运动有关,所以研究砾岩有助于

(a)滨岸砾石　　　　　　　(b)河成砾石

图 2-55　不同成因的砾石特征

了解地壳运动情况。在古地理、古气候研究中,根据砾岩分布,可了解古海(湖)岸线和古河床的位置。测量砾石的排列状况可了解沉积环境和古水流方向。如冰川角砾岩,其砾石长轴方向平行于流向,呈高角度(20°~40°)迎流叠瓦状;陡坡河流,其砾石长轴方向平行于流向,呈中角度(15°~30°)迎流叠瓦状;缓坡河流,其砾石长轴方向垂直于流向,呈中角度(15°~30°)迎流叠瓦状;海滩,其砾石长轴方向平行于海岸线,即垂直于波浪传播方向,呈低角度(<15°)向海倾斜叠瓦状。砾石的成分可指示陆源区的位置和母岩的成分。总之,砾岩中砾石的大小、成分及其含量、圆度、分选以及砾岩体的几何形态等,都是重要的成因标志。在一定条件下,砾岩可成为良好的储油气岩石,如我国克拉玛依油田即有砾岩储油气层。

图 2-56　洪积砾岩示例图

2) 砂岩

(1) 砂岩的一般特征。

砂岩是指砂(1~0.1mm 粒级的陆源碎屑颗粒)的含量大于50%的碎屑岩。根据粒径大小,按十进制可进一步分为粗砂岩、中砂岩和细砂岩(表2-6)。砂岩成分较复杂,砂级碎屑主要是石英,其次是长石、岩屑,有时含有云母、绿泥石等,重矿物含量一般小于1%。

从结构上看,砂岩由砂级碎屑、基质和胶结物三部分组成。基质和胶结物都起胶结作用,但两者成因不同。基质是细粒机械组分(粒径一般小于0.03mm),其含量可反映介质的流动条件;胶结物是化学沉积物,有原生、次生之分,主要反映其形成阶段的物理化学条件。常见的胶结物为硅质、铁质或钙质等。

砂岩分布很广,在沉积岩中仅次于黏土岩而居第二位,约占沉积岩总量的三分之一左右。

(2) 砂岩的分类。

砂岩的分类方案有多种,比较完备的是采用四组分体系,即根据石英、长石、岩屑和黏土杂基的相对含量分类。

首先按基质含量将砂岩分为纯净砂岩(通称砂岩)和杂砂岩两大类。前者基质含量小于

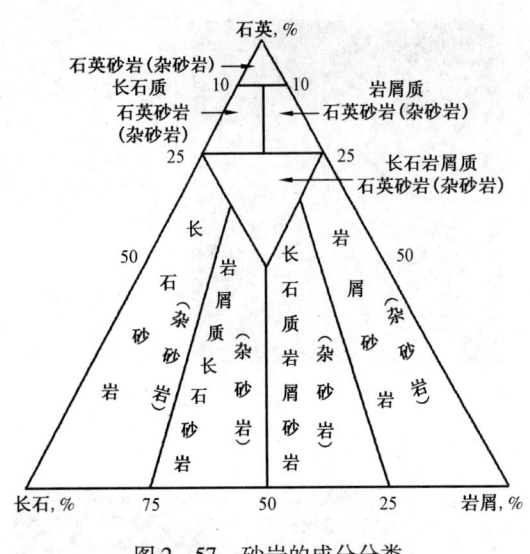

图 2-57 砂岩的成分分类
（据赵澄林等，2001）

15%，分选较好；后者基质含量大于15%，分选较差。之所以将基质含量15%作为划分两类砂岩的界线，是由于研究表明，当基质含量大于15%时，砂岩的孔隙性和渗透性均变差，难以成为良好的储油气砂岩。当基质含量大于50%时，则过渡为黏土岩。

在砂岩和杂砂岩中，再按照三角图解中石英、长石及岩屑三个端元组分的相对含量进行分类（图2-57）。如长石含量大于25%，且长石多于岩屑的砂岩为长石砂岩（杂砂岩）类；若岩屑含量大于25%，且岩屑多于长石的为岩屑砂岩（杂砂岩）类；长石和岩屑含量都小于25%的为石英砂岩（杂砂岩）类。每类再按各组分的具体含量划分亚类（表2-7）。

表 2-7 砂岩成分分类表（据冯增昭，1993，有补充）

岩类名称	岩石名称	主要碎屑颗粒含量,%			长石、岩屑的相对含量	碎屑颗粒分选及圆度	形成条件
		石英	长石	岩屑			
石英砂岩类	石英砂岩	>90	<10	<10	长石大于岩屑 岩屑大于长石	好	相对稳定的浅海、浅湖沉积
	长石质石英砂岩	75~90	5~25	<15			
	岩屑质石英砂岩	75~90	<15	5~25			
	长石岩屑质石英砂岩	50~70	<25	<25			
长石砂岩类	长石砂岩类	<75	>25	<25	长石大于岩屑	变化大,由差至好都有	富含长石的母岩风化产物,经短距离搬运,快速堆积
	岩屑长石砂岩	<65	25~75	10~50			
岩屑砂岩类	岩屑砂岩	<75	<25	>25	岩屑大于长石	差	母岩较复杂,物理风化作用强烈,近源快速堆积
	长石质岩屑砂岩	<65	10~50	25~75			

注：当基质含量大于15%时，岩石名称相应改称石英杂砂岩、长石杂砂岩、岩屑杂砂岩等。

砂岩（杂砂岩）基本类型的划分没有考虑次要矿物、特殊矿物及胶结物，当砂岩中含有这些矿物时，可采用附加定名，如海绿石石英砂岩等。胶结物在岩石名称中也应表示出来，其命名原则与碎屑岩的粒度分类命名原则一样。当某种胶结物占岩石总量25%~50%时，定名以"××质"表示；当胶结物含量为10%~25%时，以"含××"表示。如钙质石英砂岩、硅质砂岩、含钙石英砂岩、含硅砂岩等。

① 石英砂岩（类）。石英砂岩常为白色、灰白色或黄白色，若为铁质胶结者呈褐色，海绿石胶结则呈绿色等。主要碎屑成分为石英，含量大于50%，长石、岩屑的含量均小于25%，所含重矿物为稳定的锆英石、电气石、金红石等。胶结物多为硅质、钙质、铁质胶结，也有海绿石胶结，而泥质胶结的少见。一般分选性好，圆度也好，往往经过了长期的风化，长距离搬运后沉积而成。多形成于浅海、浅湖地区，常具交错层理及波痕等构造，为有利的储集岩。

② 长石砂岩（类）。岩石常为肉红色、灰白色等。长石含量占碎屑总量的25%以上，主要

以钾长石为主。胶结物一般为泥质和钙质,也见有铁质。分选性和圆度变化大,为富含长石的母岩的风化产物,经较短距离的搬运,较快速沉积而成。多形成于大陆沉积盆地或河流中。长石砂岩在我国东部地区成为良好的储集岩。

③ 岩屑砂岩(类)。颜色较深,多呈灰、灰绿、黑灰、灰褐等色。其岩屑含量占碎屑总量的25%以上,岩屑成分复杂,长石含量少于25%;重矿物成分复杂,含量高于长石砂岩。胶结物以泥质为主,分选性和圆度很差,多形成于近母岩区的山间盆地、山前拗陷或河流的上游等,为快速堆积的产物,此类岩石储油物性较差。

砂岩是良好的油气储集岩。目前,在世界上已发现的油气田中,储集层有半数以上是砂岩。良好的砂岩储集层多数是中砂岩和细砂岩,其次是粗砂岩和粗粉砂岩,个别地区有砾质砂岩和细砾岩。从砂岩的储油物性看,石英砂岩最好,其次是长石砂岩。岩屑砂岩因渗透率低,一般不是良好的储集岩。

3) 粉砂岩

(1) 一般特征。

粉砂岩是指 0.1~0.01mm 粒级的碎屑颗粒含量大于 50% 的细粒碎屑岩。其中粒级在 0.1~0.05mm 者称为粗粉砂岩;0.05~0.01mm 者称为细粉砂岩。粗粉砂岩可作为油气的储集岩,含黏土物质特别是有机质的细粉砂岩,可以成为烃源岩。黄土就是一种半固结泥质粉砂岩。

粉砂岩中的碎屑物质成分较单纯,多以稳定的石英为主,白云母较多,长石较少,岩屑极少或无。重矿物含量比砂岩多,可达 2%~3%,多为稳定性高的锆石、石榴子石、磁铁矿等。黏土基质含量相当多,常向黏土岩过渡形成粉砂质黏土岩。胶结物以碳酸盐为主,铁质和硅质较少。

磨圆度不高,和砂岩相比,在相同的搬运条件下,粉砂碎屑具有更低的磨圆度,特别是细粉砂多呈悬浮负载,因此几乎总是棱角状的,分选一般较好。

粉砂岩常具有薄的水平层理及波状层理等。

(2) 分类。

粉砂岩可根据粒度、碎屑成分和胶结物成分进一步分类。根据粒度,除一般分为粗粉砂岩和细粉砂岩之外,如果粉砂岩中混有较多的砂和黏土时,也可按三级复合命名原则命名,如含砂泥质粉砂岩、含泥砂质粉砂岩等。

根据碎屑成分中石英和不稳定组分的含量,可将粉砂岩分为单成分粉砂岩和复成分粉砂岩;前者以石英为主,后者除石英外,含较多长石、云母或其他碎屑。

按胶结物的成分,可分为铁质粉砂岩、钙质粉砂岩、白云质粉砂岩等。

(3) 成因。

粉砂岩是经过长距离搬运,在稳定的水动力条件下缓慢沉积而成的。其分布很广,一般出现在砂岩向泥岩过渡的水流缓慢地带,多形成于海、湖的较深水地带,以及河漫滩、三角洲、潟湖和沼泽地带。

4) 火山碎屑岩

火山碎屑岩是火山喷发的碎屑物质,经过搬运沉积在陆上或水底,经熔结作用或成岩作用形成的岩石,其中火山碎屑物质的含量多于 50%。

(1) 碎屑成分。

火山碎屑岩中包括火山碎屑物质和搬运、沉积过程中加入的一般沉积物。火山碎屑物质来源于岩浆及其凝固的岩石,也有一部分来自构成火山通道和基底的岩石。

火山碎屑物质主要有三种类型:

① 岩屑。岩屑包括早先凝固的熔岩和火山通道围岩因火山喷发而形成的碎屑及喷出熔浆的冷凝块体等。前者多呈尖棱角状,后者可呈各种拉长、压扁或扭转的形态。

② 晶屑。晶屑是在地下先结晶出的斑晶因火山喷发而脱离岩浆飞向空中,后坠落地面或水中。常见的晶屑有石英、长石及一些暗色矿物。

③ 玻屑。玻屑是火山喷发时抛向空中的炽热熔浆,因温度骤降来不及结晶而形成的细小玻璃质碎屑。玻屑很细小,很少超过 1mm,一般把大于 0.01mm 的称为火山灰,小于 0.01mm 的称为火山尘。

(2)结构、构造及颜色。

按火山碎屑颗粒的大小,一般分为三种结构:

① 集块结构。大于 100mm 的火山集块占 50% 以上的火山碎屑岩所具有的结构。

② 火山角砾结构。100～2mm 的火山角砾占 50% 以上的火山碎屑岩所具有的结构。

③ 凝灰结构。2～0.01mm 的火山灰占 75% 以上的火山碎屑岩所具有的结构。

火山碎屑岩通常不具层理,为块状构造。但经水或风搬运后沉积形成的火山碎屑岩具有层理,一般为交错层理或平行层理。此外,火山碎屑岩中也可见到一些特殊的构造,如斑杂构造、似流纹构造等。前者是由于火山碎屑物质在成分上分布不均而表现出来的一种构造;后者是由一些塑性、半塑性的火山碎屑物质呈定向排列形成,主要出现在流纹质熔结凝灰岩中。

火山碎屑岩多具有特殊鲜艳的颜色,如浅红、紫红、嫩绿、浅黄、灰绿等色,它是野外鉴别火山碎屑岩的重要标志之一。火山碎屑岩容易发生次生变化而使颜色发生改变,如绿泥石化显绿色,蒙脱石化则显灰白或浅红色。

(3)成岩方式。

按火山碎屑物质堆积的温度状况和沉积状况,有三种成岩方式:

① 熔结压实。火山碎屑物质从火山口喷出后迅速坠落堆积,炽热的碎屑及部分塑性岩浆凝块在一定的压力下形成紧密镶嵌和焊接的关系。熔结火山碎屑岩由这种方式成岩。

② 压实固结。火山碎屑物质大量堆积后,在上覆岩石的压力下紧密镶嵌,形成岩石。此外,火山灰中的长石水解后可产生 SiO_2 胶体,充填于孔隙中可对碎屑起胶结作用。正常火山碎屑岩多由这种方式固结成岩。

③ 压实和水化学胶结。火山碎屑物质通过搬运沉积在湖底或海底,其固结成岩作用与一般的碎屑沉积物的成岩作用相同。这种方式形成的岩石,称为沉火山碎屑岩。

(4)火山碎屑岩的类型及特征。

火山碎屑岩一般是根据火山碎屑物质的含量来划分基本类型,其次根据粒度划分亚类,见表 2-8。

表 2-8 火山碎屑岩分类表

类型	火山碎屑岩类型		向沉积岩过渡类型
岩类	熔结火山碎屑岩类	正常火山碎屑岩类	沉火山碎屑岩类
碎屑相对含量与状态	火山碎屑物质大于 90%,以塑变碎屑为主	火山碎屑物质大于 90%,无或很少塑变碎屑	火山碎屑物质占 90%～50%,其他为正常沉积物质

岩石名称　　成岩方式 碎屑粒度	熔结和压实	压实	压实和水化学胶结
主要粒级 >100mm	熔结集块岩	集块岩	沉集块岩
主要粒级 100~2mm	熔结角砾岩	火山角砾岩	沉火山角砾岩
主要粒级 <2mm	熔结凝灰岩	凝灰岩	沉凝灰岩

① 熔结火山碎屑岩类。由来自火山喷发的火山碎屑物质，经熔结方式而形成的一类火山碎屑岩。其中火山碎屑占 90% 以上，以塑变碎屑为主。塑变碎屑呈定向排列时，可构成似流纹构造。熔结火山碎屑岩呈致密块状，貌似熔岩，常具垂直层面的柱状节理及平行层面的板状节理，故在地形上常形成陡壁。

② 正常火山碎屑岩类。由火山喷发所产生的火山碎屑物质（占 90% 以上），以压实固结方式为主而形成的一类岩石。按粒度大小可分为集块岩、火山角砾岩和凝灰岩等，以凝灰岩分布最广。

集块岩主要由粒径大于 100mm 的火山集块组成，含量占 50% 以上，常混入较小的火山角砾、火山砂等。火山碎屑一般呈棱角状，分选性极差，具集块结构。火山碎屑物质在成分上和粒径上分布不均一，呈斑杂构造。

火山角砾岩主要由大小不等的火山角砾（粒径介于 100~2mm）组成，含量在 50% 以上。分选差、具火山角砾结构、不具层理，一般为块状构造。通常分布在火山口附近，如河北宣化白垩纪火山口的中心，就为流纹质火山角砾所充填。

凝灰岩中的火山碎屑一般小于 2mm，由于颗粒细小，从火山口喷出后，在空气中可飘浮几十至几百甚至几千千米，因此一般远离火山口堆积，它是正常火山碎屑岩类中分布最广的一种。凝灰岩具典型的凝灰结构，碎屑多为玻屑、晶屑次之，岩屑极少见。凝灰岩的颜色多样，以灰白、灰紫较常见。由于压实不够紧密，常出现孔隙。有的堆积纹层颜色变化，颇似流纹构造。

③ 沉火山碎屑岩类。火山碎屑物质的含量为 90%~50%，其他成分为正常的陆源或盆内沉积物。火山碎屑物质包括晶屑、岩屑和玻屑。它们与陆源喷出岩碎屑的区别是新鲜、棱角明显、无明显的磨蚀边缘及风化的边缘。正常的沉积物质包括陆源的砂、粉砂及泥质，水盆地中的碳酸盐矿物及硅质矿物。沉火山碎屑岩往往代表火山作用的间断，它的存在对于了解火山喷发的旋回很有意义。

研究火山碎屑岩对于了解火山活动情况和划分对比地层有着重要意义。火山碎屑岩在我国各时代地层中都有广泛分布，已陆续发现了一些以火山碎屑岩为储集层的油气田。

八、黏土岩

黏土岩是由粒径小于 0.01mm 的陆源碎屑和黏土矿物（含量大于 50%）组成的沉积岩。疏松或未固结成岩者称为黏土。黏土岩是分布最广的沉积岩，约占沉积岩总量的 60%。

1. 黏土岩的物质成分

黏土岩的物质成分比较复杂，但主要是黏土矿物，同时也常有一些碎屑矿物、化学沉淀矿物和有机质等。

黏土矿物主要是高岭石、蒙脱石、水云母等，黏土岩的一系列特殊性质，如可塑性、吸水性、吸附性等，都是由黏土矿物的层状结构所决定的。

碎屑矿物主要是石英、长石、云母、各种重矿物等，均呈粉砂混入黏土岩中。这些碎屑矿物大都是陆源物质,可作为判断母岩特征、物源方向的依据。

化学沉淀矿物有赤铁矿、褐铁矿、黄铁矿、方解石、石膏等。它们对于判断黏土岩的沉积条件及成岩后生变化很有用处。

黏土岩中常含有数量不等的有机质,含丰富有机质的黏土岩是重要的烃源岩。

2. 黏土岩的结构

根据黏土矿物颗粒及粉砂、砂等碎屑物质的相对含量,按三级命名原则,可划分为黏土结构、含粉砂黏土结构、粉砂质黏土结构、含砂黏土结构、砂质黏土结构等结构类型(表2-9)。

表2-9 黏土岩结构类型

结构类型	黏土及粉砂(砂)含量,%	
	黏土	粉砂(砂)
黏土结构	>90	<10
含粉砂(砂)黏土结构	75~90	10~25
粉砂(砂)质黏土结构	50~75	25~50

黏土结构又称为泥质结构,几乎全部由黏土质点组成。具有泥质结构的黏土岩以手摸之有滑腻感,用小刀切刮时,切面光滑,断口可呈贝壳状。含粉砂(砂)量越高的黏土岩,手感越粗糙,刀切面不光滑,断口粗糙或呈参差状。

3. 黏土岩的构造

黏土岩多呈水平层理,其纹层厚度小于1cm者称为页理或页状层理,具有页理的黏土岩沿层理方向易剥裂成页片。页理构造是片状的水云母在成岩作用中定向排列所造成的。纹层厚度小于1mm者称为纹理,在黏土岩中较常见。

黏土岩常见的层面构造有波痕、泥裂、雨痕、晶体印痕(晶体完整的盐类矿物的印模痕迹)、遗迹化石等。

4. 黏土岩的颜色

黏土岩的颜色比较多样,它能帮助人们大致判断黏土岩的物质成分和形成环境。

白色、灰白色,一般反映黏土岩成分单一,纯的高岭石黏土岩多如此。红色、褐色、土黄色等常表示岩石中含有赤铁矿、褐铁矿,反映岩石形成于氧化条件下。绿色、灰绿色是因为含有Fe^{2+}的矿物所致,如海绿石、绿泥石,反映岩石形成于弱氧化—弱还原环境。黑色、灰黑色是因为岩石中含有细分散状黄铁矿或有机质,表明岩石是在还原或强还原条件下形成,这种环境中形成的富含有机质的黏土岩是良好的烃源岩,因此,灰、灰黑、黑色常是生油黏土岩的标志之一。

5. 黏土岩的分类

由于黏土岩的成分及成岩作用复杂,组成黏土岩的颗粒又极细小,精确鉴定和含量统计都很困难,成岩作用中又极易变化,故黏土岩的分类目前尚没有一个完善而又统一的方案。一般是先按构造特征将黏土岩分为泥岩和页岩两大类,然后再进一步按黏土岩的结构、矿物成分及混入物成分等进行细分类。

(1)按构造特征分类。

按构造特征,可将黏土岩分为泥岩和页岩两大类。前者不显页理,后者固结和重结晶程度较高,页理发育。

(2)按结构分类。

根据黏土岩中粉砂和砂的含量,按三级命名原则对黏土岩进行如下分类命名(表2-10)。

表2-10 黏土岩粒度分类

岩石名称	结构类型	各粒级含量,%
泥岩(页岩)	黏土结构	黏土含量>90
含粉砂泥岩(页岩)	含粉砂黏土结构	粉砂含量10~25
粉砂质泥岩(页岩)	粉砂质黏土结构	粉砂含量25~50
含砂泥岩(页岩)	含砂黏土结构	砂含量10~25
砂质泥岩(页岩)	砂质黏土结构	砂含量25~50

(3)按混入物成分分类。

根据混入物的不同,泥岩和页岩可以分为下列类型:

① 钙质泥岩(页岩)。富含碳酸钙(含量小于50%)。除具有泥岩或页岩的基本特征外,滴稀盐酸会强烈起泡,并残留泥质污迹,常见于陆相红色地层及海相钙泥质岩系中。

② 铁质泥岩(页岩)。含有铁矿物,如赤铁矿、褐铁矿、菱铁矿、黄铁矿、绿泥石等。含 Fe^{3+} 氧化物时呈红色,含 Fe^{2+} 的硅酸盐或硫化物如绿泥石、黄铁矿时呈灰绿色、灰色,产于陆相红层、煤系地层及海相砂泥质岩层中。在与铁矿共生的岩系中,随含铁量的增多,可过渡为铁质岩。

③ 硅质泥岩(页岩)。富含游离 SiO_2,普通泥岩(页岩)中 SiO_2 的平均含量在60%左右,而硅质泥岩(页岩)中 SiO_2 的含量可达85%以上。多呈玉髓、蛋白石存在,也常含硅藻、海绵动物及放射虫化石,所以认为硅质来源与生物作用有关,有的也可能与海底火山活动有关。这类岩石的硬度比一般泥岩(页岩)大,致密而坚硬。硅质泥岩(页岩)主要分布于海洋环境中,在闭塞的海湾或淡化潟湖中也可出现。

④ 碳质页岩。含大量分散状碳化有机质,呈黑色,能污手,含灰分高,不易燃烧。多形成于湖泊、沼泽环境,常出现在煤系地层中并成为煤层的顶、底板。

⑤ 黑色页岩。富含有机质及分散状黄铁矿,外貌类似碳质页岩,但不污手,以此可与碳质页岩相区别。它形成于深湖、深海、淡化湖等滞水环境,厚度大的黑色页岩可成为良好的烃源岩。我国松辽盆地白垩系湖相黑色页岩即属此类。

⑥ 油页岩。又称干酪根页岩,是一种高灰分的低变质腐泥煤,由低等植物和浮游生物经过生物化学和地质作用而成,形成于内陆湖泊或滨海潟湖中较深水还原环境,常与烃源岩或煤系地层共生。颜色呈棕色至黑色,具细微的水平层理,硬度和相对密度都比一般页岩小,韧性较大。含气态和液态烃,含油率一般为4%~20%,最高达30%,有油腻感。用指甲刻画时,划痕呈暗褐色;用小刀沿层面切削时,呈刨花状薄片。燃烧时冒烟,有沥青臭味。含油率高时,可用作炼油和其他化工原料,也可直接作燃料,灰渣可做水泥等建筑材料。我国油页岩分布很广,几乎遍及全国各省,时代分布也较普遍,包括石炭纪、二叠纪、侏罗纪、白垩纪、古近纪和新近纪。

6. 黏土岩的研究意义

(1)黑色页(泥)岩、油页岩在一定条件下可成为良好的烃源岩。

(2)具有一定厚度的黏土岩又可作为油、气的良好盖层。

(3)在少数情况下,当黏土岩中的裂缝发育时,也可作为储油(气)层。
(4)蒙脱石黏土岩可用作石油化工产品和其他工业产品的净化剂及石油钻井液的原料。
(5)高岭石黏土岩还是陶瓷工业、耐火工业的重要原料。

九、碳酸盐岩

碳酸盐岩是指主要由方解石和白云石等碳酸盐矿物组成的沉积岩。其分布极广,仅次于黏土岩和碎屑岩,是重要的烃源岩和储集岩。

1. 碳酸盐岩的物质成分

碳酸盐岩的矿物成分主要是方解石、白云石等碳酸盐矿物及石膏、石英、黄铁矿、赤铁矿、海绿石等自生矿物,另外还常含有机质和陆源碎屑。碳酸盐岩的主要化学成分是 CaO、MgO 和 CO_2,其次还含有一些其他氧化物及混合物。

2. 碳酸盐岩的结构

碳酸盐岩主要由颗粒、泥、胶结物、晶粒及生物格架等结构组分构成,另外还有一些陆源物质、其他沉淀物、有机质等次要组分。

1)颗粒

碳酸盐岩中的颗粒与碎屑岩中的碎屑颗粒相似。按其是否形成于沉积区内可分为内颗粒和外颗粒两大类。

(1)外颗粒(盆外颗粒)。

即陆源碎屑颗粒,按粒度可分为砾、砂、粉砂和泥四级,其中最常见的是泥。在碳酸盐岩中,外颗粒总是次要的,如果其含量大于50%,则过渡为陆源碎屑岩。

(2)内颗粒。

内颗粒指沉积区内形成的各种碳酸盐颗粒,是碳酸盐岩的主要结构组分。其成因为化学沉积、机械破碎、生物作用或多种作用的综合产物。常见的内颗粒有内碎屑、鲕粒、藻粒、球粒、变形颗粒、生物颗粒等。

① 内碎屑。主要由盆地内沉积不久、未完全固结或刚固结的碳酸盐沉积物,被波浪或水流作用破碎、搬运、磨蚀、再沉积而成。根据其直径大小可分为砾屑、砂屑、粉屑和泥屑四级,砂屑和粉屑还可进一步细分。内碎屑的粒级划分和定名,与碎屑岩中碎屑粒级的划分定名原则相同。如直径为 1.0~0.5mm 的颗粒,在碎屑岩中称为粗砂,在碳酸盐岩中若为内碎屑则称为粗砂屑。

需注意的是,陆源碳酸盐岩碎屑与碳酸盐岩中的内碎屑,成分相同但成因不同。主要由陆源碳酸盐碎屑组成的岩石属于碎屑岩,如灰屑岩、云屑岩等。

② 鲕粒。具有核心和同心层结构的球状颗粒,因像鱼子(鲕)而得名(图 2-58)。其直径一般为 2~0.25mm,通常为 1~0.5mm。核心可以是内碎屑、生物残骸、陆源碎屑或其他物质,同心层主要由泥晶方解石组成。根据结构和形态特征,可将鲕粒分为正常鲕(同心层厚度大于核心直径)、表皮鲕或表鲕

图 2-58 鲕粒

(同心层厚度小于核心直径)、复鲕(一个鲕粒中包含两个或多个小鲕粒)、放射鲕(具放射结构)、负鲕或空心鲕(核心及同心层大部分被溶蚀,基本上只有一个外壳层)等五种类型。

关于鲕的成因,有多种认识,一般认为是由表层海水中饱和的碳酸钙围绕被水体搅起的核心沉淀而成。鲕粒的同心层数越多,表明颗粒被水体搅动起来接受沉积的次数越多;同心层厚度越大,表明颗粒每次被搅动起来后处于悬浮状态接受沉淀的时间越长。

③ 藻粒。与藻有成因关系的颗粒,常见的有藻灰结核、藻鲕粒、藻团块等。

藻灰结核又称核形石或藻包粒,它是由蓝绿藻的黏液围绕一定的核心黏结碳酸盐沉积物而形成的一种颗粒,具有同心层结构,但同心层不够规则且较模糊,个体也较大,一般为10~20mm。

藻鲕粒的成因与藻灰结核相同,但同心层较清晰规则,直径一般为 1~2mm。与正常化学沉淀的鲕粒相比,藻鲕粒的同心层多呈波状或梅花状,厚度变化大,而鲕粒的同心层厚度均匀且平滑。

藻团块也是藻类黏结沉积物而成的颗粒,但它不具同心层结构,形状也不规则。

④ 球粒与粪球粒。球粒是指较细粒的(粉砂级或细砂级)、由灰泥组成的、不具特殊内部结构的、分选较好的、近似球形的颗粒,它实际上是一些分选和磨圆都较好的粉砂级或细砂级的内碎屑。粪球粒由生物排泄而成,因富含有机质,因此颜色较暗。

⑤ 变形颗粒。原来的颗粒(鲕粒、内碎屑等)在成岩后生作用阶段,因压溶或其他力学作用发生变形,形成扁豆状、蝌蚪状、链状等颗粒,统称变形颗粒。

⑥ 生物颗粒。生物的硬体残骸,包括完整的化石及化石碎屑,故亦称化石颗粒或生屑、骨屑、生粒、骨粒等。生物颗粒是碳酸盐岩的重要组成部分,常形成生物碳酸盐岩。生物碳酸盐岩不仅是重要的烃源岩,而且其原生骨骼内孔隙往往是油气及多种金属矿液的渗滤、交代和富集的空间。

2) 泥

泥是指与颗粒同时堆积下来的泥级碳酸盐质点,与黏土岩中的黏土(泥)相当。按成分可分为由方解石构成的灰泥和由白云石构成的云泥。

(1) 灰泥。成因有化学沉淀、生物作用和机械破碎作用三种。由化学沉淀及生物作用生成的灰泥称为泥晶,由机械破碎作用生成的灰泥称为泥屑。

(2) 云泥。成因较复杂,一般认为是潮上带的碳酸钙刚沉积不久,便被高镁粒间水白云化而成,是"准同生"交代作用的产物。

3) 胶结物

胶结物主要是指沉淀于颗粒之间的结晶方解石或其他矿物,如白云石、石膏等。它是在颗粒沉积后,由粒间水以化学沉淀方式形成的,常围绕颗粒呈栉壳状分布。其晶粒一般比灰泥粗,因清洁明亮,因此常称亮晶(淀晶)方解石,或简称亮晶或淀晶。

4) 晶粒

晶粒是结晶碳酸盐岩的主要结构组分,根据粒径大小可分为砾晶、砂晶、粉晶、泥晶。其中砂晶和粉晶还可细分。泥晶和细粉晶的方解石及白云石主要是原生或准同生的。粗粉晶以上的晶粒主要是次生的,为重结晶或交代作用的产物。晶粒的粒级划分及定名原则和碎屑岩、碳酸盐岩内碎屑粒级的划分及定名原则相同。如粒径为 0.5~0.25mm,在晶粒中称为中晶,在碎屑岩中称为中砂,在碳酸盐岩内碎屑中称为中砂屑。

5) 生物格架(生物骨架)

生物骨架是礁碳酸盐岩不可缺少的组分,它是主要由原地生长的造礁群体生物(如珊瑚、苔藓虫、层孔虫、藻类等)的坚硬骨骼组成的碳酸盐格架。

3. 碳酸盐岩的成分分类

根据方解石和白云石的相对含量，碳酸盐岩可分为两大类：方解石含量大于50%的为石灰岩类，白云石含量大于50%的为白云岩类，二者之间还有一些过渡类型（表2-11）。在碳酸盐岩与黏土岩、砂岩或粉砂岩之间也都存在一些过渡类型的岩石（表2-12），其分类命名原则类似于碎屑岩的粒度分类定名原则，在此不再重复。

表2-11 碳酸盐岩的成分分类表

岩石类型	方解石,%	白云石,%	岩石名称	岩石简称
石灰岩类	100~95	0~5	纯石灰岩	灰岩
	95~75	5~25	含白云的石灰岩	含云灰岩
	75~50	25~50	白云质石灰岩	云灰岩
白云岩类	50~25	50~75	灰质白云岩	灰云岩
	25~5	75~95	含灰的白云岩	含灰云岩
	5~0	95~100	纯白云岩	云岩

表2-12 碳酸盐岩与泥岩的过渡岩石类型

岩石类型	方解石或白云石,%	黏土矿物,%	岩石名称	
碳酸盐岩类	100~95	0~5	纯石灰岩	纯白云岩
	95~75	5~25	含泥的石灰岩	含泥的白云岩
	75~50	25~50	泥质石灰岩	泥质白云岩
黏土岩类	50~25	50~75	灰质黏土岩	云质黏土岩
	25~5	75~95	含灰的黏土岩	含云的黏土岩
	5~0	95~100	纯黏土岩	纯黏土岩

4. 石灰岩

1) 石灰岩的结构分类

按石灰岩的结构组分，可以把石灰岩划分为三个大的结构类型，即：Ⅰ. 颗粒—灰泥石灰岩；Ⅱ. 晶粒石灰岩；Ⅲ. 生物格架—礁石灰岩。

在第一大类"颗粒—灰泥石灰岩"中，根据颗粒的含量，又可将其划分为颗粒石灰岩、颗粒质石灰岩、含颗粒石灰岩和无颗粒石灰岩四种亚类型[表2-13中的Ⅰ(1)]；也可根据颗粒—灰泥的相对含量，将其细分为颗粒石灰岩、含灰泥颗粒石灰岩、灰泥质颗粒石灰岩、颗粒质灰泥石灰岩、含颗粒灰泥石灰岩和灰泥石灰岩六种亚类型[表2-13中的Ⅰ(2)]。

颗粒—灰泥石灰岩是碳酸盐岩中分布最广的一类岩石，其岩石类型也多种多样，表2-13仅列举到亚类，每个亚类还可以根据颗粒的具体类型与特征再进一步细分。以颗粒石灰岩亚类为例，根据颗粒的具体类型又可以分为内碎屑石灰岩、生粒石灰岩、鲕粒石灰岩、球粒石灰岩、藻粒石灰岩等岩石类型；而内碎屑石灰岩又可以按内碎屑的大小，分为砾屑灰岩、砂屑灰岩、粉屑灰岩和泥屑灰岩等；砾屑灰岩根据砾屑的形状又有竹叶状砾屑灰岩、角砾状砾屑灰岩等岩石类型；生粒石灰岩则可以按所含生物碎屑的具体种类细分，如海百合屑灰岩等；鲕粒石灰岩按鲕粒类型不同，可分为正常鲕灰岩、表鲕灰岩等。

颗粒与灰泥的相对百分含量定量地反映了沉积环境的水动力条件和能量。因此，表2-13

中的颗粒—灰泥石灰岩部分,从下往上水能量逐渐增强,即从静水逐步变为强动荡水。因此,这一定量标志有重要的成因意义。

表 2-13　石灰岩的结构分类

结构组分	颗粒—灰泥				晶粒	生物格架
岩石类型	Ⅰ. 颗粒—灰泥石灰岩	颗粒含量(%)			Ⅱ. 晶粒石灰岩	Ⅲ. 生物格架—礁石灰岩
		90	Ⅰ(1)颗粒石灰岩	Ⅰ(2) 颗粒石灰岩		
		75		含灰泥颗粒石灰岩		
		50		灰泥质颗粒石灰岩		
			颗粒质石灰岩	颗粒质灰泥石灰岩		
		25	含颗粒石灰岩	含颗粒灰泥石灰岩		
		10	无颗粒石灰岩	灰泥石灰岩		

第二大类"晶粒石灰岩"基本上全由晶粒组成,几乎不含其他结构组分。它又可根据晶粒的粗细,再细分为粗晶石灰岩、中晶石灰岩、粉晶石灰岩、泥晶石灰岩等。此处的泥晶石灰岩与颗粒—灰泥石灰岩中的灰泥石灰岩是一种岩石,称为灰泥石灰岩或泥晶石灰岩均可。除泥晶石灰岩外,其他较粗的晶粒石灰岩大都是次生变化,即重结晶作用或交代作用的产物。

第三大类"生物格架—礁石灰岩"是一个独特类型的石灰岩,其特征是含在原地的生物格架组分。

2)石灰岩的主要类型

(1)颗粒—灰泥石灰岩类。

① 竹叶状砾屑灰岩。简称竹叶状灰岩,是一种典型的砾屑灰岩。砾屑呈饼状或长椭球形,也有不规则状,因断面呈长条状,形似竹叶而得名(图 2-59)。砾屑表面常见一层黄色或紫红色的氧化铁膜,断面上呈圈状。砾屑之间可充填灰泥杂基或亮晶胶结物或两者均有。砾屑系碳酸盐软泥因海退露出水面,干裂成泥块,再经波浪、潮水冲刷磨蚀而成。它形成于潮汐波浪活动频繁的浅海地区,在我国华北地区寒武系和奥陶系地层中广泛分布。

② 角砾状砾屑石灰岩。简称角砾石灰岩。砾屑以棱角状为主,基质多种多样。按成因可分为正常的内碎屑角砾石灰岩和礁旁的礁屑石灰岩。前者以其砾屑呈棱角状而区分于竹叶状灰岩;后者是位于海、湖滨岸的礁灰岩被波浪击碎后,礁屑未经搬运、磨蚀,原地堆积而成。礁屑的分选和磨圆度极差。

③ 砂屑石灰岩。主要由砂屑颗粒组成的石灰岩,常含有一些生物颗粒、粉屑和亮晶等,灰泥含量一般较少,具有交错层理及波痕等,形成于水动力条件较强的近岸浅水地区。

④ 粉屑石灰岩。主要由粉屑组成的石灰岩,基质部分多为泥晶,形成于水动力条件较弱的安静的海(湖)湾环境。粉屑石灰岩由于颗粒太细,因此难以用肉眼鉴别它与泥晶石灰岩、球粒石灰岩的区别。

⑤ 生屑灰岩。主要由含量大于50%的生物颗粒组成,又称生物灰岩。在安静的沉积环境下原地堆积而成的生屑灰岩,生物颗粒完好无磨损,具灰泥基质,如瓣鳃类石灰岩;在水流或波浪作用强烈的地区形成的生屑灰岩,生物颗粒破碎,磨圆度较好,被亮晶胶结,如三叶虫碎屑灰岩、介壳碎屑灰岩等。生屑灰岩因化石丰富,富含有机质,加之生物碎屑的孔隙发育,往往成为

良好的烃源岩及储集岩。

⑥鲕粒石灰岩。鲕粒含量大于50%的石灰岩,简称鲕粒灰岩(图2-60)。按鲕粒之间的填隙物成分,可分为亮晶鲕粒灰岩和微晶鲕粒灰岩。按鲕粒类型不同,可分为正常鲕灰岩、放射鲕灰岩、表鲕灰岩、负鲕灰岩等。它是兼具化学和机械成因的石灰岩。亮晶鲕粒灰岩形成于碳酸钙处于过饱和状态的海、湖波浪活动地带或潮汐通道水流活动地带;若鲕粒被带到低能环境,则形成微晶鲕粒灰岩。

图2-59 竹叶状灰岩　　　　图2-60 鲕粒灰岩

⑦藻粒石灰岩。简称藻灰岩,是一种由钙藻堆积,或者由于藻类生命活动形成的石灰岩。如有些藻类可以分泌钙质或促使水介质沉淀出钙质,构成坚硬钙质鞘,直接形成岩石。有些藻类通过特殊的生长方式,例如蓝绿藻的生命活动过程,可形成一种具有叠层构造的灰岩。藻灰岩常以藻灰结核、藻团块、藻屑及藻鲕粒的形态出现,在我国震旦纪地层中较常见。

⑧灰泥石灰岩。以灰泥组分为主的石灰岩,又称泥晶灰岩或微晶灰岩。岩石主要由泥晶方解石构成,其中颗粒含量小于10%或不含颗粒。一般呈灰色至深灰色,薄至中层为主。常发育水平纹理,其层面常发育水平虫迹,层内可见生物扰动构造。纯灰泥石灰岩常具光滑的贝壳状断口。

这类岩石中颗粒含量很低,但颗粒的类型尤其是生物碎屑的种类为判断岩石沉积环境的重要标志。灰泥石灰岩主要发育于基本没有簸选的低能环境,如浅水潟湖、潮上带、浪基面以下的深水区环境等。在近岸潮滩形成的灰泥石灰岩,常见鸟眼构造及干裂构造,并有氧化颜色。较深水环境下形成的富含有机质的暗色泥晶灰岩,可以成为良好的油源岩。

还有一种具泥晶结构的石灰岩,颜色多为灰黄色,在隐晶方解石组成的基质中分布有黄褐色的泥质或白云质花斑,形似豹皮,因此称为豹皮灰岩,在我国华北地区的中寒武统张夏组、下奥陶统冶里组中广泛发育。

(2)晶粒石灰岩类。

又称结晶灰岩,是一种主要由含量大于50%的方解石晶粒组成的石灰岩,常常是由泥晶灰岩或其他类型灰岩通过重结晶作用或交代作用形成。按晶粒的大小可以细分为粉晶石灰岩、细晶石灰岩和粗晶石灰岩等。

(3)生物骨架—礁石灰岩类。

又称礁灰岩,是一种具有原地固着生长状态的生物骨架构成的石灰岩,是由群体珊瑚、钙藻类、苔藓虫、层孔虫、海绵、牡蛎蛤、腕足类、棘皮动物、软体动物等造礁生物的遗体在原地堆积并被碳酸盐胶结而成,如藻礁灰岩、珊瑚礁灰岩等。由于生物礁灰岩多孔,渗透性良好,因此常是良好的油气储集岩,在一定条件下也可以成为良好的烃源岩。礁灰岩在我国西南泥盆系和二叠系地层中较为发育。

5. 白云岩

1) 结构组分

与石灰岩类似,白云岩也是由颗粒、泥、胶结物、晶粒和生物格架五种结构组分构成,因此石灰岩的分类和定名原则,也适用于白云岩,只需将表2-13中的"石灰"改为"白云",将"灰泥"改为"云泥"即可。在白云岩中,晶粒结构和交代结构较发育。晶形较好的白云石菱形体,常具环带或污浊核心,这是交代残余现象。部分白云化的石灰岩中的云斑及白云岩中的石灰岩残体等,也是交代作用的产物。这些都与白云岩的成因有关。

2) 成因分类

按成因,白云岩可分为原生和次生两大类。原生白云岩是指以化学沉淀方式从水中直接沉淀而成的白云岩。但至今尚无确切证据证实有从水中直接生成的白云石晶体。澳大利亚南部考龙潟湖和美国加利福尼亚深泉盐湖的白云石是所谓原生白云石沉积的典型代表,但仍有争议。次生白云岩是指一切由交代或白云化作用形成的非原生沉淀白云岩。次生白云岩可进一步分为四种类型。

(1) 同生白云岩。

同生白云岩是指刚形成的碳酸钙沉积物,即在沉积物—水界面处,通过交代或白云化作用生成的白云岩。其特点是白云石晶体微细,岩石呈稳定层状,其形成环境有咸化海、咸化潟湖和内陆咸水湖等。

(2) 准同生白云岩。

准同生白云岩是指形成不久的碳酸钙沉积物,在其沉积环境中,基本脱离沉积水体后经交代或白云化作用而生成的白云岩。其特点是白云石多为泥晶或粉晶状。在干旱气候条件下的潮上带,高镁粒间水使沉积物中的文石被交代白云化,可形成准同生白云岩。

(3) 成岩白云岩。

成岩白云岩是指碳酸钙沉积物在成岩过程中,由交代白云化作用形成白云岩。其特点是晶粒较粗,具明显的晶粒结构,岩石常呈不稳定层状或透镜状夹于石灰岩中。成岩白云岩的成因可分多种。有在干热的潮上带由毛细管浓缩作用所产生的高镁粒间水对表层沉积白云化基本完成后,多余的高镁盐水因密度大而向下回流渗透,使其穿过的下伏碳酸钙沉积物或石灰岩白云化而成;有大气水(淡水)与一定量的海水混合,引起白云化作用而成;也有因大气水影响使原来的碳酸盐沉积物经淋滤作用和交代作用,使化学成分和矿物成分进行重新组合、调整,而发生白云岩化作用而成等。

(4) 后生白云岩。

后生白云岩是指石灰岩形成后,由交代或白云化作用生成的白云岩。其特点是晶粒粗大,岩性不均匀,层位不稳定。

石灰岩、泥灰岩和白云岩在外表上相似,但性质不同,其肉眼鉴别常借助稀盐酸(表2-14)。

表2-14　石灰岩、泥灰岩、白云岩的肉眼鉴定

鉴别方法＼岩石名称	石灰岩	泥灰岩	白云岩
岩石碎块上加稀盐酸	起泡强烈	起泡；含泥多的干后留下一撮泥，含泥少的，干后留下斑点	反应微弱
岩石粉末上加稀盐酸	起泡极强烈	起泡剧烈	微起泡,有轻微的嘶嘶响声

◇复习思考题◇

1. 什么是矿物、晶体、非晶体？
2. 矿物有哪些物理性质？
3. 简述主要造岩矿物的形态特征、物理性质和鉴定特征。
4. 什么是岩浆、岩浆作用及岩浆岩？
5. 岩浆岩的主要结构和构造类型有哪些？
6. 浅成侵入岩和深成侵入岩有哪些产状类型？
7. 根据岩浆岩的产状、二氧化硅(SiO_2)的含量,可将岩浆岩划分为哪些类型？各类岩浆岩的成分特征和结构构造特征是什么？
8. 什么是变质作用？变质作用有哪些主要类型？
9. 什么是变质岩、正变质岩、副变质岩？
10. 变质岩有哪些结构和构造类型？
11. 试述常见变质岩的特征。
12. 试述沉积岩的颜色、类型、成因及意义。
13. 简述沉积岩的主要构造、主要的层理类型及特征。
14. 沉积岩有哪些类型？
15. 碎屑岩的成分特征和结构特征？
16. 碎屑岩按粒度分类命名的原则是什么？
17. 简述砂岩的分类方法及各类砂岩的主要特征？
18. 碳酸盐岩有哪些结构组分？
19. 简述石灰岩的结构分类方案。
20. 简述石灰岩的主要岩石类型及其特征。

第三章　古生物及地层

[摘要]地层就像一页页记录地质历史的史册,其岩石特征和其中含有的化石就像书页中记载的文字和精美插图,无声地述说着地球的奥秘。本章介绍了古生物的基本知识,重点介绍了地质年代与地层单位的划分、地层划分对比的依据与方法步骤。

第一节　古生物及化石

一、古生物及化石的基本知识

1. 古生物及化石的概念

古生物是指地质历史中生存过的生物。一般认为距今大约一万年以前,即生活在第四纪全新世以前的生物才称为古生物,而全新世以来的生物则属于现生生物。

地质历史时期的生物,绝大多数种类早已在地球上灭绝,因而研究古生物,要从化石入手。化石是保存于地层中的古生物的遗体或遗迹。前者是指生物的硬体保存下来,而且大部分经历过石化作用(在特殊条件下,少量生物的软体也能保存下来),称为遗体化石;后者则是被保存在岩石中的生物活动的痕迹或遗物,称为遗迹化石。如古生物的足迹、爬痕、潜穴、钻孔及粪便、蛋等形成的化石。

地史时期的生物遗体及其生命活动的痕迹在被沉积物埋藏后,经历了漫长的地质年代,伴随着沉积物的成岩作用,经过物理化学作用的改造,即石化作用而形成化石。因此,化石不同于一般的岩石,它具有一定的生物特征(如形状、结构、纹饰等),或具有生命活动的信息。而那些保存在地层中的龟背石、卵形砾石、矿质结核、树枝状铁锰质沉积物等,在形态上像化石,实际上与生物或生命活动无关,称其为假化石。

2. 古生物的分类

古生物种类繁多,为了研究上的需要,必须进行科学的分类。比较科学的是按照生物亲缘关系所作的分类,即自然分类。现生生物主要采用自然分类的方法。由于古生物化石保存常不完整或难以直接确定其亲缘关系,因此,有时只能按照化石形态和结构上的相似程度进行人为分类。古生物的主要分类等级是:界、门、纲、目、科、属、种。其中,种是最基本的分类单位。有时为满足更精细的分类要求,还应用一些辅助单位,如亚门、亚科等,表示比相应的门、科低一级,还有超纲、超目、超科等,表示比相应的纲、目、科高一级。古生物的学名及各级分类单位均采用拉丁文或拉丁化的文字来表示。

3. 生物演化的主要特点

(1)生物演化的阶段性。生物的演化和自然环境的变化密切相关。在地质历史的转折时期,强烈的地壳运动会导致自然环境发生巨大变化,一些生物由于不适应环境的变化而绝灭,同时某些新生生物出现并发展,成为生物发展谱系上的"继承者"。这种旧有种的消失和新种的大量形成会使生物群总体面貌发生很大变化,生物界进入了一个新的发展阶段,从而显示出生物演化的阶段性。

(2) 生物演化的不可逆性。生物演化是从简单到复杂,从低级到高级不断向前发展的,每种生物在地球上只出现一次,已绝灭的类型不会重新出现,已演变的生物不可能回复祖型,这就是生物演化的不可逆性。

(3) 生物演化的统一性。新的生物门类在全球出现的时间是一致的,生物类群的绝灭时间也是全球一致的。虽然生物的演化与局部环境、地理隔离有着密切的关系,存在着一定的差别,但是这种差别只体现在较低的分类单元上,主要是属、种级。整个生物演化史证明,分类级别越高,统一性越强,分类级别越低,统一性越低。

生物演化的阶段性、不可逆性和统一性,赋予地层中的生物化石以时间的概念,使之成为地层划分对比的重要依据。

二、古植物

植物在地球上的出现要比动物早,一般可分为低等植物和高等植物两大类。低等植物由单细胞或多细胞组成,无真正的根、茎、叶,包括菌类、藻类、真菌和地衣等;高等植物由多细胞组成,大多具有司输导作用的维管束系统,一般都有根、茎、叶的分化,包括苔藓植物、蕨类植物和种子植物。

1. 低等植物

菌类自寒武纪开始出现,石炭纪以后的化石研究比较清楚。由于构造简单,根据形态特征来鉴定化石非常困难,在地层学上的意义不大。现代菌类化石代表有蘑菇、木耳、灵芝等。

藻类由单细胞或多细胞组成,具有叶绿素和其他辅助色素,除少数气生、寄生外,绝大多数水生。藻类从构造上看相当简单,无根、茎、叶的分化,全部细胞都具有进行光合作用、吸收营养和制造食物的功能。根据所含色素的种类和形态构造等特征,藻类植物可分为:蓝藻、金藻、甲藻、绿藻、黄藻、硅藻、褐藻、裸藻、红藻和轮藻等类别。一般所称的藻类化石,不仅包括藻化石本身,而且还应当包括由藻化石及其生命活动遗迹所形成的综合体,如叠层石等。

地史中普遍而有意义的是以蓝藻为主,其他菌、藻植物参与而沉积形成的叠层石。叠层石的形成一方面是由具黏液质的藻类(主要为蓝藻)形成有机质薄层,即所谓的暗层;另一方面又由藻类的胶质鞘黏附岩矿碎屑形成沉积薄层,即所谓的亮层,二者交互出现组成层纹状结构。叠层石的生长速度往往较之周围沉积物要快,常常突出于周围沉积物之中。受向阳性因素的影响,越在高处其生长速度越快,以致演变成后来的变化多端、各自分立的叠层石体。另外,叠层石体往往会呈现向一个方向延伸的现象,这可能与浅海水流的影响有关。同样,若干层状、球状、柱状、锥状等各种形态的叠层石的形成,也应当与当时的潮汐影响密切相关。由于受到日照和周围环境的不断影响,随着季节的变化以不同的速度进行生长,这样便形成不同形态的叠层石(图 3-1)。

叠层石的基本形态可归结为两种,即层状的(包括波状的等)和柱状的(包括锥状的等),其他形态都是这两种基本形态的过渡或组合。一般说来,层状形态叠层石生成环境的水动力条件较弱,多属潮间带上部的产物;柱状形态叠层石生成环境的水动力条件较强,多为潮间带下部及潮下带上部的产物。

叠层石广泛分布于前寒武纪,寒武纪仍然繁盛,奥陶纪开始衰退,现代叠层石比较少,主要局限于潮间带。研究叠层石对恢复古地理环境及划分对比地层(前寒武系)等都有很大的意

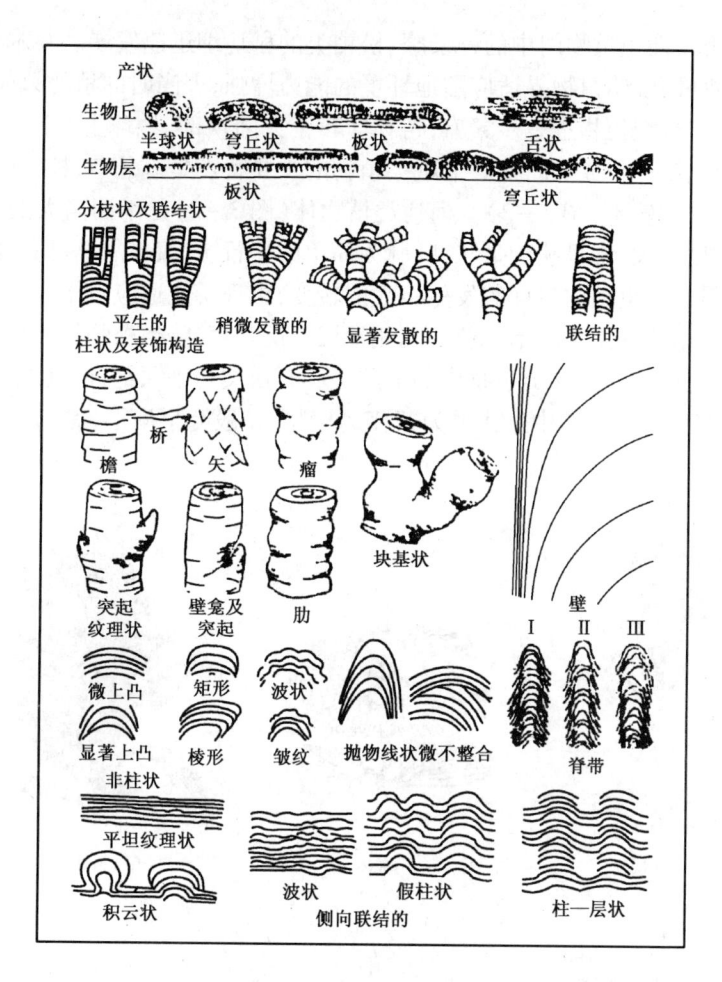

图 3-1 叠层石的形态类型
（据赵澄林等，2001）

义。藻类个体微小，在钻井岩心中易获得多而完整的化石，所以在钻井地层对比中应用较多，对油气勘探具有重要意义。藻类还可形成某些矿产，是生油有机物质的重要来源。

2. 高等植物

高等植物可划分为苔藓植物、蕨类植物、裸子植物和被子植物四个门类。苔藓植物和蕨类植物以孢子繁殖；裸子植物以种子繁殖，但种子外面无果实包裹；被子植物成熟的种子被果实包裹。

苔藓植物是高等植物中体型小且结构最原始的类群。大多数有茎、叶之分，而无真正的根和维管系统。其化石曾发现于泥盆纪和石炭纪、二叠纪地层中，仅在二叠系发现较多。自古近纪起广泛发育，并成为泥炭沼泽的主要组成部分。现代苔藓植物广布于全球各地，在潮湿地区最为繁盛。

蕨类植物门中的裸蕨类在志留纪末至中泥盆世是当时最占优势的陆生植物，这种最古老的原始陆生维管植物个体矮小，一般不超过一米，具有简单二分叉式分枝的茎，但还没有真正的根和叶，仅生长于滨海沼泽等近水地区。其典型代表是裸蕨（图3-2）。早泥盆世晚期至中泥盆世开始逐渐出现根、茎、叶分化明显的原始石松类。至晚泥盆世，随着裸蕨类的灭绝，节蕨类、石松类、真蕨类及裸子植物门中的种子蕨、松柏类的科达纲迅速发展。乔木植物占据优势，已形成小规模的森林，说明植物界适应陆地环境的能力增强，但当时的植物只能适应滨海低地的环境。石炭纪、二叠纪植物进一步繁盛，植物广布于大陆内部，地球上首次出现大规模的森林，形成全球地史上第一个成煤时期。节蕨类植物的主要特点是茎分节，枝、叶轮生于节上，大部分茎为筒状中空，如轮木(图3-2)。柯达类植物体(图3-2)是细而高大的乔木，叶子相当大，尤以其中部宽度最大，常呈狭长带状，叶脉为简单的平行脉，仅在靠基部处才有二分叉。

晚二叠世至早白垩世植物界面貌发生极大的转变，出现了能适应较干燥寒冷气候的银杏、苏铁、松柏等，裸子植物占据了统治地位。陆相地层广泛发育，陆生植物繁茂，成为地史上又一次重要的造煤期。三叠纪时，蕨类植物中的节蕨类和石松类几乎灭绝，但真蕨类到晚三叠世才繁茂。银杏类[图3-2(d)]是中生代最为繁盛的植物，一般叶呈扇形，有长柄，叶顶中央有一浅裂缺。

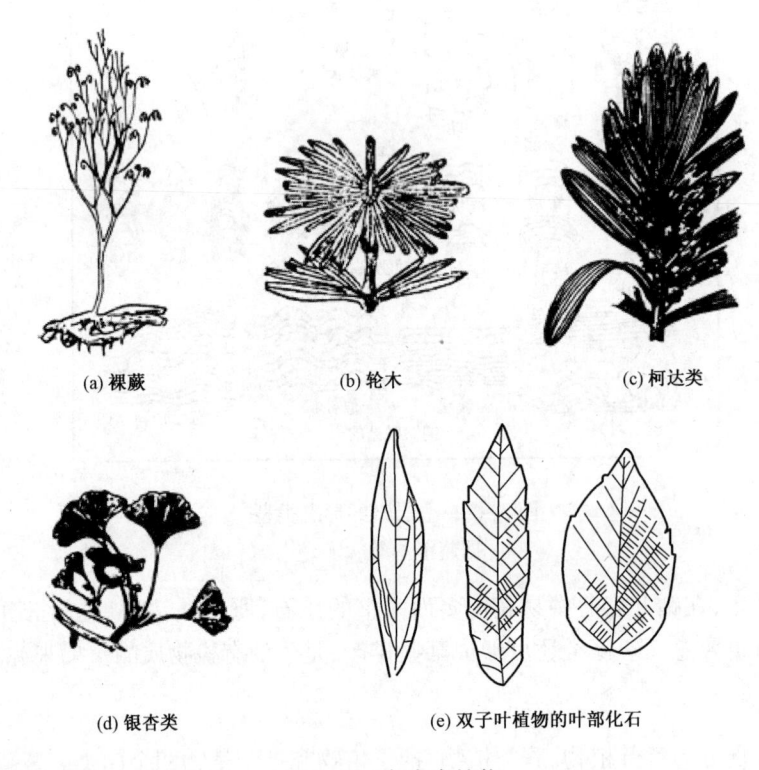

(a) 裸蕨　　(b) 轮木　　(c) 柯达类

(d) 银杏类　　(e) 双子叶植物的叶部化石

图3-2　各类古植物

早白垩世晚期至新生代以被子植物为主。这是最高级的陆生植物，有乔木、灌木和草本类型，化石保存最多的主要是一些具网状叶脉宽阔叶子[图3-2(e)]。由于被子植物均有花，所以又称显花植物，是现代植物界中占绝对优势的植物。

综上所述，地史时期的植物不仅在地层划分和对比中起着重要作用，而且是划分和恢复古大陆气候地理分区的主要标志。同时，各种古植物本身也参与了成矿作用，如藻类可以形成礁灰岩、硅藻土，低等植物与石油、油页岩生成有关，高等植物则是各地史时期聚煤的物质基础。

三、古动物

在地史时期中，最原始的动物是由单细胞组成，称为原生动物。原生动物个体微小，单细胞具有新陈代谢、繁殖等一切重要生活机能,如有孔虫、鞭毛虫等。由原生动物演化出多细胞动物,进而由低级向高级发展。最低级的多细胞动物是海绵动物,它既无组织,也无器官,营水生底栖固着生活。当发展到腔肠动物时,它们的身体已经具有了组织和器官,如水母、珊瑚等。而后它们分两支演化,一支由腔肠动物逐渐演化到腕足动物、软体动物、节肢动物;而另一支演进到脊索动物、最终成为脊椎动物。在脊椎动物中,又是从鱼类,经过两栖类、爬行类,而发展到哺乳类。地史时期中最常见的有海绵、珊瑚、腕足类、腹足类、瓣鳃类、头足类、三叶虫等动物。

1. 海绵

海绵是一种最简单的多细胞动物,因体壁具有很多小孔而得名,也称多孔动物。单体外形有杯状、半球状、柱状等,体壁中有骨细胞,能分泌钙质或硅质骨针,一般骨针可以保存形成化石[图3-3(a)]。多数生活于海水中,少数分布于淡水中。

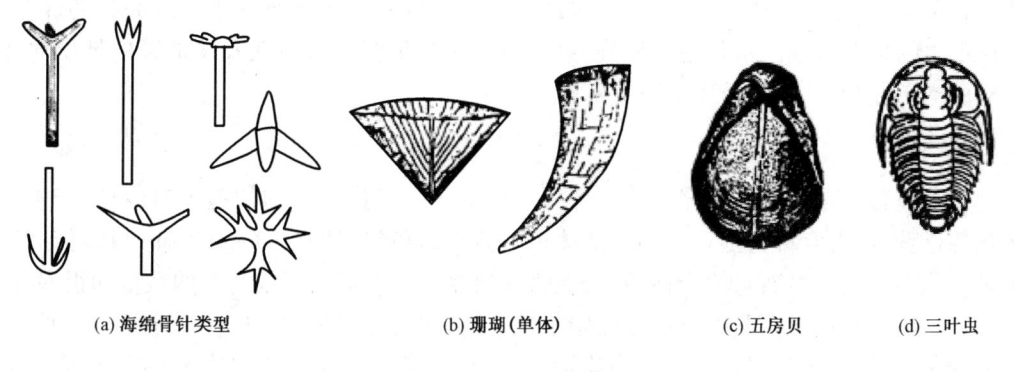

(a) 海绵骨针类型　　　　(b) 珊瑚(单体)　　　　(c) 五房贝　　　　(d) 三叶虫

图3-3　各类古动物

2. 珊瑚

珊瑚是比较高等的腔肠动物,有单体和复体之分,大多生活于温暖和清洁的浅海地区。单体珊瑚个体短而粗,呈袋状或柱状,营海水底栖固着生活。复体珊瑚常大量繁殖,形成大规模的珊瑚礁。珊瑚动物种类很多,其中具有重大地层意义的主要有四射珊瑚和横板珊瑚,分布时代仅限于古生代,二叠纪末全部灭绝[图3-3(b)]。

3. 腕足类动物

腕足类动物是浅海底栖的单体动物,身体被大小不等的两瓣外壳所包围,大的称腹壳,小的称背壳。壳内有一对弯曲的腕,因此称腕足类。腕足类始于寒武系,繁盛于古生代,至中生代大为衰退,至今还有生存。图3-3(c)是腕足类中的五房贝,产于志留系地层。

4. 软体动物

软体动物在无脊椎动物中种类众多,仅次于节肢动物,属第二大门类。其中的腹足类一般具有不分隔的螺壳,肉足位于动物体的腹面,如现在的蜗牛、田螺等。双壳类是水生软体动物,一般具有互相对称、大小一致的两个瓣壳,因具有花瓣状的鳃,又名瓣鳃类,肉足长呈斧形,伸缩于壳内外,用以爬行、钻孔或游泳,又称为斧足类,常见的瓣鳃类如牡蛎、蚌等,最早见于晚寒武世,但数量不多。头足类是软体动物中发育最完善、最高级的一类,如现在的章鱼,因其头部明显,足特化成触手和漏斗,环绕在头部周围和头愈合成头足,因此称头足类,有外壳类和内壳类之分,地史中的头足类绝大多数属于外壳类。

5. 三叶虫

三叶虫是一类海生节肢动物,在早古生代末期已完全绝灭。由于它的身体纵向可分为三叶,即中间的轴叶和两侧的肋叶,因此称为三叶虫。三叶虫的身体在横向上也可分为三部分,即头、胸和尾。与现代的虾、螃蟹等动物一样,三叶虫具有两侧对称的体形和分节的背甲,三叶虫的个体通常为长 3~10cm,宽 1~3cm,最大的长度可达 75cm,最小的长度不到 6mm。虫体扁平,呈卵形或椭圆形,背甲常可保存为化石。三叶虫是古生代特别是寒武纪的重要标准化石[图 3-3(d)]。

四、微体古生物

在古生物学研究的化石中,有些古生物或其器官形体微小,一般肉眼难以辨认,要通过显微镜进行观察和研究,这类古生物称为微体古生物。在石油勘探中,由于钻探所取的岩心、岩屑体积都不大,大化石往往不易发现或已被研碎,而微体古生物化石易于得到完整的保存,所以微体古生物化石对油区钻井地层划分、对比显得尤为重要。目前在我国油区的地层对比中经常应用孢子花粉、介形虫及牙形石等资料。

1. 孢子花粉

孢子和花粉均是植物繁殖器官的一部分。孢子产生于孢子植物的孢子囊,花粉产生于种子植物的雄蕊,两者合称为孢粉。孢粉形体相当微小,直径一般在 $10\sim100\mu m$,只能借助于显微镜进行观察鉴定。虽然它们个体微小,但每株植物所产生的孢子或花粉的数量却很多,而且孢粉外壁是由一种化学性质十分稳定的碳水化合物,称为孢粉素($C_{96}H_{44}O_{24}$)所组成,耐温、耐压和耐酸碱,容易被大量保存下来成为化石。孢粉可以随风飘扬,到处散布,在地球表面大多数地区都可能保存各种类型的完好的孢粉化石。

孢粉化石形态多样,常呈豆形、椭球形、球形、圆三角形、多边形等。孢子形态较简单,被子植物花粉形态最复杂,裸子植物花粉形态介于二者之间(图 3-4)。

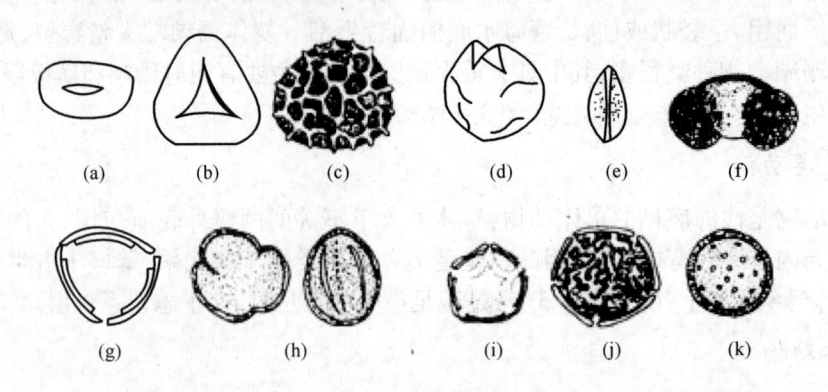

图 3-4 各种类型的孢粉(据黎文清,1999)
(a)、(b)、(c)孢子;(d)、(e)、(f)裸子植物花粉;(g)—(k)被子植物花粉

不同类别的植物体所产生的孢子和花粉,它们的形状、萌发器官、外壁特征都不相同。因此,可以根据这些特征来鉴定孢粉属、种。在进行孢粉分析时,将保存在地层中的化石孢子花粉离析出来,在生物显微镜下进行鉴定和统计,分析孢子花粉各科属(种)在地层剖面上的百分含量及组合特征的变化规律,以此进行地层的划分对比,确定地层的时代,恢复古地理、古气

候和古植物的类型。在恢复古气候时,要研究各类孢粉化石的母体植物所生存的气候条件,统计存于不同气候条件植物孢粉的数量比例,再与现代不同气候区的植被面貌进行类比,从而确定当时、当地的古气候。

2. 介形虫类

介形虫是中、新生代油田中的常见化石,是一种形体微小的节肢动物。介形虫具有左右两瓣外壳,两瓣的壳形相同,但大小可相等或不等。壳长一般在 0.4~2mm,个别可达 5~7cm,通常古生代介形虫要比中、新生代的介形虫大一些。壳面光滑或具有各种花纹、突起、沟槽、隆脊和刺瘤等装饰。壳的侧视外形多为半圆形、近椭圆形、卵形及菱形等(图 3-5)。

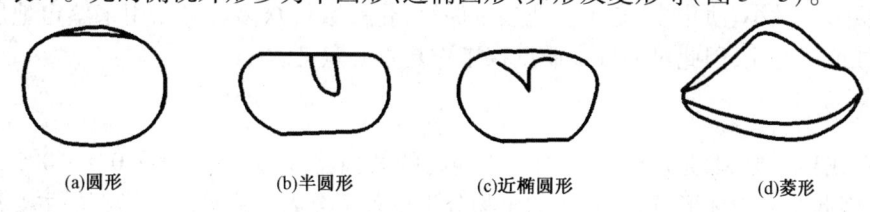

(a)圆形　　(b)半圆形　　(c)近椭圆形　　(d)菱形

图 3-5　介形虫的壳形

介形虫对环境具有很强的适应能力,生活范围很广,可以在滨海、浅海及深海的咸水环境,在江、河、湖泊的淡水环境以及海陆过渡的半咸水环境生活。多数底栖穴居,少数营浮游生活。

介形虫化石最早见于寒武纪,奥陶纪大量出现,现代仍有大量介形虫生存。因其个体微小,数量很多,演化较快,因此,在地层(特别是陆相地层)的划分和对比中,有着十分重要的意义。我国介形虫类化石十分丰富,全国各地都有发现,我国中—新生代陆相地层,主要是依据介形虫化石及其他化石进行划分的。

3. 有孔虫类

有孔虫是形体微小的单细胞动物,个体很小,一般约 2~5mm 大小,结构简单,大多具有矿质硬壳,壳上多有开口或小孔,因此称有孔虫。有孔虫身体由一团原生质构成,包括细胞质和细胞核,细胞质分化成两层,内层在壳内颜色较深称为内质,外层薄而透明,分泌骨质,构成有孔虫的外壳。保存成为化石的是它的微小外壳,壳的形态多种多样(图 3-6)。

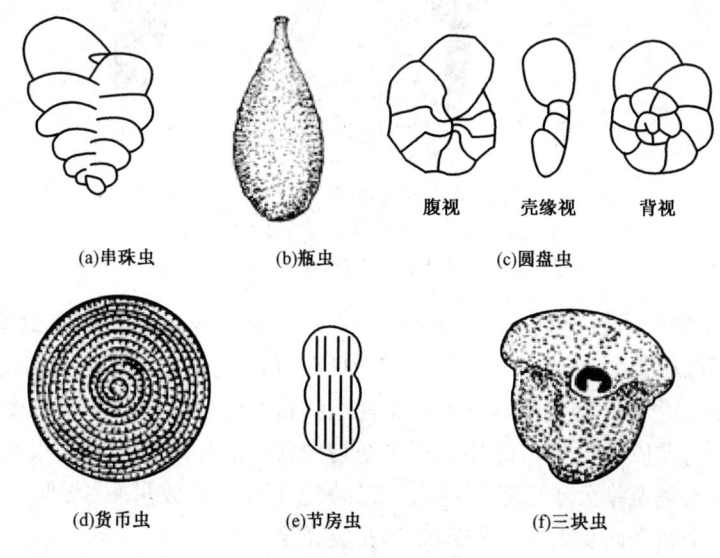

(a)串珠虫　　(b)瓶虫　　(c)圆盘虫(腹视、壳缘视、背视)

(d)货币虫　　(e)节房虫　　(f)三块虫

图 3-6　常见的有孔虫

有孔虫大多生活在海洋里,营移动、固着底栖或浮游生活。大多数底栖有孔虫生活于正常盐度的浅海底,少数生活于海陆过渡的半咸水环境,极少数类型生活于淡水中。有孔虫的发育和分布是与其生活环境诸因素相互适应的,不同的环境条件下其发育的有孔虫组合特征不同。也就是说,不同的有孔虫组合可以反映其生存海域的水深、水温、含盐度等具体特征,这就显示了它们作为环境标志的价值,可用来再造埋藏有孔虫化石沉积物的古地理、古气候的基本特征。

最早的有孔虫化石发现于寒武系,但保存较差。真正的有孔虫化石是在奥陶纪地层中发现的。其后在石炭—二叠纪、侏罗—白垩纪、古近—新近纪几经兴衰,一直延续到现代。我国沿海地区都生长有孔虫。

有孔虫形体微小、演化快,易于在地层中保存,化石数量众多。可以用来鉴定地层层位和进行大区域地层对比,因此对油气地质勘探工作具重要意义。

4. 牙形石类

牙形石或称牙形刺,是已经绝灭的海生动物的某种器官,大小一般在 0.1~0.5mm 之间,形似齿状,因此命名为牙形石,其确切的生物分类位置至今尚不清楚。牙形石的主要形态有单锥状、齿棒状、齿片状和平台状(图 3-7)。

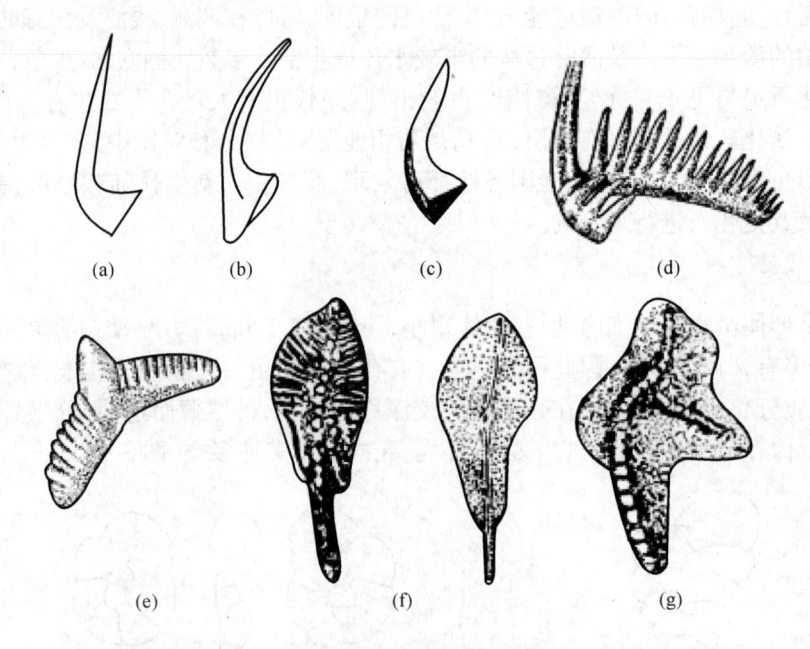

图 3-7 牙形石类化石代表(据李茂林,1988,有改动)
(a)奥尼昂塔牙形石;(b)短矛牙形石;(c)针锐牙形石;
(d)锄牙形石;(e)奥泽克牙形石;(f)管牙形石;(g)蹼鳞牙形石

目前已知最早的牙形石类见于中寒武世,一直延续至三叠纪末。奥陶纪是牙形石类第一个鼎盛时期,早期以单锥型牙形石类[图 3-7 中(f)、(g)]为主,中、晚期出现较多的复合型[图 3-7 中(d)、(e)]和平台型牙形石类。泥盆纪和石炭纪是牙形石类第二个鼎盛时期,以平台型和复合型为主,尤以平台型占优势。石炭纪与泥盆纪的牙形石面貌有很大区别,出现了一些新的平台型分子,单锥型分子已趋于绝灭。二叠纪牙形石类数量减少,但三叠纪有所回升,以复合型占优势,平台型减少。三叠纪末牙形石类完全消失。

我国在寒武纪至三叠纪地层内都发现有牙形石,特别在海相碳酸盐岩中能采集到大量的牙形石。牙形石形体微小，数量众多，演化迅速，分布广泛，特征明显，是很好的微体标准化石。开展牙形石的研究工作，对于地层划分对比和油气勘探具有重要意义。

目前只在海相沉积岩中发现牙形石，主要是在石灰岩中，页岩中也较多，石英砂岩中偶有发现，但在陆相地层中尚未发现过，所以认为牙形石是一种重要的海相指相化石。

第二节 地　　层

一、地层的概念和基本原理

1. 地层的概念

地壳历史发展过程中在一定地质时间内所形成的一套岩层，称为那个时代的地层。一套地层可以由一种岩层组成，也可以由几种岩层组成。地层是地壳发展历史的物质记录，也是我们研究地壳发展历史，了解矿产形成规律，从而进一步指导油气矿产资源勘探的基础资料。

2. 地层学基本原理

地层是在漫长的地质时期中沉积形成的。沉积物在沉积过程中是自下而上逐层叠置起来的，形成了老者在下，新者在上，下伏地层比上覆地层老的自然顺序，这一规律称为地层叠覆律或地层层序律。地层叠覆律说明地层除了具有一定的形体和岩石内容外，还具有时间顺序的含义，它是我们认识和研究地层的基础。在未经过强烈地壳运动而发生倒转的情况下，地层一直保持着上新下老的正常顺序。

确定地层的先后形成顺序，就侵入岩与围岩的关系来说，总是侵入者年代新，被侵入者年代老，这就是切割律，简言之就是切割者新，被切割者老。这一原理同样适用于呈包裹关系的两地质体，即包裹者新，被包裹者老。例如，侵入岩中捕房体的形成年代比侵入体的年代老；砾岩中砾石的形成年代比砾岩的年代老。

不同地质时代的生物群体面貌特征是不一样的，所以不同时代的地层中含有不同的化石群。一般来说，年代越老的地层中所含化石构造越简单、越低级；年代越新的地层中所含化石构造越复杂、越高级，这就是生物层序律。如果说地层叠覆律和切割律确定了岩层的相对新老关系，那么生物层序律则解决了地层的时代归属问题和不同地区地层的时代对比问题。

二、地层接触关系

地层接触关系通常指不同地质年代形成的地层在纵向上的相互关系，即上、下地层之间在空间上的接触形式。地层的接触关系是地层的重要物质属性之一，是构造运动发展历史的重要地质记录，是确定地层之间的空间关系和时间顺序的重要依据。地层的接触关系可分为整合接触、不整合接触、沉积接触和侵入接触等类型。

1. 整合接触

整合接触是指上、下两套地层产状一致，且中间不存在沉积间断或没有地层缺失的接触关系。整合接触在剖面图、柱状图中用实线表示，如图 3-8 中的 ϵ 与 O、O 与 S_{1+2} 等。如果一套地层之间均呈整合接触，则说明在该套地层形成的地质历史时期内，该地区的地壳长期稳定下沉，沉积作用不间断进行，或地壳虽有上升，但沉积表面始终未露出水面。

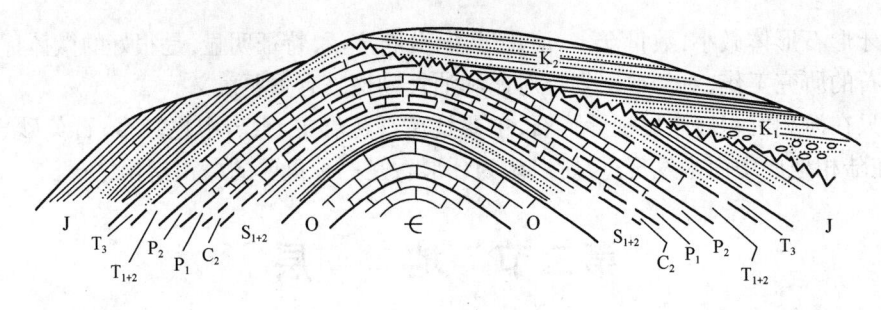

图 3-8　地层接触关系

2. 不整合接触

不整合接触又分为平行不整合(假整合)和角度不整合。不整合上、下两套地层之间的接触面称为不整合面,不整合面与地面的交线称为不整合线。

(1)平行不整合接触。上、下两套地层产状一致,但有明显沉积间断或地层缺失的接触关系。平行不整合接触在剖面图、柱状图中用虚线表示,如图 3-8 中的 S_{1+2} 与 C_2、C_2 与 P_1 等。平行不整合接触是由地壳的升降运动造成的,表明该地区在不整合面之下的地层沉积后,地壳经历了整体上升运动使地层遭受风化剥蚀,而后再整体下降接受新的沉积的构造运动过程。

(2)角度不整合接触。上、下两套地层间不仅缺失了一部分地层,而且产状也不一致,上覆地层截切下伏地层的接触关系。角度不整合接触在剖面图、柱状图中用"波浪线"表示,如图 3-8 中的 K_1+K_2 与 $J+T_3+T_{1+2}+P_2$ 等。角度不整合接触是地壳水平运动和升降运动共同作用形成的,表示该地区在不整合面以下的地层沉积后,地壳经历了强烈的褶皱上升运动,使岩层变形并遭受风化剥蚀,之后再下降接受沉积的构造运动过程。

对于地层不整合的研究具有重要意义。第一,地层不整合接触是地壳运动历史的记录,不仅反映岩层在空间的相互关系,也反映了构造运动的性质和在时间上的顺序,是地质发展史研究、地壳运动特征及时间鉴定的依据;第二,不整合面是层序、构造单元、岩石单元划分与对比的重要界线;第三,不整合面及上覆地层附近是许多矿产形成的重要场所,其残留物质的类型也是确定古地理、古气候的重要证据;第四,对于油气地质而言,不整合面不仅是油气侧向运移的良好通道,而且在不整合面下的地层,经历了长期风化剥蚀,往往孔缝发育,形成良好的储集层,角度不整合面下是潜山油气藏形成和勘探的有利地区。

3. 沉积接触

侵入岩体也包括在地层的范畴之内,它与周围的岩层也有不同的接触关系。如果侵入岩体先是由于地壳上升而出露地表遭受风化剥蚀,而后随着地壳下降又有新的沉积岩层覆盖其上,这种关系称为沉积接触。此时,在沉积岩底部往往会出现该种岩浆岩的砾石。

4. 侵入接触

如果岩浆在沉积岩形成之后侵入,则侵入岩体与围岩的关系称为侵入接触。围岩在侵入接触带上常常会出现烘烤变质现象,侵入体中往往会有围岩的捕虏体。

三、地质年代单位与系统

地质时间系统最初主要是根据各种岩石的相对新老关系,即形成的先后顺序建立起来的,称为相对地质年代。后来人们开始用测定岩石中放射性同位素蜕变产物的方法确定岩石形成的地质年代,以求得岩石的绝对年龄,即绝对地质年代。目前在地质学研究和实际工作中,同时使用相对年代和绝对年代,但是以前者运用更为方便而较普遍。

1. 相对地质年代单位

地质学家和古生物学家在地层研究和古生物化石研究的基础上,根据生物演化的阶段性、不可逆性和统一性,把地质年代划分为宙、代、纪、世、期、时等若干不同级别的时间单位。其中"宙、代、纪、世"是国际性的时间单位,"期"是大区域性的时间单位,"时"是一个地方性的时间单位。

(1)宙。地质年代中最大的单位。目前整个地球历史划分出四个宙,即冥古宙、太古宙、元古宙和显生宙。冥古宙阶段迄今尚无发现地质记录的报道。太古宙和元古宙由于生命处于低级阶段,没有分泌硬壳的能力,地层中化石很少。显生宙生物门类繁多,能分泌硬壳或骨骼,化石丰富。

(2)代。代的划分主要以生物演化为依据,反映生物大发展的阶段。例如,在显生宙内划分出古生代、中生代和新生代,表示生物界从古老生物、中期生物,发展到晚近生物的演化发展阶段。

(3)纪。其名称大多来源于首先建立地层系统剖面的地点名称,如寒武纪、奥陶纪、志留纪等。

(4)世。在国际性地质时代单位中,世是最小的一级单位。划分世的标志,通常是根据古生物科、属的兴衰及其有关特征来确定的。一个纪可分两个或三个世,除新生代各世有特殊的命名外(表3-1),一般世的名称是在纪的名称前增加"早"、"中"、"晚"字样。

(5)期。往往以生物的某些属、种的出现和大量繁盛作为标志。

(6)时。不是专有的时间单位,可以表示与任何地方性地层单位相当的时间。

2. 同位素地质年代

在20世纪早期,一些学者开始利用放射性同位素具有固定衰变周期的特点,来测定某些含放射性同位素的矿物(岩石)形成的绝对年龄,称为同位素地质年代或绝对地质年代。岩石同位素年龄的测定提供了各地质时代距现在的具体时间和各时代单位的定量时间长度,比如,古生代开始于距今5.7亿年左右,寒武纪持续约0.6亿年左右等等。同位素地质年代一般以百万年(Ma)为单位。

3. 地质时代系统

表3-1是地质年代简表,它表述了地层系统和地质年代系统的单位划分及其名称和顺序关系,生物的发展演化阶段以及地壳运动期等情况。

四、地层单位

在研究地层时,根据地层所具有的特征或属性的差异,把单独一个地层或若干有关的地层划分出来,看作一个地层体,这就是一个地层单位。《国际地层指南》(1976)提出:"地层有多少种属性,就可以划分出多少种地层单位"。常用的地层单位有三类:岩石地层单位、生物地层单位和年代地层单位。

1. 岩石地层单位

"岩石地层单位是根据可观察到并呈现总体一致的岩性(或岩性组合)、变质程度或结构特征,以及与相邻地层间关系所定义和识别的一个三维空间的岩石体。一个岩石地层单位可以由一种或多种沉积岩、喷出岩或其变质岩组成。单位的鉴别要求是整体岩石特征的一致性……不考虑时间、成因、气候、环境或事件等因素"(引自《中国地层指南.修订版.2001》)。

表 3-1　地质年代表（据王鸿祯《中国地层时代表》,1990,有改动）

宙(宇)	代(界)	纪(系)	世(统)	同位素年龄值(Ma)	构造阶段(及构造运动)	生物界 植物	生物界 动物
显生宙(宇PH)	新生代(界Cz)	第四纪(系)Q	全新世(统Q_h)	0.01	（喜马拉雅构造阶段）新阿尔卑斯构造阶段	被子植物繁盛	出现人类 哺乳动物与鸟类繁盛
			更新世(统Q_p)	2.5			
		新近纪(系)N	上新世(统N_2)				
			中新世(统N_1)	23			
		古近纪(系)E	渐新世(统E_3)				
			始新世(统E_2)				
			古新世(统E_1)	65			
	中生代(界Mz)	白垩纪(系)K	晚白垩世(统K_2)		老阿尔卑斯构造阶段 燕山构造阶段	裸子植物繁盛	爬行动物繁盛 无脊椎动物继续演化发展
			早白垩世(统K_1)	135			
		侏罗纪(系)J	晚侏罗世(统J_3)				
			中侏罗世(统J_2)				
			早侏罗世(统J_1)	205			
		三叠纪(系)T	晚三叠世(统T_3)		印支构造阶段		
			中三叠世(统T_2)				
			早三叠世(统T_1)	250			
	古生代(界Pz)	二叠纪(系)P	晚二叠世(统P_2)		（海西）华力西构造阶段	蕨类及原始裸子植物繁盛	两栖动物繁盛 鱼类繁盛
			早二叠世(统P_1)	290			
		石炭纪(系)C	晚石炭世(统C_2)				
			早石炭世(统C_1)	355			
		泥盆纪(系)D	晚泥盆世(统D_3)			裸蕨植物繁盛	
			中泥盆世(统D_2)				
			早泥盆世(统D_1)	410			
		志留纪(系)S	晚志留世(统S_3)		加里东构造阶段	真核生物进化 藻类及菌类植物繁盛	海生无脊椎动物繁盛
			中志留世(统S_2)				
			早志留世(统S_1)	439			
		奥陶纪(系)O	晚奥陶世(统O_3)				
			中奥陶世(统O_2)				
			早奥陶世(统O_1)	510			
		寒武纪(系)∈	晚寒武世(统$∈_3$)				
			中寒武世(统$∈_2$)				
			早寒武世(统$∈_1$)	570			
元古宙(宇PT)	新元古代(界)(Pt_3)	震旦纪(系)Z	晚震旦世(统Z_2)	700			裸露无脊椎动物出现
			早震旦世(统Z_1)	800			
		青白口"纪"(系)Qb		1000	晋宁运动	原核生物	
	中元古代(界)(Pt_2)	蓟县"纪"(系)Jx		1800	吕梁运动		
		长城"纪"(系)Chc					
	古元古代(界)(Pt_1)	滹沱"纪"(系)Ht		2500	阜平运动		
		未名					
太古宙(宇AH)	新太古代(界)(Ar_2)			3100		生命现象开始出现	
	古太古代(界)(Ar_1)			3850			
冥古宙(宇HD)				4600	地球形成		

同一岩石地层单位中的地层可以是不同时期形成的,岩石地层单位的界面可以是穿时的。岩石地层单位可分为"群"、"组"、"段"、"层"四级,其中"组"是最基本的单位。

(1)群。"群可以由两个或两个以上相邻或相关的具有共同岩性(或岩性组合)特征的组组合而成;有时也可能是一套尚未经深入研究,暂未分组,一经详细研究后有可能被划分成若干组的岩石系列"(引自《中国地层指南.修订版.2001》)。

群的岩层厚度一般为几百米至几千米。群内不允许有重要的间断或不整合存在。群的顶底界线即其顶底组的上下界,不应当从组内穿过。

(2)组。"组是野外宏观岩类或岩类组合相同、结构类似、颜色相近、呈现整体岩性和变质程度特征一致、空间上有一定延展性,并能据以填图的地层体。组或者由一种岩石(沉积岩、火山岩或变质岩)构成,或者以一种岩石为主间有重复出现的其他岩石的夹层;或者由两三种岩石交替出现的互层所构成;还可能以很复杂的岩石组分或独特的结构所构成并与其他组相区别"(引自《中国地层指南.修订版.2001》)。

组的含义在于具有岩性、岩相和变质程度的一致性。组的厚度由几米到几百米,并有稳定的分布范围。组的顶底界线明显,可以是不整合界线,也可以是标志明显的整合界线,但组内不能有不整合界线。

(3)段。据岩石特征,一个组常可分若干段,如嫩江组分五段,沙河街组分四段等。段的名称可以按照新老顺序或岩性命名。段的顶底界线一般是标志明显的整合界限。

(4)层。最低级的岩石地层单位,是组内或段内一个岩性特殊、标志明显的岩层。

岩石地层单位是为了适合各地区不同的古地理、沉积条件而建立的,有一定的适用范围,也称为地方性地层单位。不同岩石地层单位适用的范围有很大不同,如冶里组、山西组适用于全华北及东北南部;沙河街组适用于渤海湾地区的各个盆地;万昌组、永吉组则只在岔路河(长春)油田的范围内使用。岩石地层单位是客观存在的物质单位,是地层学研究的基础性工作,也是其他有关地层学工作研究的基础。

2. 生物地层单位

生物地层单位是根据地层中所含古生物化石的内容和保存特征划分的地层单位。常使用的生物地层单位有以下三种类型:

(1)组合带。所含的化石或其中某一类化石,从整体来看构成一个自然的组合,并以此区别于相邻地层的生物组合。

(2)延限带。任一生物分类单位在其整个延续范围内所代表的地层体。

(3)富集带。某些化石种、属最繁盛的一段地层体。它既不包括前期这些化石虽已出现但数量不多时的地层,也不包括后期数量稀少时的地层。

需要明确的是,上述的组合带、延限带和富集带是生物地层单位的三种类型,它们之间不分等级大小,关系是并列的,也可重叠。

对一个地区的地层划分来说,生物地层单位并不是普遍建立的,各单位之间也不一定是互相连续的,对那些缺少化石的地层就无法建立生物地层单位,这时称之为间带。

3. 年代地层单位

年代地层单位是指在特定的地质时间间隔内形成的地层体,它包括宇、界、系、统、阶、时间带6级(表3-1)。年代地层单位的顶底都以等时面为界。

— 99 —

(1) 宇。指在宙的时间内形成的地层,对应于地球历史中划分出的宙。

(2) 界。一个界代表在一个代的时间内形成的全部地层,如显生宇包括古生界、中生界和新生界。

(3) 系。代表一个纪的时间内所形成的全部地层,如寒武系、侏罗系等。

(4) 统。代表一个世的时间内所形成的全部地层,统名一般是在系名前增加"早"、"中"、"晚"字样。

(5) 阶。统的进一步划分,一个统可分2~6个阶,阶名用地名命名。

(6) 带(时间带)。最小的年代地层单位。根据生物的种或属的延限带建立,以化石的种、属名命名,如王氏克氏蛤(*Claraia wangi*)(时间)带。

年代地层单位中,宇、界、系、统是适于世界范围的地层单位,阶仅适用于大区,时间带则大多只适用于较小范围。年代地层单位与地质年代单位之间具有严格的对应关系。

五、地层的划分与对比

1. 地层划分与对比的概念

1) 地层划分

地层划分就是按地层的自然特征和属性,将地层剖面分为若干大小不同的地层单位。以图3-9为例,Ⅰ与Ⅱ被一个明显的不整合面所分隔,且Ⅰ是一套构造复杂的变质岩系,Ⅱ是单斜的沉积岩层,显然这代表被一重大的地质事件——褶皱运动所分开的两个地质阶段。在图3-9的剖面中,Ⅰ和Ⅱ代表最大一级的地质阶段。Ⅱ又可按岩性的不同分为四层,它们代表四个次一级的地质阶段。在③中,上部与下部所含化石不同,故又可分为两个小的阶段。这种按地层的各种属性(如岩性、化石、不整合面等)把地层剖面分为大小不同的单位就是地层划分的一般过程。

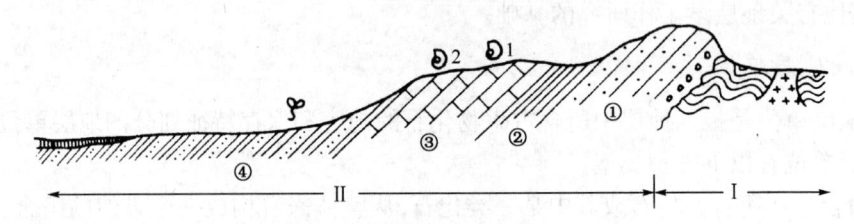

图3-9 地层剖面划分示意图(据刘本培等,2005)

2) 地层对比

为了建立地层的空间概念,必须搞清它的横向变化(包括岩性、岩相和厚度的变化)、接触关系、断层情况和构造形态等,这就要进行地层对比。将不同区域的地层剖面进行对比,才可以搞清地层在地区之间的空间关系。

2. 地层划分与对比的方法

1) 岩石地层学方法

根据上、下地层的岩性不同,或岩性组合不同而将两套地层划分开来,并在横向上按两地岩层的颜色、成分、结构、构造和岩石序列的相似性来建立其对比关系,这就是岩石地层学方法的基本原理。在岩石地层学方法中,常用的方法有岩性法、标志层法和沉积旋回法。

(1)岩性法。

同一沉积环境下的同期沉积物,其岩性特征是相同或相近的,或横向虽有变化,但这种变化也是有规律可循的;而不同沉积环境中所形成的沉积物,其岩性特征不同。这样,我们便可以利用岩性特征进行地层划分,并利用在同一沉积环境下形成的同期地层,其岩性或相同或相近的规律进行地层对比。

以图3-10为例,G8井和G40井同处于松辽盆地之内,嫩江组第二段沉积时期同处于深湖环境,形成了类似的深灰色泥岩夹油页岩地层,二者虽然在岩性上也有差异,但完全可以对比。

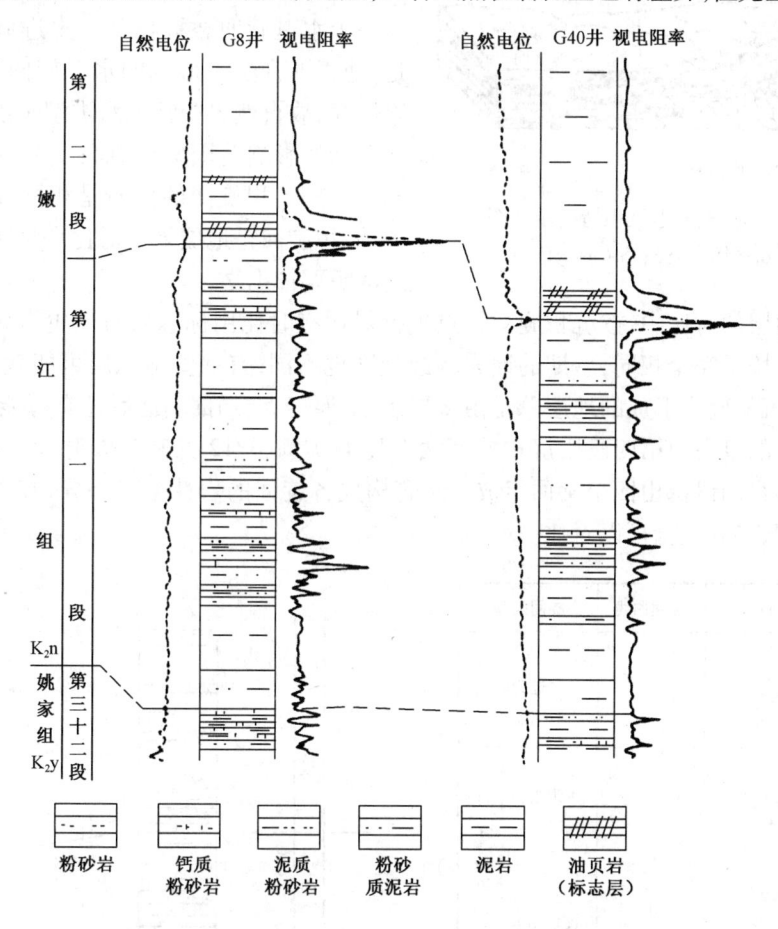

图3-10 岩石地层学方法对比地层(据黎文清,2003)

(2)标志层法。

在利用岩性对比地层时,某些岩性特征突出、层位稳定、横向分布稳定的岩层,常被地质人员用来作为划分和对比地层的标志,这就是标志层。如G8井和G40井的油页岩,其特征明显、分布广泛而又稳定,并含有金黄色的叶肢介和白而扁的介形虫,在地质录井过程中极易发现,在视电阻率曲线上呈现为突出的刺刀状尖峰,极易辨认,被称为钢铁标志层。

利用标志层对比地层的方法是先用标志层控制层位。一般来说,相邻地区地层剖面中那些岩性特征完全一致的标志层若能一一对应,则与标志层相关的地层组合应该是同一层位的。然后根据地层层位相同、测井曲线形态相近的原则进行对比。

(3)沉积旋回法。

沉积旋回是指由地壳运动引起的,在沉积岩层的剖面上,相似岩性的岩石有规律重复出现

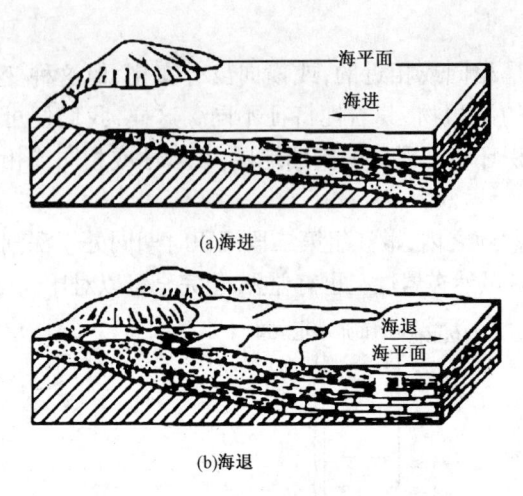

图 3-11 海进、海退沉积情况示意图
（据刘本培,1986,略有改动）

的现象。当沉积区地壳下降、水体面积扩大时，可形成水进旋回，即沉积物由浅水相变为深水相，沉积物由下至上由粗变细；当地壳上升、水体面积缩小时，则形成水退旋回，即沉积物由深水相变为浅水相，沉积物由下至上由细变粗（图3-11、图3-12）。

在地层剖面中，一个完整的沉积旋回可表现为一个水退旋回叠置在一个水进旋回之上。但是，地壳上升阶段形成的水退旋回易被剥蚀，难以保存，故自然界中常见水进型半旋回。由于地壳运动的影响范围宽广，而在同一构造区域内，同一时期沉积旋回的性质是相同或相似的。因此，沉积旋回是地层划分对比和推断地壳运动情况的重要依据之一。

在区域地层的对比中，按沉积旋回特点进行对比有时比用标志层对比更有效。因为不同地区古地理环境不完全相同，后期的地表剥蚀程度也不同，有一些标志层可能残缺不全，不能逐一对比；而沉积旋回形成的地层总是由多层组成，厚度大，局部剥蚀后还有可能加以对比。

图3-13的泉头组第四段用沉积旋回法对比的实例。Z12井和Z26井同在松辽盆地内，两口井钻遇的泉四段都由四个旋回组成。尽管构成各旋回的岩性略有差异，却同样都是下粗上细的正旋回，二者完全可以对比。

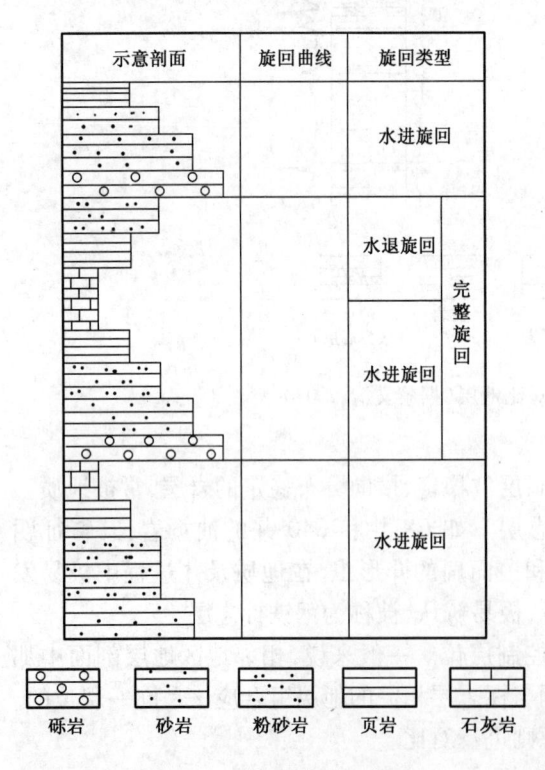

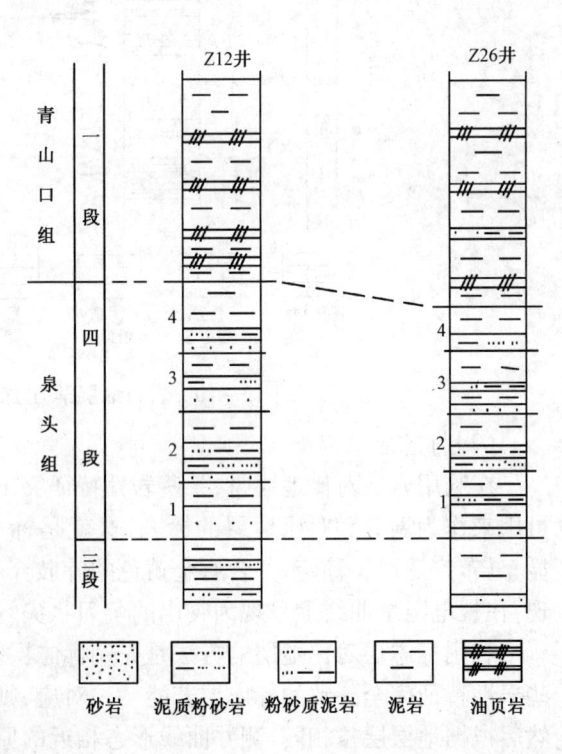

图 3-12 沉积旋回示意图　　图 3-13 利用沉积旋回对比地层（据黎文清,2003）

根据地壳变动时间长短及规模大小不同,所形成的沉积旋回也有大小之分。每个大的沉积旋回中,可根据岩性组合关系分成次一级或更次一级的旋回,一般划分至三级:一级旋回相当于含油层系,二级旋回相当于油层组,三级旋回相当于砂层组。在第三级沉积旋回内再按岩性或颜色等变化规律进一步划分为小的韵律,用于控制对比单油层。各级旋回的稳定程度是由大到小依次变差,所以大旋回可以在大范围内进行区域对比,小韵律只能在大旋回控制大套地层的前提下,在小范围内进行对比。

(4)地球物理学方法。

地球物理的方法较多,如地震、测井等。其中,测井方法具有低成本、分辨率高等优点,被广泛用于油田地层和油层对比。电性是岩石特征的综合反映,岩性的变化必然导致测井曲线的差异,因此,可以利用测井曲线间接地进行岩性对比。拿电阻率来说,砂岩的电阻率一般高于泥岩,通过测得反映钻井剖面各层电阻率变化的测井曲线图,便可以用来进行地层的划分与对比。

测井曲线对比,是根据同层相邻井曲线的相似性,或根据几个稳定的电性标志层作控制,且考虑到相变来进行的。利用测井曲线进行地层对比的优越性在于,它提供了所有井孔全井段的连续记录。尤其重要的是,它的深度比较正确,并能从不同侧面反映岩层的属性。常用的对比曲线有视电阻率曲线和自然电位曲线,此外,自然伽马曲线、中子测井曲线等也提供了很有价值的材料(图3-14)。

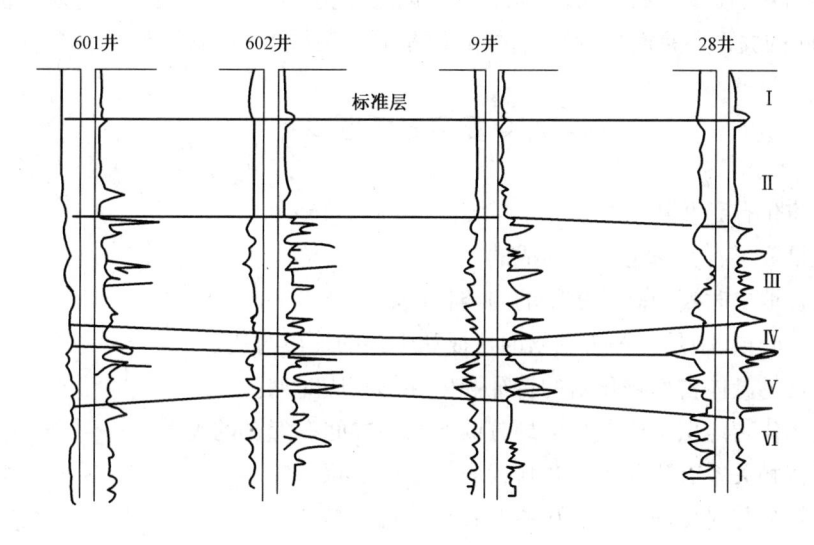

图3-14 电性对比示意图

2)生物地层学方法

生物地层学方法是在横向上根据地层所含的化石或化石组合的一致性或相似性来对比地层。其对比原则是:各处的地层,不管其岩性是否相同,只要它们所含的化石群相同,它们的时代就是相同或大致相当的。所以,使用这一方法时只考虑化石而不必顾及岩性、不整合面等其他非生物地层标志。

为了扩大古生物对比的范围,人们还探索不同类型化石横向渗透的可能性,例如,在滨海带或海陆交互的沉积中,可见到海生和陆生生物化石间的"共生"(同一层中)或"交互"(不同层中)。如图3-15中，A、C两地地层中所含化石并不相同，因此，无法直接建立对比关系，但通过B地层化石的混生，可以建立它们的对比关系。

3) 地质事件对比法

地质历史中的事件是多种多样的，如地壳的抬升和下降、火山爆发、冰川的形成和消融、气候的变化等等。这些地质事件虽然规模不同、后果各异，但将其应用于地层对比和划分的基本原理是一致的，即地质事件造成的影响及产物在地层构架中以生物界变革或沉积特征变化记录下来，从而成为地层对比划分的标志。例如，火山喷发可导致大范围内火山灰降落形成凝灰岩；全球性气候降温可导致冰川广布、堆积冰碛岩等。这些物质记录都代表同一地质事件，因而具有一定的等时性，可成为地层划分对比的自然界线。

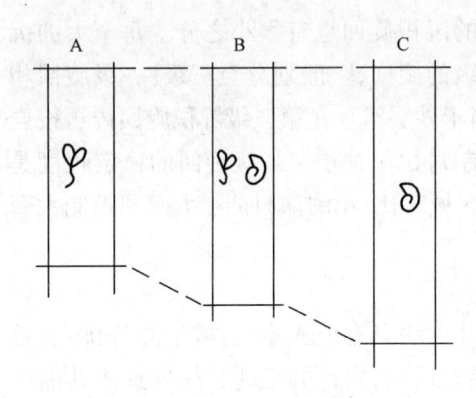

图3-15 含不同化石的两地层通过化石混合来进行对比示意图
（据刘本培等，2005）

需要强调的是，由于地层划分对比的依据和方法不同，所建立的地层单位系统也不同。比如，岩石地层学方法建立的是岩石地层单位，生物地层学方法建立的是生物地层单位等。它们从各个侧面反映地质发展的阶段性，比起单一地层分类系统是一个巨大的进步。但是，各地层单位系统之间的关系不是简单的平行关系，而是要复杂得多。

◇复习思考题◇

1. 生物演化有哪些特点？
2. 什么是叠层石？它是如何形成的？
3. 简述各地史时期中高等植物的门类特征。
4. 简述三叶虫、腕足类等古动物的特征和生存的地质时代。
5. 简述常见微体古生物化石的特征和生存的地质时期。
6. 地质年代与地层单位是如何划分的？它们之间有怎样的关系？
7. 地层接触关系有哪几种？各自代表什么地质意义？
8. 地层划分与对比的方法有哪些？各自的特点是什么？

第四章 沉 积 相

[摘要] 石油、天然气的生成和分布,与沉积相的关系密切,研究沉积相对油气勘探和开发有着重要的指导意义。本章主要介绍河流相、湖泊相、三角洲相及亚相的概念、一般特征及其与油气的关系。

第一节 沉积相的概念及分类

一、沉积相的概念

相这一概念最早由丹麦地质学家斯丹诺(Steno,1669)引入地质文献,1838年,瑞士地质学家格列斯利(Gressly)开始把相的概念用于沉积岩。油气田勘探和其他沉积矿产勘探事业的飞速发展,促进了相的研究,使人们对相这一概念有了更深刻、更深入的认识。

沉积岩是在一定的沉积环境中形成的,在不同沉积环境中形成的沉积岩,具有不同的沉积特征。沉积环境与沉积特征之间的内在关系可以用沉积相来概括或表达。所谓沉积相,就是指沉积环境及在该环境中形成的沉积岩(沉积物)特征的综合。

在这一概念中,沉积环境是指自然地理条件(包括海、陆、河、湖、沼泽、冰川、沙漠等的分布及地势的高低),气候条件(包括气候的冷、热、干旱、潮湿),构造条件(包括大地构造背景及沉积盆地的隆起与坳陷),沉积介质的物理条件(包括介质的性质,如水、风、冰川、清水、浑水、浊流等,运动方式和能量大小以及水介质的温度和深度),介质的地球化学条件(包括介质的氧化还原电位 Eh、酸碱度 pH 及介质的含盐度)等;沉积岩特征包括:岩性特征(如岩石的颜色、物质成分、结构、构造、岩石类型及其组合),古生物特征(如生物的种属和生态),以及地球化学特征。沉积岩特征的这些要素是相应各种环境条件的物质记录,通常也称相标志。

二、沉积相的分类

不同类型的沉积岩,形成于不同的沉积环境,在沉积环境中起决定作用的是自然地理条件。沉积相的分类通常是以自然地理条件为主要依据,并结合沉积岩特征及其他环境条件进行具体划分(表4-1)。在相组和相划分的基础上,可进一步细分为亚相和微相。

表4-1 沉积相的分类(据冯增昭,1993)

相组	陆相组	海相组	海陆过渡相组
相类型	残积相 坡积—坠积相 山麓—洪积相 河流相 湖泊相 沼泽相 沙漠相 冰川相	滨岸相 浅海陆棚相 半深海相 深海相	三角洲相 潟湖相 障壁岛相 潮坪相 河口湾相

第二节 陆 相 组

陆地地形复杂多样,气候变化万千,沉积介质多样,造成陆相沉积形成条件复杂,沉积类型繁多。本节重点介绍与油气关系密切的陆相类型。

一、山麓—洪积相

山麓—洪积相的形成需具备两个必要条件:一是气候干热,二是地壳升降运动较强烈,在这种环境下,风化剥蚀的产物被山区的暂时性水流(雨水或洪水)或山区河流带走。当水流流出山口进入平原地区时,由于地形坡度急剧变缓,水流向四方散开,流速骤减,碎屑物质迅速、大量沉积,形成锥状或扇状堆积体,称为洪积锥或洪积扇。因具有山区河流冲积成因的特点,又称冲积扇(图4-1)。随着冲积扇的发展,其范围逐渐扩大,山前冲积扇彼此逐渐联结起来,并掩埋和充填了山前的坡积物和坠积物,形成了环绕山脉的山麓—洪积相。

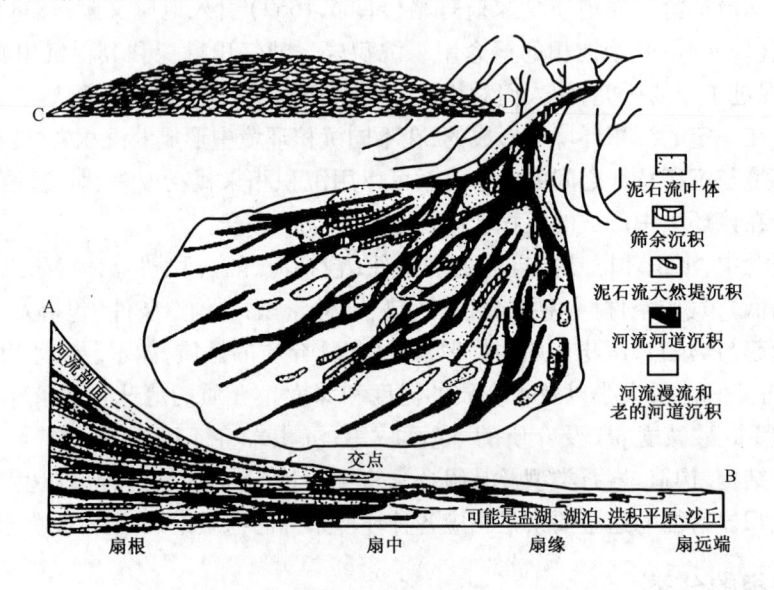

图4-1 理想冲积扇的地貌剖面和沉积物分布
(据赵澄林等,2001)

根据现代冲积扇地貌及沉积的分布特征,冲积扇可分为扇根、扇中和扇端三个亚相。

扇根亚相分布在邻近冲积扇顶部地带的断崖处,岩性以砾岩、砂岩为主,分选、圆度差,块状构造,层理不明显。

扇中亚相又称扇腰,位于冲积扇的中部,是其主要组成部分,岩性以砂岩、砾状砂岩和砾岩组成,砂与砾比率增加,分选和磨圆变好。

扇端亚相,又称扇缘,出现在冲积扇的趾部,沉积物主要为砂岩和含砾砂岩,中夹粉砂岩和黏土岩,多具水平层理,泥质岩中可见泥裂。

在洪积扇的中、上部,往往发育有大的砂砾岩体,当其靠近油源区时,有可能成为油气聚集的良好场所。我国准噶尔盆地克拉玛依—乌尔禾油田的三叠系就是以洪积扇砂砾岩储集体而闻名。

二、河流相

1. 河流的类型

河流的类型较多,按其发育阶段可分为幼年期河流、壮年期河流和老年期河流;按地形及坡降可将河流分为山区河流和平原河流。这里,我们重点介绍河流按平面几何形态的分类方法。根据河流的平面几何形态的不同,可将河流分为平直河、曲流河、辫状河、网状河(图4-2)。

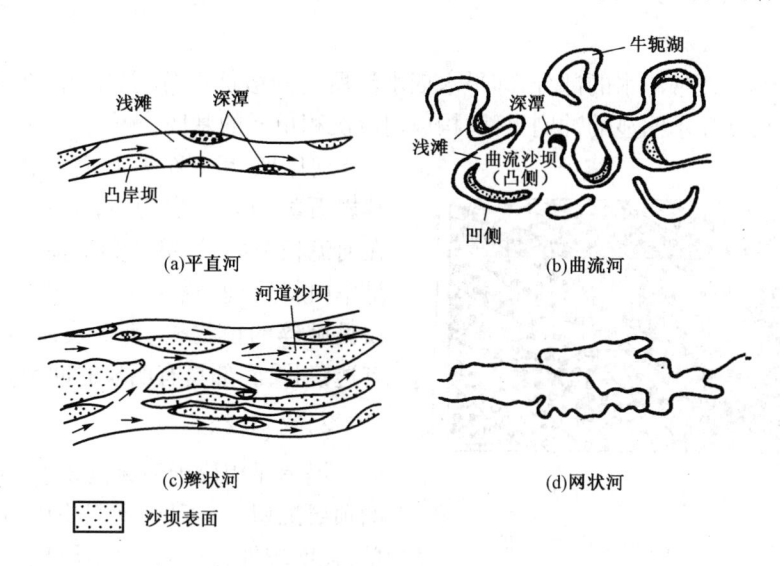

图4-2 河流类型示意图(据黎文清,1999)

1) 平直河

平直河又称顺直河流,是指长大于河宽多倍、弯度小的河流,其弯度指数(河段的实际长度与该河段直线长度之比)小于1.5。平直河流因长期在凹岸一侧的侧蚀作用和凸岸一侧的加积作用而引起河道位置移动,并逐渐向曲流河发展。其长度一般不超过宽度的10倍[图4-2(a)]。

2) 曲流河

曲流河又称蛇曲河,为单河道,其弯度指数大于1.5,河床坡降小,河身较稳定。由于侧向侵蚀和加积作用使其河床凹岸遭受侵蚀而不断后退,凸岸则发生堆积,形成边滩(点沙坝),由于河流极度弯曲,常发生河道的截弯取直作用而形成牛轭湖[图4-2(b)]。弯曲河流沉积物搬运量比较稳定,边滩发育,无心滩沉积。

3) 辫状河

辫状河为多河道,而且多次分岔和汇聚构成辫状[图4-2(c)]。其河道宽而浅,弯曲度小,其宽/深比大于40,弯度指数小于1.5,河道沙坝(心滩)发育,河流坡降大,河道不固定,因迁移迅速,又称"游荡性河"。由于河流经常改道,河道沙坝位置不固定,因此天然堤和河漫滩不发育。辫状河多发育在山区或河流上游河段以及冲积扇上。

4) 网状河

网状河具有弯曲的多河道,河道窄而深,顺流向下呈网结状[图4-2(d)]。河道搬运方式以悬浮负载为主,沉积厚度与河道宽度成比例变化。河道间被半永久性的冲积岛和河漫滩或湿地所分开。这些冲积岛、河漫滩或湿地主要由细粒物质和泥炭组成,其位置和大小较稳定,与狭窄的河道相比,它们占据约 60%～90% 的地区。网状河多发育在河流的中、下游地区。

2. 河流相的亚相类型及沉积特征

根据沉积环境和沉积物特征,河流相可进一步划分为河床亚相、堤岸亚相、河漫亚相及牛轭湖亚相。

1)河床亚相

河床是河谷中经常流水的部分,即平水期水流所占的最低部分,其横剖面呈槽形,上游较窄,下游较宽,底部显示明显的冲刷界面,构成河流沉积单元的基底。

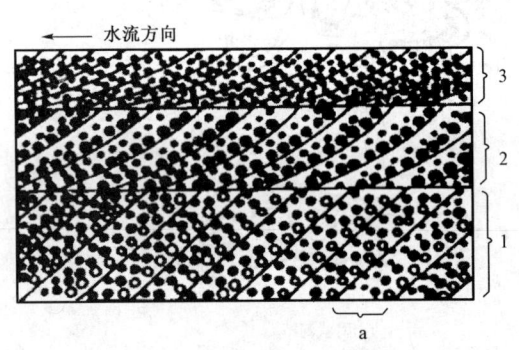

图 4-3 河床亚相的韵律性层理
a—细层;1、2、3—层系

河床亚相又称为河道亚相或底层亚相。其岩石类型以砂岩为主,次为砾岩,碎屑粒度在河流相中最粗,层理类型多,斜层理发育,多呈单向斜层理(图 4-3)。缺少动植物化石,仅见破碎的植物枝、干等残体,岩体形态多具有透镜状,底部具有明显的冲刷界面。

2)堤岸亚相

堤岸亚相位于河床沉积的上部,属河流相的顶层沉积。与河床沉积相比,其岩石类型简单,粒度较细,以小型交错层理为主,可进一步分为天然堤和决口扇两种沉积微相。

3)河漫亚相

河漫亚相是平原河流的亚相类型,常位于天然堤外侧。由于地势低洼平坦,洪水泛滥期流水漫溢天然堤,河水携带大量悬浮物质在这里沉积。由于它是洪水泛滥期的沉积产物,又称泛滥盆地沉积。其沉积类型简单,主要是粉砂岩和黏土岩,粒度是河流沉积中最细的,层理类型单调,主要为波状层理和水平层理。在平面上位于堤岸亚相外侧,分布面积广泛,包括河漫滩、河漫湖泊和河漫沼泽三种沉积微相。

4)牛轭湖亚相

牛轭湖是由弯曲河流截弯取直作用,使被截掉的弯曲河道废弃而成。其沉积主要为粉砂岩和黏土岩,粉砂岩中具交错层理,黏土岩中发育有水平层理,但一般多为带状或不连续带状层理。在层理间常有较粗的泥质岩和一些碳质细屑组成的小透镜体,常含有淡水软体动物化石和植物残骸;岩体呈透镜状,延伸最大可达数十千米,厚度达数十米。

河流相与其他相的共生组合关系有一定的规律:在横向上,向上游方向与山麓—洪积相衔接,向下游可与湖泊、三角洲、海岸相毗邻;在垂向上,向上常递变为三角洲、湖泊相沉积。

二元结构是河流相沉积的重要特征之一,即在垂向剖面中,下部由河床亚相组成底层沉积。它是河流相沉积的主体,厚度较大,主要由河床滞留砾岩和凸岸点沙坝或心滩砂岩组成。剖面上部由堤岸亚相与河漫亚相组成顶层沉积,主要是粉砂岩、黏土岩等细粒沉积(图 4-4)。

3. 研究河流相的意义

河流相的分布很广,尤其是古代河流分布面积可达数百至数千平方千米,并有大型的河流相砂岩体发育,砂岩体主要发育在河床亚相中,形态常呈上平下凸的透镜状,侧向发生尖灭,被粉砂岩和泥岩取代。河流相砂岩体若接近油源,可成为油气储集层。它的储油物性较好,一般为泥质填隙物,胶结疏松,孔隙性和渗透性都比较好。我国鄂尔多斯盆地的上三叠统、下侏罗统及大庆油田的下白垩统,均有洪积—河床相或河流类型的储集层。河流相砂岩体岩性变化大,内部非均质性较明显。其储油物性在垂向上,以旋回下部河床亚相中的边滩或心滩砂质岩最好,向上逐渐变差;在横向上,透镜体中部较好,向两侧变差。

三、湖泊相

1. 湖泊相概述

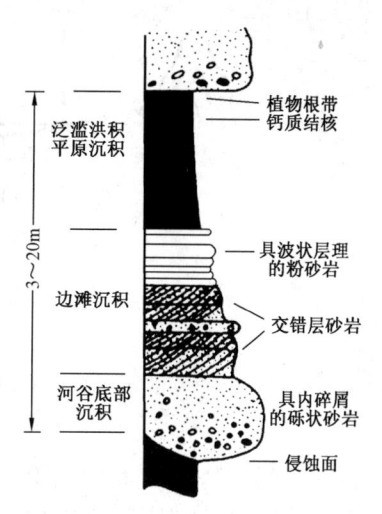

图4-4 弯曲河流垂向沉积组合
（据黎文清,1999）

湖泊是大陆上地形相对低洼和流水汇集的地区,也是沉积物堆积的重要场所。我国现代湖泊不多,但在中、新生代陆相地层中,常有巨厚的湖相沉积分布,且与油气有着密切的关系,如四川盆地、鄂尔多斯盆地的早、中侏罗统,松辽盆地的白垩系中湖相沉积都很发育。湖泊的规模相差悬殊,如早白垩世松辽盆地的湖泊面积达 $15\times10^4 km^2$,古近纪渤海湾盆地湖泊面积达 $11\times10^4 km^2$,小者不到 $1km^2$。湖泊的形状也多种多样,有圆形、椭圆形、三角形、不规则状等。

湖泊的分类方法有多种,可按其成因、形态、自然地理景观、湖水含盐度以及沉积物的特点进行分类,通常以湖水含盐度以及沉积物的特点来划分。按含盐度的不同,可将湖泊分为淡水湖泊(含盐度小于3.5‰)和盐湖(含盐度大于3.5‰);按沉积物的特征,可将湖泊分为碎屑沉积湖泊和化学沉积湖泊。

碎屑湖泊沉积的岩石类型,以黏土岩为主,次为砂岩、粉砂岩,砾岩少见,仅分布于滨湖地区。深湖环境中的黏土岩富含有机质,是良好的烃源岩系。湖相沉积的层理类型多样,以水平层理或块状层理为主,发育于深水区及湖盆中央的黏土岩中;在近岸地区则多发育交错层理及斜波状层理。在湖泊沉积中常见波痕、搅混构造、泥裂、雨痕等,波痕有对称和不对称的,波峰走向大多平行于滨岸,不对称波痕的陡坡向湖岸倾斜。

湖相沉积中生物化石非常丰富,如介形虫、叶肢介、瓣鳃类、腹足类、藻类,以及陆生植物的根、干、叶、孢子花粉等大量出现,还有鱼类和其他浮游生物化石。湖相沉积的厚度变化很大,可由数十米至数千米不等。我国松辽盆地白垩系碎屑湖泊相沉积达 4000~5000m,渤海湾盆地东营凹陷、惠民凹陷古近系碎屑湖泊相沉积厚度达 6000~10000m。

2. 碎屑湖泊相的亚相类型及沉积特征

根据沉积物特点和水体深度,碎屑湖泊相可分为湖成三角洲亚相、滨湖亚相、浅湖亚相、半深湖亚相和深湖亚相(图4-5)。

1) 湖成三角洲亚相

三角洲是河流与海(湖)共同作用下形成的沉积产物。在河流入海(湖)盆地的河口区,因坡度减缓,水流扩散,流速降低,遂将携带的泥砂堆积于此,形成平面上近于顶尖向陆呈三角形

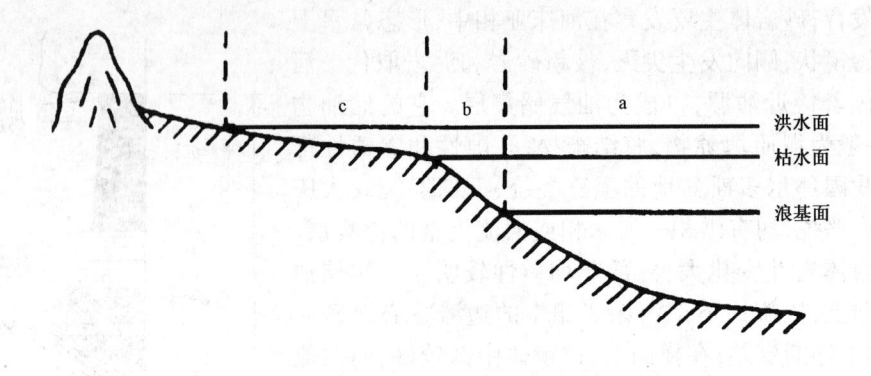

图4-5 湖泊相亚相划分示意图(据吴崇筠,1992)
a—半深湖、深湖亚相;b—浅湖亚相;c—滨湖亚相

或舌状,剖面上呈透镜状的沉积体,称之为三角洲。其中,由河流入海而形成者称为海成三角洲或海陆过渡三角洲,通常简称三角洲;由河流入湖而形成的则称为湖成三角洲。

湖成三角洲亚相发育于湖盆河口地区,岩石类型以砂岩和粉砂岩为主;层理构造较其他亚相更为多样。在无强大湖浪影响,湖泊水面平静、稳定的情况下,可形成三角洲所特有的三层构造,即顶积层、前积层和底积层(图4-6)。

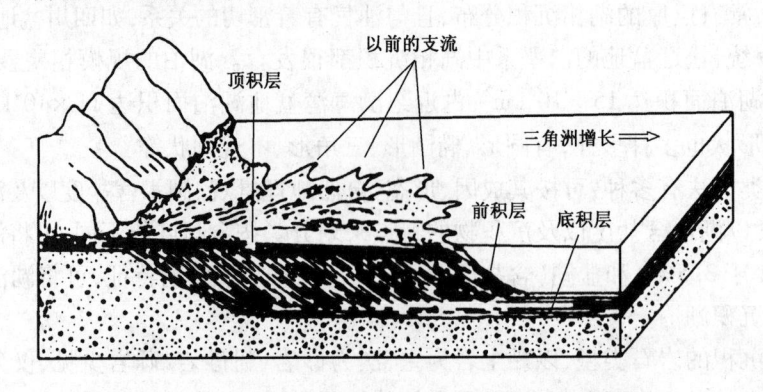

图4-6 三角洲的三层构造示意图(据张家环,1986)

(1)顶积层。三角洲沉积中粒度最粗的砂质物质,具有小型交错层理和楔形交错层理,生物碎片及生物扰动构造少见。其发育于河流入湖处极浅水的地带,平面上呈鸟足状分布。

(2)前积层。三角洲沉积的主体,主要为细砂岩和粉砂岩,比顶积层细,分选好;交错层理少见,可见块状层理及粒韵层理;生物碎片增多,有强烈的生物扰动构造。

(3)底积层。位于三角洲前缘以外或下部,实际上是加厚的浅湖沉积,粒度更细,主要为粉砂岩和泥岩;层理发育,主要为薄的水平层理或不规则水平纹层;富含各种生物碎屑。

在波动湖泊水面下形成的三角洲,因沉积物受波浪、岸流影响,三层构造不太明显,往往是砂、泥交错出现。

2)滨湖亚相

滨湖亚相位于洪水面与枯水面之间,是湖泊沉积的重要地带,经常受到湖水进退的影响。其沉积环境的特点是距湖岸最近,接受来自湖岸的粗碎屑物质;击岸浪和回流的冲蚀、淘洗对沉积物的改造作用强烈;由于水浅,沉积物接近水面,有时露出水面,氧化作用强烈。其岩石类型以砂岩、粉砂岩为主,次为砾岩及黏土岩。砂岩的圆度和分选为中等至较好,广泛分布于被击岸浪蚀平的滨湖地区。滨湖亚相的砂岩、粉砂岩中小型交错层理发育,是在击岸浪和回流不太强的情况下形成的。泥岩和粉砂质泥岩中具断续的水平层理和斜波状层理。在泥质岩中有泥裂、雨痕、波痕及生物钻孔等。

3)浅湖亚相

浅湖亚相位于枯水面至正常浪基面之间的地带,水体比滨湖区深,波浪和湖流作用对沉积物的影响较强。其岩石类型以黏土岩和粉砂岩为主,可夹有少量化学岩薄层或透镜体;陆源碎屑供应充分时则出现较多的细砂岩,分选及圆度较好;胶结物以泥质、钙质为主;水平层理、波状层理发育于泥岩和泥质粉砂岩中,砂、泥交互沉积中常有透镜状层理;在水动力强度较大的浅湖区有小型交错层理和斜波状层理,有时层面可见对称浪成波痕。

4)半深湖亚相

半深湖亚相位于浪基面以下、风暴浪基面以上的湖底范围,为缺氧的弱还原—还原环境;沉积物主要受湖流作用的影响,波浪作用影响不到沉积物表面。其岩石类型以黏土岩为主,夹有粉砂岩、化学岩的薄层或透镜体;黏土岩以富含有机质的暗色泥岩、页岩和粉砂质页岩为主;水平层理发育,间细波状层理;化石较丰富,以浮游生物为主,保存较好;可见菱铁矿、黄铁矿等自生矿物。

5)深湖亚相

深湖亚相位于湖盆中水体最深部位,波浪作用已完全不能涉及沉积物表面,水体平静;地处缺氧的还原环境,底栖生物完全不能生存。岩性特征为粒度细、颜色暗、有机质含量高;岩石类型以质纯的泥岩、页岩为主,可夹有薄层及透镜状石灰岩、泥灰岩和油页岩等;层理发育,主要为水平层理和细水平纹层;含大量介形虫及鱼类等浮游生物化石,保存完好,无底栖生物;自生矿物黄铁矿呈分散状分布于黏土岩中;沉积厚度大,是生油的有利地带。岩性横向分布稳定,垂向上具有连续的完整韵律。

3. 湖泊相与油气的关系

陆源碎屑湖泊相常具有油气生成和储集的良好条件。目前我国发现的绝大多数油气田都分布在陆源碎屑湖泊相沉积中。

就生油条件而论,深湖和半深湖亚相水体深,沉积物颗粒细,地处还原或弱还原环境,适于有机质的保存,在这种环境中形成的暗色黏土岩可成为良好的烃源岩。如我国松辽盆地、渤海湾盆地和苏北盆地的烃源岩系就分别是白垩系和古近系半深湖—深湖亚相的暗色泥岩,其厚度可达千米以上。碎屑湖泊沉积中还发育各种类型的砂体,如湖成三角洲砂体和滨浅湖亚相的砂体,它们常因具有分布广、厚度大、近油源、粒度适中、生储盖组合配套等特点,而成为油气储集的良好场所。

从湖泊的发育和演化来看,湖泊下陷扩张期,湖盆大幅度持续稳定下沉,有利于深湖—半深湖亚相的发育,即有利于以黏土岩为主的烃源岩及盖层的形成;湖盆的抬升和收缩期,有利于湖成三角洲、滨浅湖亚相等储油砂体的形成。湖泊的发展常具有多旋回性,在垂向剖面上可形成多个生储盖组合,而且第一个组合的盖层即为第二个组合的烃源岩层,从而造成生储盖组合的垂向叠合和多生油期,对油气藏的形成十分有利。

目前勘探结果表明,潮湿气候区多旋回近海湖盆的中部旋回,生储盖组合最发育,油气资源最丰富。

第三节 海相组

一、海相组概述

海洋通常是指被海水淹没的广大地区,占地球表面的70.8%,总面积约为$3.6 \times 10^8 \mathrm{km}^2$,辽阔的海洋下面蕴藏着丰富的矿产资源。与大陆环境不同,海洋环境在物理化学条件、水动力状况、地貌特征等方面,都有其自身的特点。海水的平均含盐度为3.5%,其中溶解了约80多种元素所组成的盐类。海水的运动可概括为波浪、潮汐和海流三种形式,统称为水动力条件,它控制着海洋中沉积物的分布。海相组岩石类型极为多样,砾岩、砂岩、粉砂岩、黏土岩和碳酸盐岩等在海相组中广为分布,并以厚度大、分布广、岩性稳定、碎屑岩的结构成熟度和成分成熟度高、圆度及分选好为特征;沉积构造发育,类型多样,生物化石非常丰富。

二、海相组的相带划分及沉积特征

根据海洋沉积物的性质,可将海相组分为浑水沉积型和清水沉积型,前者以陆源碎屑沉积为主,后者以碳酸盐沉积为主。根据海水深度的不同,结合海底地势特点,可将现代海洋划分为四个区(图4-7),以此划分为滨岸相、浅海陆棚相、半深海相及深海相。

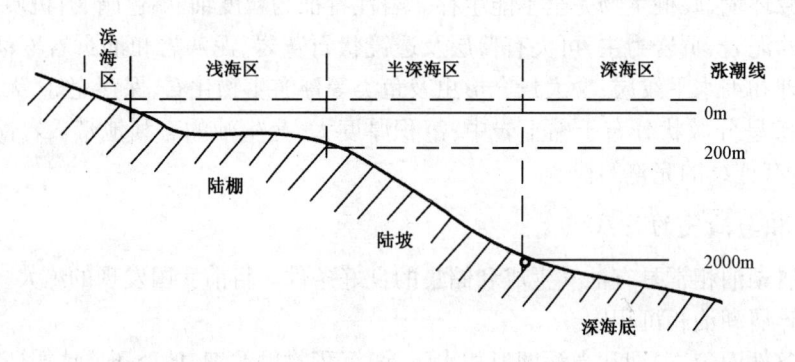

图4-7 海相组地形和水深关系示意图

1. 滨岸相

滨岸相又称为海岸相或海滩相,位于波基面及最高涨潮线之间,以砂质沉积为主。按照地貌特点、水动力状况、沉积物特征,可将滨岸相从陆向海依次划分为海岸沙丘、后滨、前滨、临滨四个亚相(图4-8)。

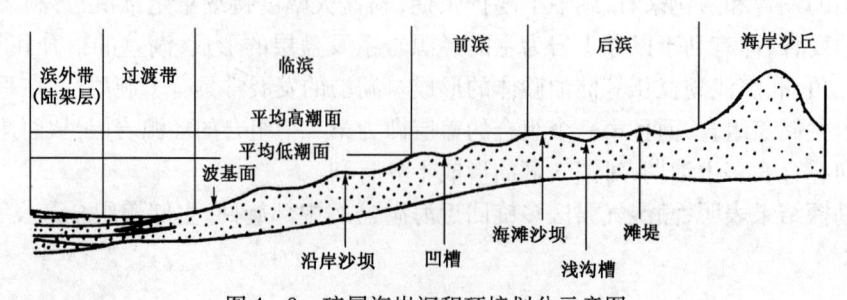

图4-8 碎屑海岸沉积环境划分示意图

2. 浅海陆棚相

浅海陆棚相是指从临滨带外侧至大陆架坡折之间陆架(棚)部分,也称为陆架浅海。深度一般为10～200m,宽度由数千米至数百千米不等。可分为过渡带和滨外陆棚两个亚相(图4-8)。过渡带一般为粉砂及泥质粉砂沉积;滨外陆棚比过渡带沉积细,以黏土质、粉砂质沉积为主,并有大量化学及生物化学沉积。

我国的东海大陆棚宽度由100～500km不等,水深一般为50m,而日本群岛的大陆棚只有4～8km宽。陆棚浅水区阳光充足,氧气充分,底栖生物大量繁殖。深水区因阳光和氧气不足,底栖生物大为减少,藻类生物几乎绝迹。

古代浅水陆棚相与现代不尽相同。前者有长期的沉积发育史,沉积厚度大,由于海岸线的迁移,沉积物分布面积广泛;后者发育历史短暂,沉积厚度薄而不广,且大部分为残留沉积物所占据。

3. 半深海相

半深海的位置相当于大陆坡,是浅海环境与深海环境的过渡区,沉积主要由泥质、浮游生物和碎屑三部分沉积物组成。其来源主要是陆源物质和海洋浮游生物,其次为冰川和海底火山喷发物。风暴浪对海底的扰动或重力滑动可使沉积于陆棚上的陆源粉砂沿海底以低密度流的形式搬运,并沉积于半深海而成为半深海相碎屑沉积物。海底洋流或顺陆坡等深线流动的等深流也可搬运粉砂物质,并在陆坡或陆隆上堆积成透镜状粉砂质砂体。半深海区无植物发育,生物群以腹足类为主,还可见瓣鳃类、腕足类、放射虫、有孔虫等。由于生物搅动,泥质沉积不显层理,可见有虫迹,在无生物扰动的情况下,也可出现纹层。

4. 深海相

深海相是指水深在2000m以下的大洋盆地,平均深度为4000m。在深海海底,阳光已不能到达,氧气不足,底栖生物稀少,种类单调,故不能形成底栖生物的显著堆积。现代深海沉积物主要为各种软泥,其中大部分属于远洋沉积物,即多半是繁殖于大洋上层的微小浮游生物的钙质和硅质骨骼下堆积而成的软泥,另一部分为底流活动、冰山搬运、浊流、滑坡作用形成的陆源沉积物,以及局部地区各种矿物的化学和生物化学沉淀作用形成的锰、铁、磷等沉积物。此外,尚有少量风吹尘、宇宙物质等。

深海底层温度一般稳定在1℃左右。现代深海的许多地区存在着流速达4～40cm/s的强烈底流,它可引起沉积物的搬运,并在沉积物表面形成波痕、冲刷痕、水流线理、交错层理等。深海相的波痕可以是对称的、舌形的、新月形的等,波长一般从10cm至数米,波高可达20cm或更高。

三、海相沉积与油气的关系

滨岸相中碎屑岩发育,有各种类型的砂体,是油气储集的良好场所。大陆坡的沉积物比大陆架更细,含有大量的海洋浮游生物,在乏氧水体中有机物易于保存,加之大陆坡及其外缘可有浊流砂体的分布,故半深海也应具有油气生成和储集的条件。在现代陆坡外缘的深海陆隆之下,有很厚的沉积物,可能含有大量的烃源岩,并具有通向封闭油藏的可渗透性的迁移路径。深海相浊流沉积具有油气生成和聚集的条件,已被近年来的油气勘探所证实,美国的洛杉矶盆地和文图拉盆地的一些油气田,岩层就是古近系深海浊流沉积类型。总之,海相组中可发育一系列生储盖组合,其中:

(1) 烃源岩层主要为浅海相暗色黏土岩和碳酸盐岩，含大量化石，有机质丰富。

(2) 储集层为海相砂岩体和具有孔隙、溶洞、裂缝的海相碳酸盐岩，特别是生物礁石灰岩，其储油特点是储量大、产量高。如中东伊拉克的基尔油田（属波斯湾盆地），可采储量为 $20.5 \times 10^8 t$；墨西哥的老黄金巷油田（属于墨西哥湾盆地），可采储量为 $1.92 \times 10^8 t$，有三口井初产量极大，单井日产油 $1 \times 10^4 t$ 以上，最高单井日产油 $3.714 \times 10^4 t$；利比亚也有单井日产油达万吨的生物礁油田。我国东部海域浅海区蕴藏着丰富的油气资源，并陆续投入开发。

(3) 盖层为海相黏土岩、泥灰岩、石膏以及巨厚的致密块状石灰岩等。

第四节　海陆过渡相组

海陆过渡相组是介于海相组与陆相组之间的一系列过渡类型，除受到海洋地质作用外，还受到大陆地质作用的影响。海陆过渡相组包括三角洲相、潟湖相、障壁岛相、潮坪相与河口湾相。考虑到与油气的关系，这里仅介绍三角洲相。

一、三角洲的发育过程

三角洲相位于海陆之间的过渡地带，是海陆过渡相组的重要组成部分。它是由河流携带的大量泥砂物质在河口地区因坡度减缓、水流扩散、流速降低而沉积下来，形成顶尖向陆的三角形沉积体。三角洲的面积可达数十至数万平方千米，长度达数十至数百千米，沉积厚度达数十至数千米。三角洲的发育一般经历以下两个阶段：

1. 河口沙坝和河道分叉的形成

在河流入海的河口区，水流展宽和潮流的顶托作用使流速骤减，河流底负载下沉而堆积成水下浅滩。浅滩淤高、增大、露出水面，形成新月形河口沙坝。水流从沙坝顶端分叉而形成两个分支河道（分流河道），并向外侧扩展。分支河道向前发展，在河口处又出现新的次一级河口沙坝（图 4-9）。这一过程的不断重复，就形成了一个喇叭形向海延伸的多叉道河网系统，三角洲雏形便随之形成。

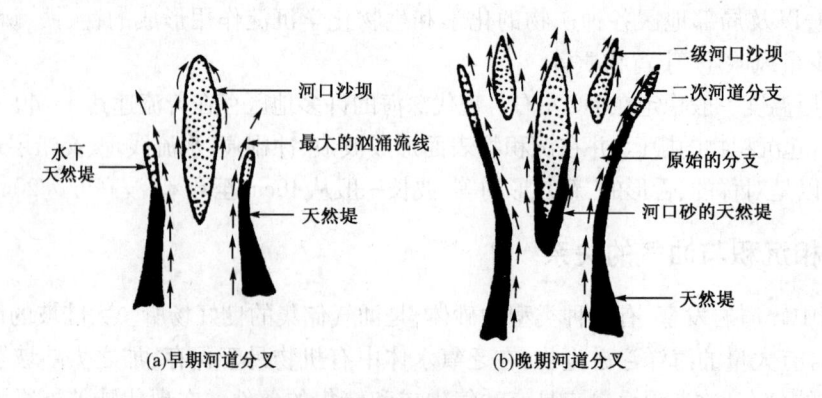

图 4-9　河口沙坝和分支河道沙坝形成过程（据赵澄林等，2001）

2. 决口扇的形成与三角洲的延伸

随着河道不断向海延伸，河床坡度减小，流速减缓，河床淤高。坡度减小至一定程度，泄流不畅，洪水季节洪流冲决天然堤，呈散流倾泻于滨海平原或叉道间海湾，流速骤减，沉积物逐渐淤积而成决口扇滩,从而使三角洲在横向上逐渐扩大。河流冲决天然堤后,取道于较大坡度的新河床入海。旧河道淤塞,泥砂供应断绝,加之海浪的改造和侵蚀,使原来的三角洲废弃,而在其旁侧新河道入海处,新的三角洲开始发育成长。随着时间的推移,三角洲的废弃和发育相互转化,交替出现,结果各三角洲彼此连接和部分叠合,形成三角洲复合体。

二、三角洲的主要类型

三角洲是河流和海洋(湖泊)互相作用的产物,二者的强弱程度不同,形成的三角洲形状亦不同(图4–10)。根据河流、波浪和潮汐作用的相对强弱程度,可将三角洲分为以河流作用为主的河控三角洲、以波浪作用为主的浪控三角洲和以潮汐作用为主的潮控三角洲。

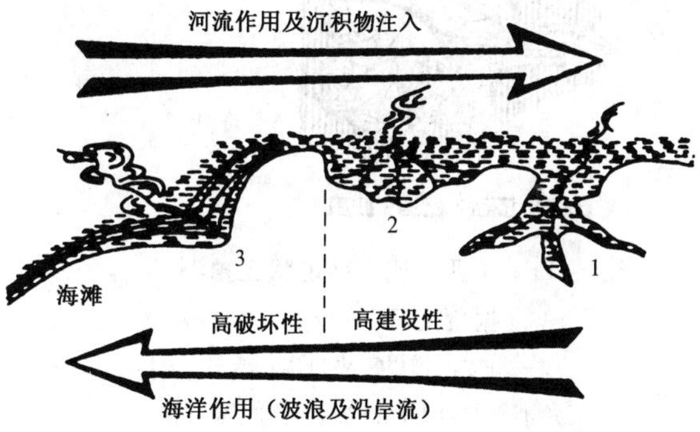

图4–10 三角洲的类型与河流、海洋作用(波浪为主)的关系
(据黎文清,1999)

1. 河控三角洲

河控三角洲是在河流输入的沉积物能量比海水能量大得多的情况下形成的。根据其形态特征,又可进一步分为以下两种类型:

1) 鸟足状三角洲

鸟足状三角洲又称舌形或长形三角洲,它是以河流作用为主的一种极端类型的三角洲。其特点是河流的泥砂输入量大,砂与泥比值低,悬浮负载多,有较发育的天然堤和较固定的分支河道,沉积巨厚的前三角洲泥,向海推进快、延伸远,分支河道和指状砂体长短不一地向海延伸,形似鸟爪(图4–11)。

2) 扇形三角洲

扇形三角洲又称朵状三角洲,其河流输入泥砂量低于鸟足状三角洲,砂与泥比值较高,海水波浪作用有所加强,河口沙坝覆盖在较薄的前三角洲泥之上,沉积也较慢,致使三角洲前缘砂体易于被海水冲刷、改造和再分配而形成席状砂层,使三角洲前缘变得较为圆滑,形似弓状或半圆状(图4–12)。我国的黄河、滦河,欧洲的多瑙河,非洲的尼日尔河等形成的三角洲均属于此类型。

2. 浪控三角洲

浪控三角洲的特点是一般只有一条或两条主河道入海,分流河道少而小;河流输入的泥砂量少,砂与泥比值高;而且波浪作用大于河流作用。因此,由河流输入的砂泥很快就被波浪作用再分配,于是在河口两侧形成一系列平行于海岸分布的海滩沙脊或障壁沙坝,而只在河口处才有较多的砂质堆积,形成向海方向突出的河口,呈鸟嘴形态,又称为鸟嘴状三角洲(图4–13)。法国的罗纳河、埃及的尼罗河、意大利的波河形成的三角洲即属于此类型。

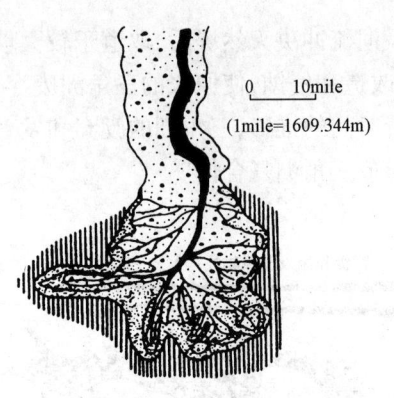

图4-11 密西西比河鸟足状三角洲
（据黎文清,1999）
1—分支河道、堤、决口扇；
2—三角洲平原（沼泽、湖泊、分流间湾）；
3—三角洲前缘（包括河口沙坝、席状砂）;4—前三角洲

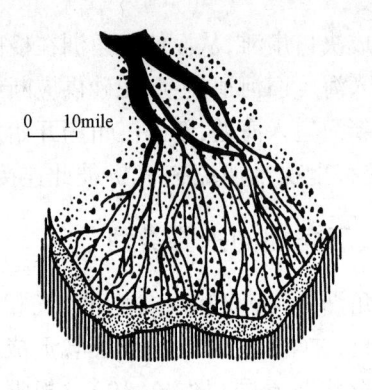

图4-12 密西西比河全新世扇形三角洲
（据黎文清,1999）
1—分支河道、堤、决口扇；
2—三角洲平原（沼泽、湖泊、间湾）；
3—三角洲前缘（包括河口沙坝、席状砂）;4—前三角洲

3. 潮控三角洲

当河流注入三角港或其他形状的港湾，由于潮汐作用远大于河流作用，在港湾内堆积的泥砂沉积物受潮汐作用的强烈破坏和改造，仅形成小型三角洲。因其外形受港湾控制，又称为港湾型三角洲（图4-14）。此类三角洲在河口区或其前缘向海方向，常发育有因潮汐作用而形成的呈裂指状散射、断续分布的潮汐沙坝，这一特征是区别其他类型三角洲的重要标志。我国的珠江、鸭绿江、辽河三角洲，越南的湄公河，缅甸的伊洛瓦底江三角洲均属于此类型。

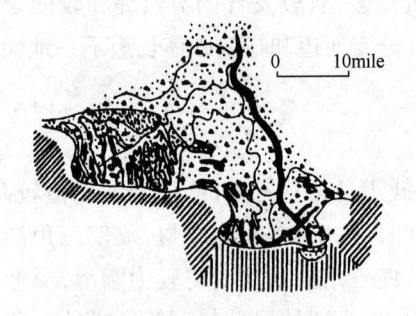

图4-13 鸟嘴形三角洲（据黎文清,1999）
1—河道和河曲地带；2—三角洲平原
（泛滥平原和滨海平原）；3—河口沙坝；4—滨海沙堤、
滨海平原；5—前三角洲；6—大陆棚

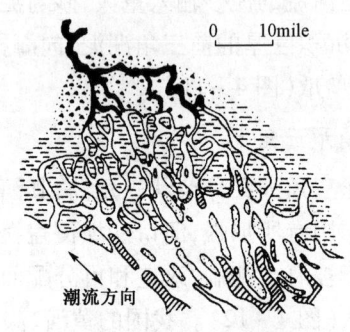

图4-14 巴布亚湾港湾形三角洲（据黎文清,1999）
1—河道；2—三角洲平原（非潮成的）；
3—三角洲平原—潮滩；4—潮沙坝；
5—潮沟—陆棚；6—潮深谷

一般来讲，潮汐作用强烈的地区，不容易形成三角洲；相反，潮汐对已有的三角洲起着侵蚀和破坏作用，将砂质带入海中较远处，使河口形成特征的喇叭形，并向海方向扩展为较开阔的海湾，即通常所说的河口湾环境。

三、三角洲相的亚相类型及沉积特征

根据沉积环境和沉积特征,可将三角洲相分为三角洲平原、三角洲前缘和前三角洲三个亚相(图4-15)。

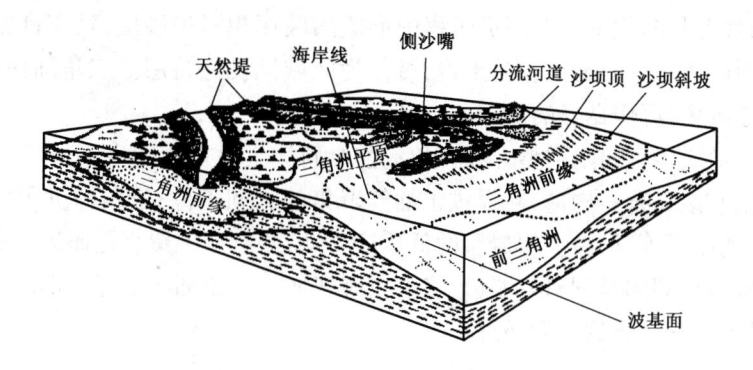

图4-15 三角洲的立体模型(据华东石油学院岩矿教研室,1982)

1. 三角洲平原亚相

三角洲平原亚相是三角洲的陆上部分,其范围包括从河流大量分叉位置到海平面以上的广大河口区,是与河流有关的沉积体系在海滨区的延伸。其沉积环境和沉积特征与河流相有些相似。砂质沉积与泥炭、褐煤共生是该亚相的重要特征,分支河道和沼泽沉积构成该亚相的主体,这是与一般河流的重要区别。

2. 三角洲前缘亚相

三角洲前缘亚相位于三角洲平原外侧的向海方向,海(湖)平面以下,浪基面以上,是三角洲的水下部分。三角洲前缘是三角洲最活跃的沉积中心。从河流带来的砂泥沉积物在这里迅速堆积,由于受到海水的冲刷、簸选和再分布,形成分选较好、质较纯的砂质沉积集中带。这种砂体可构成良好的储集层。三角洲前缘可分为水下分流河道、水下天然堤、分流间湾、分流河口沙坝、远沙坝(末梢坝)、前缘席状砂等微相。

3. 前三角洲亚相

前三角洲位于三角洲前缘的前方,是三角洲体系中分布最广、沉积最厚的地区。前三角洲的海底地貌为一平缓的斜坡。其沉积物大部沉积于浪基面以下,岩性主要由暗灰色黏土和粉砂质黏土组成,仅含有少量由河流带来的极细砂。

前三角洲沉积物中的沉积构造不发育,主要为水平纹理和块状层理,偶见透镜状层理。其中发育有生物扰动构造和潜穴,并含有广盐性的化石种属,如介形虫、瓣鳃类和有孔虫等。但随着向海方向过渡,海生生物化石逐渐增多。前三角洲的暗色泥质沉积物,富含有机质,而且其沉积速度和埋藏速度较快,因此有利于有机质转化为油气,可作为良好的烃源岩层。

四、三角洲相与油气的关系

石油勘探的结果表明,世界上许多油气田与三角洲相有关,其中有不少是大型或特大型油气田,如科威特的布尔干油田和委内瑞拉马拉开波盆地玻利瓦尔沿岸油田,为世界第二和第三

特大型油田,可采储量分别为 94×10^8 t 和 42×10^8 t。

前三角洲亚相黏土岩沉积厚度大、分布广,有机质丰富,是具有良好生油条件的相带。我国长江三角洲的前三角洲黏土沉积物,有机质含量可达 1%～1.5%。三角洲前缘亚相有河口沙坝、远沙坝和席状砂体,砂质纯净,分选好,储油物性良好,与前三角洲亚相紧密相邻,离油源区近,是储集条件有利的相带。在海进过程中形成的破坏相海进砂层,具有良好的储集条件,而超覆在三角洲砂体之上的破坏相黏土岩,可作为区域性良好盖层。三角洲向海推进时形成的水上平原沼泽沉积,可作良好的盖层。

三角洲相可形成多种圈闭类型。在三角洲前缘斜坡上常发育同生沉积断层(生成断层),其下降盘常伴生有滚动背斜构造,它提供了油气聚集的有利条件;三角洲沉积中具可塑性、易流动的沉积体,如盐岩等,可沿上覆岩层的低压区移动,并刺穿上覆岩层而形成刺穿盐丘构造,盐丘构造可形成多种圈闭类型,是油气聚集的良好场所。三角洲沉积还可形成岩性圈闭、地层圈闭等,都提供了油气聚集的有利条件。

◇ 复习思考题 ◇

1. 什么是沉积相和相标志?沉积环境包括哪几个方面?沉积相是如何分类的?
2. 根据平面几何形态的不同,河流可分为哪几种类型?
3. 试述河流相的亚相划分、沉积特征及其与油气的关系。
4. 试述湖泊相亚相划分、沉积特征及其与油气的关系。
5. 试述海相组相带划分、各相带沉积特征,及其与油气的关系。
6. 试述三角洲的亚相类型、沉积特征及其与油气的关系。

第五章 地质构造

[摘要]地壳运动引起岩石圈或地壳的岩层与岩体变形、变位及物质改变,并促使地表形态不断演化和发展而留下的各种痕迹称为地质构造。矿藏的形成与地质构造密不可分,石油、天然气生成之后处于点滴的分散状态,只有通过运移后,遇到合适的储油气构造,才能聚集起来,形成油气藏。本章主要介绍沉积岩层的产状,褶皱、断层、节理的分类方法、描述要素、野外观测内容、井下表现特征以及同沉积构造等。

第一节 沉积岩层的产状

一、岩层的产状要素

岩层可以理解为由两个平行或近似平行的面所限制的某种岩石所组成的地质体。岩层的产状是指岩层在空间分布的状态。在一个地区岩层是呈水平状态,还是发生了倾斜,倾斜的陡缓……这些都是指岩层在空间的状态。油气勘探阶段,了解地表或地下岩层的产状及其空间变化的情况,可以帮助我们发现可供油气聚集的构造。

确定任何层状岩层的空间位置,可以用产状三要素——走向、倾向和倾角来描述和表示。

1. 走向

倾斜岩层层面与任意水平面的交线(图 5 - 1 中 AB)称为走向线,走向线指示的地理方位(与地理北极沿顺时针方向的夹角)称为走向。走向线有无数条平行线,但走向只有两个,且相差180°。

2. 倾向

与走向线垂直向岩层下倾方向引出的射线(图 5 - 1 中 OD)称为倾斜线,倾斜线在水平面上的投影线(图 5 - 1 中 OD')指示的地理方位称倾向。倾向与走向相差90°或270°,但岩层的倾向确定后,走向就可以确定,岩层的走向确定后,倾向不一定确定。比如,倾向为50°的岩层,走向一定为140°或320°;而走向为140°或320°的岩层,倾向可以是50°,也可以是230°。

3. 倾角

倾角是指倾斜线与其在水平面上之投影线的夹角(图 5 - 1 中的 α),也称真倾角。

有时作图或测量等,选择的剖面方向与倾向呈一定夹角时,剖面线 HD(或 HC)与其在水平面上的投影线 OD(或 OC)间的夹角称为视倾角或假倾角(图 5 - 2 中的 β 及 β'),OD(或 OC)指示的地理方位称视倾向。岩层的真倾角最大,且是唯一的;视倾角有无数个。

视倾角 β 的大小与真倾角的关系为:

$$\tan\beta = \tan\alpha \cdot \cos\omega \qquad (5-1)$$

式中 α——真倾角;

β——视倾角；
ω——倾向与视倾向(剖面线)的锐夹角。

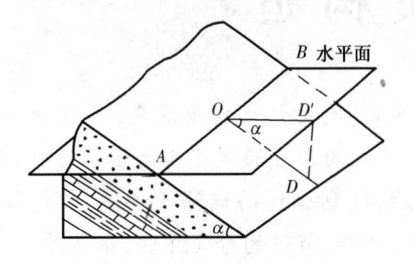

图 5-1 岩层产状要素

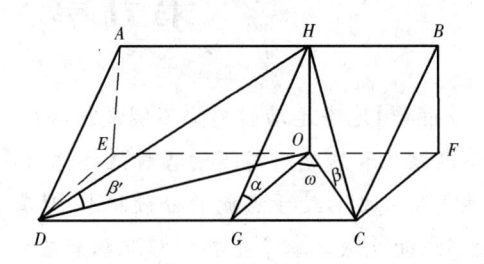

图 5-2 真倾角与视倾角的关系

从式(5-1)可知，ω 越大，β 越小；ω 越小，β 越大。

二、水平岩层

岩层面的海拔高程处处相等或与大地水准面平行的岩层称为水平岩层。沉积岩层的原始状态若只经历了微弱的构造运动，则岩层是水平或近于水平的。水平岩层的特点如下：

(1)符合地层层序律，即地质时代较新的岩层叠覆在地质时代较老的岩层之上；若地形平坦或切割轻微，地面只出露最新的地层；当地形起伏大，切割强烈、山高谷深，则在地形高处出露新地层，在沟谷处出露老岩层，且由沟谷到山顶，地层时代由老逐渐变新。

(2)水平岩层露头的出露宽度(其上层面与下层面出露界线的水平距离)与地形坡度和岩层厚度有关。同一厚度的岩层，地形坡度越小，出露宽度越大，地形坡度越大，出露宽度越小，如图 5-3(a)中的 a 和 b 所示；当地层厚度不同，地形坡度一致时，厚度大的岩层出露宽度大，厚度小的岩层出露宽度小，如图 5-3(a)中的 a 和 c 所示。

(3)在地形地质图上，岩层面的出露界线与地形等高线平行或重合，在山顶或孤立山丘上的地质界线呈封闭的曲线，如图 5-3(b)。

(4)水平岩层顶、底面间的标高差即为水平岩层的厚度(图 5-3)，海相岩层厚度在较大范围内基本一致，而陆相岩层则会较快变薄或尖灭，呈楔状或透镜状分布。

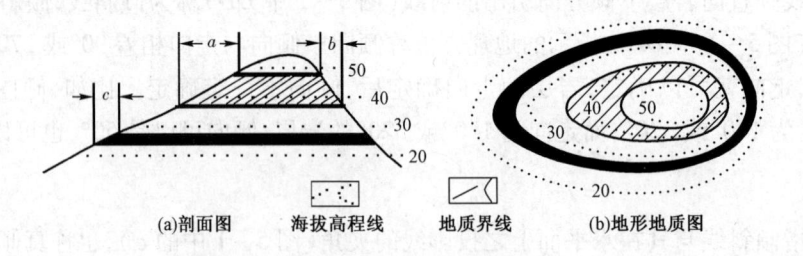

图 5-3 水平岩层露头宽度与地形坡度和岩层厚度的关系

三、倾斜岩层

由于构造运动，使岩层层面与水平面形成一定的夹角时，便成为倾斜岩层，倾斜岩层在自然界普遍存在，通常成为褶曲的一翼。

1. 倾斜岩层的露头宽度

倾斜岩层的露头宽度比水平岩层复杂一些,除与岩层厚度、地形坡度有关外,还与岩层的产状相关。图 5-4 中岩层 1 与岩层 2 的厚度相等、倾角不等,与不同地形坡度(图 5-4 中字母相同的弧线表示地形坡度相同,如左图中 OC 与右图中 OC)相交形成的露头宽度不同。

(1)无论岩层倾向与地层坡度相同还是相反,坡度越大,露头越窄,反之亦然,如图 5-4 中 a 与 c、b 与 d、e 与 f 及 g 与 h。

(2)岩层倾向与地形坡向一致,坡度相同时,岩层倾角大而露头宽度大,如图 5-4 中 e 与 a、g 与 b。

(3)岩层倾向与地形坡向相反时,倾角大者露头窄,倾角小者露头宽,如图 5-4 中 c 与 f、d 与 h。

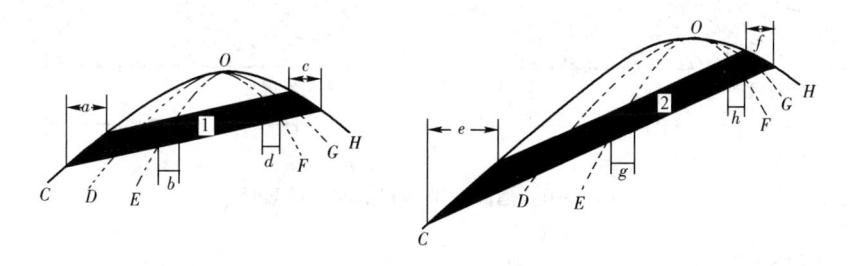

图 5-4 倾斜岩层露头与岩层产状和地形坡度的关系

2. 倾斜岩层的厚度

(1)倾斜岩层的真厚度(厚度),是指岩层顶面和底面之间的垂直距离。

(2)倾斜岩层的铅直厚度,是指岩层顶面和底面之间在铅直方向的距离。

在油气钻井中,所钻厚度为倾斜岩层的铅直厚度。如图 5-5 所示,设铅直厚度 $OC = h$,真厚度 $OB = a$,岩层倾角为 α,则有:

$$h = a/\cos\alpha \qquad (5-2)$$

式中　h——铅直厚度;
　　　a——真厚度;
　　　α——岩层倾角。

图 5-5 倾斜岩层铅直厚度 h 与真厚度 a 的关系

第二节　褶皱构造

岩石受力后产生一系列波状起伏的弯曲岩层称为褶皱,它在层状岩石中表现最为明显。褶皱是褶曲的组合,是地壳上最常见的一种地质构造形态,其背斜是油气聚集的主要场所,也是一个地区油气勘探的首选目标。

一、褶曲及褶曲要素

1. 褶曲

褶曲是指岩层向下或向上拱的单个弯曲。向下拱的称为向斜褶曲,中心地层相对较新,两边地层依次变老,且对称重复分布;岩层向上拱的称为背斜褶曲,中心地层相对较老,两边地层依次变新,且对称重复分布(图5-6)。向斜褶曲和背斜褶曲是组成褶皱的基本单元,它们相辅相成,共用一翼。

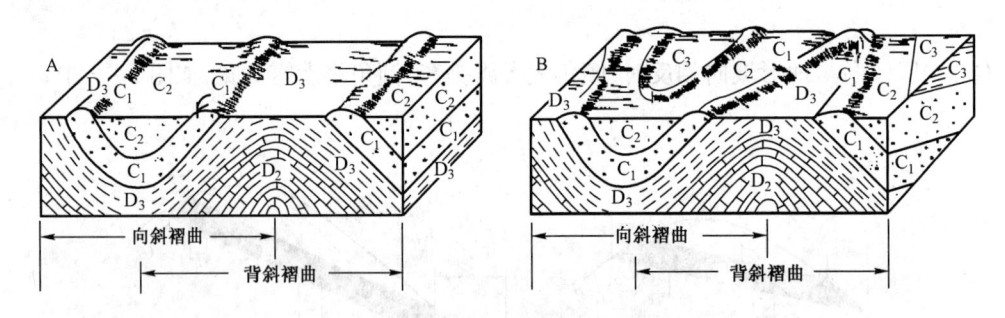

图5-6 褶曲在平面和剖面上的表征

2. 褶曲的基本要素

褶曲的基本要素通常指褶曲的基本组成部分,是描述褶曲空间形态和特征的重要参数(图5-7),常用的有以下几个:

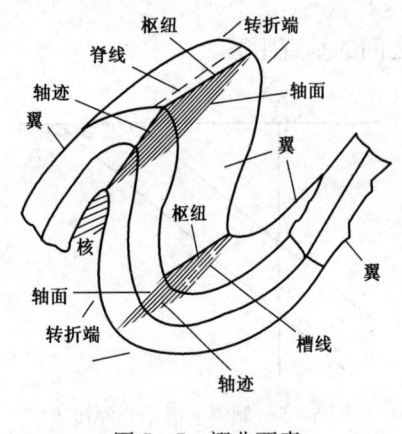

图5-7 褶曲要素

(1)核。又称核部,是组成褶曲中心部位的岩层或地层。

(2)翼。又称翼部,是褶曲核部两侧的岩层或地层。相连的背斜和向斜有一翼是共用的。

(3)转折端。褶曲的一翼过渡到另一翼的弯曲部分。

(4)枢纽。褶曲同一岩层面上最大弯曲点的连线。枢纽可以是直线,也可能是曲线;可以是水平线,也可能沿一个方向或两个方向倾伏。

(5)轴面。包含褶曲各层枢纽线的假想几何面,可以是平面,也可以是曲面。轴面的空间形态可用岩层产状三要素加以描述。轴面将褶曲平分为大致相当的两部分。

(6)轴迹与轴向。轴面与水平面或地平面的交线称为轴迹,轴迹指示的地理方位为轴向。

(7)脊、脊线和槽、槽线。背斜或背形(岩层层序倒转后向上拱曲,中心地层老,两侧地层新)的同一岩层面上在某区域的高点称为脊,它们的连线为脊线;向斜或向形(岩层层序倒转后向下拱曲,中心地层新,两侧地层老)的同一岩层面上的最低点称为槽,它们的连线为槽线。脊线和槽线可能是直线,也可能是曲线。

二、褶曲的分类

褶曲的形成受到多种因素影响,加之经历多期构造运动的改造,其几何形态和空间状态十分复杂,通常要根据褶曲的要素变化和组合,从不同的侧面对褶曲进行分类和描述,下面介绍常见的分类。

1. 褶曲的剖面分类

1)根据轴面的产状和翼角划分

(1)直立褶曲。轴面近于垂直,两翼倾向相反,倾角相等或差别很小[图5-8(a)],也称为对称褶曲。

(2)斜歪褶曲。轴面倾斜,两翼倾向相反、倾角明显不等[图5-8(b)],也称为不对称褶曲。

(3)倒转褶曲。轴面倾斜,两翼倾向相同,即一翼层序正常,另一翼发生倒转(老地层在上,新地层在下的现象),倾角不等或相等[图5-8(c)]。

(4)平卧褶曲。轴面近于水平,一翼层序正常,另一翼发生倒转[图5-8(d)]。

(5)翻卷褶曲。轴面发生弯曲,一翼变为背斜,而另一翼变为背形[图5-8(e)]。

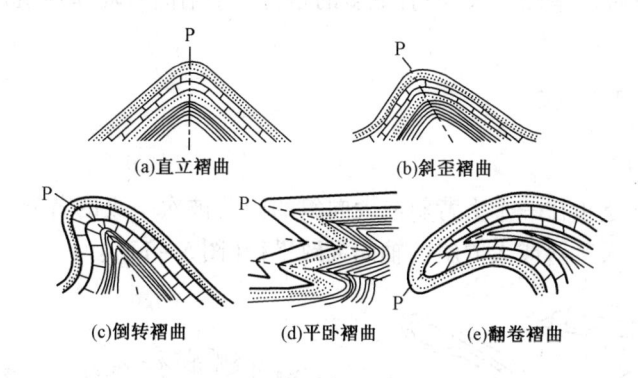

图5-8 褶曲剖面形态类型

2)根据褶曲转折端形态划分

(1)圆弧褶曲。褶曲转折端呈圆弧状弯曲,顶部开阔[图5-9(a)]。

(2)尖棱褶曲。褶曲两翼平直、陡峭,倾角大,转折端呈尖棱状[图5-9(b)]。

(3)箱状褶曲。褶曲转折端平坦似箱状,转折端向翼部过渡的倾角较大,有一对共轭轴面[图5-9(c)]。

(4)扇形褶曲。褶曲转折端呈圆弧状,转折端向两翼过渡处均出现倒转现象,构成扇形[图5-9(d)]。

(5)挠曲。平缓的倾斜岩层局部突然变陡,形成平缓—陡峭—平缓的阶步状构造[图5-9(e)]。

图5-9 褶曲根据转折端分类类型

2. 褶曲的平面分类

褶曲在平面的形状同样表现出千姿百态,对平面形态的分类描述,常用褶曲某一闭合岩层在水平面的投影作为依据。所谓闭合,指褶曲某岩层的枢纽向延伸方向倾伏(背斜)或扬起(向斜)的现象,用海拔高度等值线(等高线)表示为闭合的曲线。按照长、短轴的比值,分为五种形态(图5-10)。

(1)线状褶曲。长轴与短轴的比值大于或等于10∶1的褶曲[图5-10(a)]。

(2)长轴褶曲。长轴与短轴的比值小于10∶1而大于或等于5∶1的褶曲[图5-10(b)]。

(3)短轴褶曲。长轴与短轴的比值小于5∶1而大于2∶1的褶曲[图5-10(c)]。

(4)穹隆与构造盆地。穹隆指长轴与短轴比值小于2∶1的背斜褶曲,构造盆地则为长轴与短轴比值小于2∶1的向斜褶曲[图5-10(d)]。

(5)鼻状构造。枢纽朝一个方向倾伏,而另一个方向扬起的背斜褶曲,因形似人的鼻子而得名[图5-10(e)]。

三、褶曲的组合形态

自然界中单独存在的褶曲是较少的,更多的是若干个褶曲有规律地组合在一起,形成各式各样的褶皱。

1. 褶曲的剖面组合形态

1)复背斜与复向斜

复背斜与复向斜是指在一个大背斜或大向斜的两翼被次一级的背斜和向斜复杂化,次级背斜和向斜的轴向与大背斜或大向斜的轴向大致平行(图5-11)。

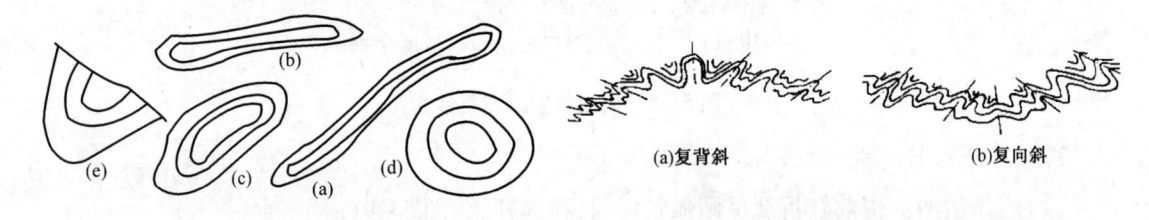

图5-10 褶曲的平面形态
(a)线状褶曲;(b)长轴褶曲;(c)短轴褶曲;
(d)穹隆与构造盆地;(e)鼻状构造

图5-11 复背斜与复向斜

2)隔档式与隔槽式组合

隔档式组合是剖面中的背斜狭窄紧闭,而向斜开阔宽缓,如川东—鄂西的褶皱属于此类[图5-12(a)];隔槽式组合正好与隔档式组合相反,剖面中的向斜狭窄紧闭,而背斜开阔宽缓,如贵州正安地区的褶皱属于此类[图5-12(b)]。

2. 褶曲的平面组合形态

褶曲的平面组合形态,一般根据其轴迹在延伸方向的变化,划分为下面几种类型(图5-13):

(1)平行式。一系列褶曲相间排列,轴迹平行或近于平行[图5-13(a)]。

(2)分枝式。一个褶曲在其延伸方向分枝出多个褶曲的组合形态[图5-13(b)]。

(3)雁行式。一系列褶曲斜列,轴迹平行或近于平行[图5-13(c)]。

(4)羽状。两行斜列褶曲组成,每行褶曲的轴迹平行或近于平行斜列[图5-13(d)]。

(a)隔档式组合

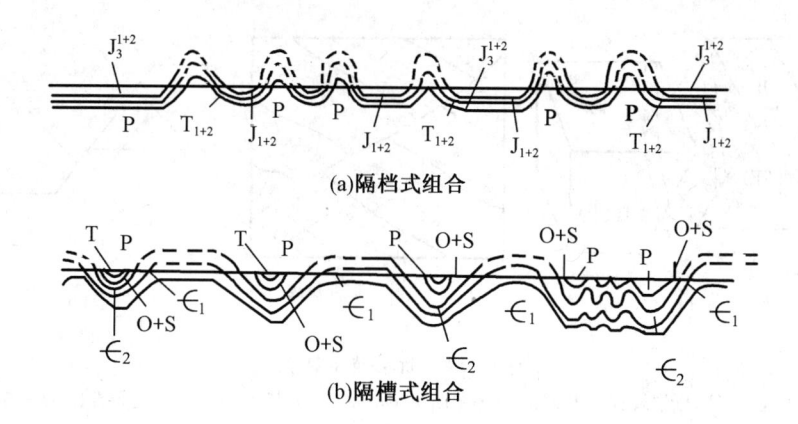

(b)隔槽式组合

图 5-12　隔档式与隔槽式组合

(5)扫帚式。一系列组合褶曲,其轴迹朝一个方向收敛,朝另一方向撒开成扫帚状[图 5-13(e)]。

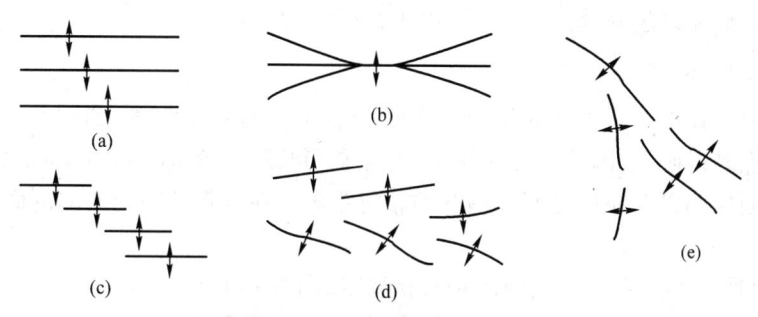

图 5-13　褶曲在平面的组合形态
(a)平行式;(b)分枝式;(c)雁行式;(d)羽状;(e)扫帚式

第三节　断　裂　构　造

当作用于岩层的地应力达到或超过岩层的破裂强度,岩层将会产生破裂面,使岩层的连续性被破坏,形成断裂构造。沿破裂面两侧的岩层发生明显位移的断裂构造称为断层,没有明显位移的断裂构造称为节理或裂缝。

一、断层

1. 断层描述要素

1)断层面

岩层(岩体等)连续性被破坏、将岩层(岩体等)分割成两部分、并借以滑动的破裂面[图 5-14(a)]称为断层面。断层面可以是平面,也可以为曲面,其空间状态用走向、倾向和倾角进行描述。在多数情况下,断层面实际是一个破碎带。

2)断层线

断层面与地面或某岩层面的交线称为断层线。断层线的形状取决于断层面的形态和地面的形态,一般为曲线[图 5-14(b)]。

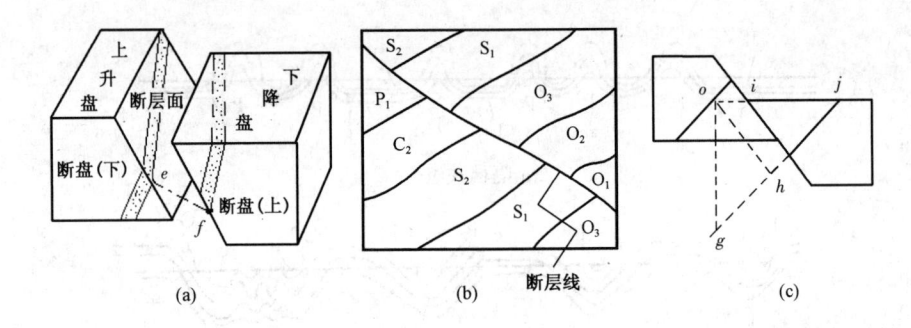

图 5-14 断层描述要素

(a)断层面;(b)断层线;(c)断距;oh—地层断距;oj—水平地层断距;og—铅直地层断距;ef—滑距

3)断盘

断层面两侧的岩块称为断盘。处于断层面上面的一盘称为上盘,处于下方的一盘称为下盘;相对上升的一盘称为上升盘,相对下降的一盘称为下降盘[图 5-14(a)]。当断层面垂直时,无法用上、下盘加以区分,可用地理方位加以区别。

4)滑距与断距

滑距是指岩层在被断开之前的相当点在断开后移动的实际距离,如图 5-14(a)中 ef 所示。由于相当点难以确认,因此实际应用较少,经常用断距来衡量断层错动的距离。

断距系指断层两盘对应层之间被错开的相对距离。在垂直断层走向的剖面上常用以下几个概念:

(1)地层断距。两盘对应层之间的垂直距离,如图 5-14(c)中 oh 所示。

(2)水平地层断距。两盘对应层之间的水平距离,如图 5-14(c)中 oj 所示。

(3)铅直地层断距。两盘对应层之间在铅垂方向的距离,如图 5-14(c)中 og 所示。在钻井和地震中,衡量断层断距大小,常用铅直地层断距表示。

需要指出的是,由于断层错动过程十分复杂,有水平的、铅直的、斜向的,甚至旋转,更多的是多种运动方向的复合,因此同一断层不同点所测得的断距大小是不相等的。

2. 断层的分类

1)按断盘的相对运动方向划分

(1)正断层。两盘沿断层面上下滑动,上盘相对下降、下盘相对上升的断层[图 5-15(a)]。

(2)逆断层。两盘沿断层面上下滑动,上盘相对上升、下盘相对下降的断层[图 5-15(b)]。

(3)平移断层。两盘沿断层面水平滑动的断层[图 5-15(c)]。

2)按断层面与岩层的几何关系划分

(1)走向断层。断层面走向与地层走向一致平行或近于平行的断层[图 5-16(a)]。

(2)倾向断层。断层面走向与地层走向垂直或近于垂直的断层[图 5-16(b)]。

(3)斜向断层。断层面走向与地层走向斜交的断层[图 5-16(c)]。

(4)顺层断层。顺层断层是顺着岩层层面、不整合面等滑动的断层。顺层断层的滑动面一般是软岩层面,断层面与原生层面一致,很少发生切割现象[图 5-16(d)]。

(a)正断层　　　　　(b)逆断层　　　　　(c)平移断层

图 5-15　按断盘相对运动方向划分的断层类型

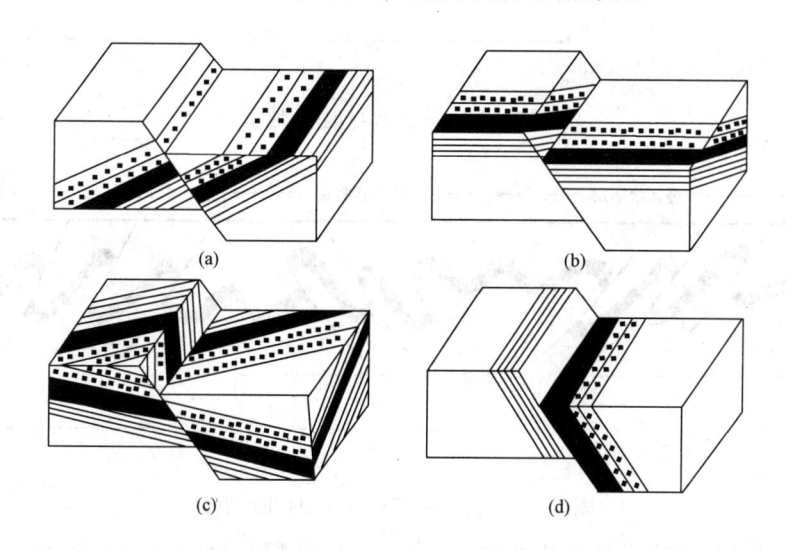

(a)　　　　　　　　　　(b)

(c)　　　　　　　　　　(d)

图 5-16　按断层面与岩层的几何关系划分的断层类型
(a)走向断层;(b)倾向断层;(c)斜向断层;(d)顺层断层

3)按断层面与褶皱的几何关系划分

(1)纵断层。断层走向与褶皱长轴方向平行或近于平行的断层。

(2)横断层。断层走向与褶皱长轴方向垂直或近于垂直的断层。

(3)斜断层。断层走向与褶皱长轴方向斜交的断层。

3. 断层的组合类型

1)断层剖面组合类型

(1)阶梯状与地堑、地垒组合。阶梯状组合是由多条断层面走向大致平行、倾向一致、上盘依次降低的正断层组合,因形似阶梯而称之。地垒是由两组倾向相反的阶梯状断层组合而成,从中间两边上盘逐次降低;地堑则是两组倾向相对的阶梯状断层组合而成,从中间向两边上盘依次升高(图 5-17)。

(2)叠瓦状与背冲式、对冲式组合。叠瓦状是由一系列走向相近、倾向相同的逆冲断层组成,其上盘依次向上逆冲,形成叠瓦式组合。背冲式组合是两组倾向相反的叠瓦状断层组合,而对冲式组合则为两组倾向相对的叠瓦状断层组合(图 5-18)。

2)断层平面组合

(1)平行式组合。由走向大致平行(倾向可以不同)、规模相当、性质相同的一组断层组合,如一组正断层,或一组逆断层,或一组平移断层[图 5-19(a)]。

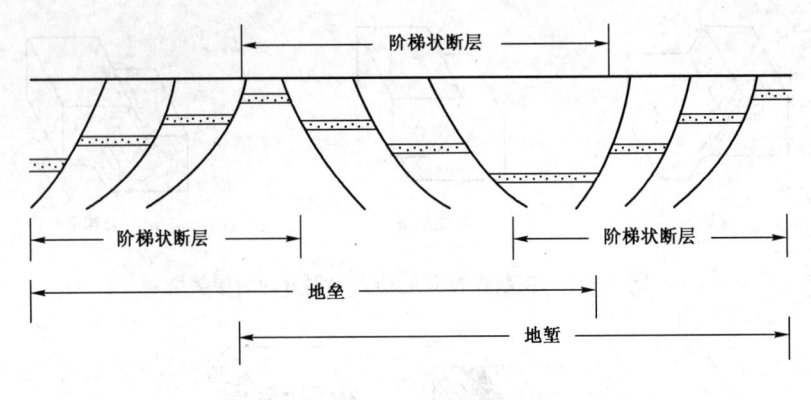

图 5-17 阶梯状与地垒、地堑

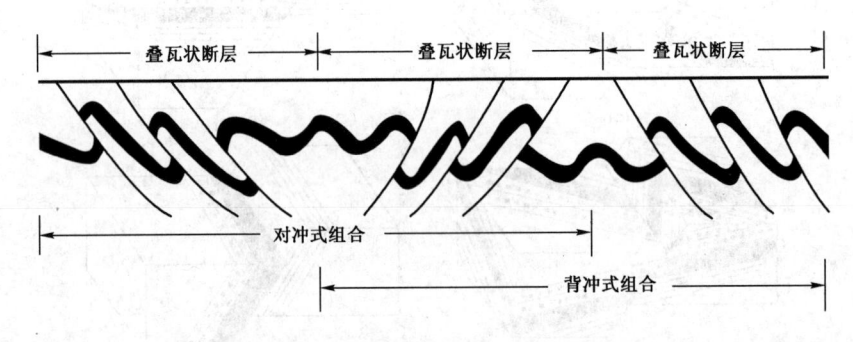

图 5-18 叠瓦状与背冲式、对冲式组合

(2) 雁行式组合。若干条性质相同、走向相近的断层呈雁行排列的组合方式[图 5-19(b)]。

(3) 帚状组合。一组性质相同的弧形断层组合,其一端收敛,另一端撒开[图 5-19(c)]。帚状断层一般是高级别的断层活动派生出的次级断层组合。

(4) 环状与放射状组合。环状组合是一组性质相同的弧形断层呈圆形或半圆形排列[图 5-19(d)];放射状组合是一组性质相同的断层由一点向外辐射的排列方式[图 5-19(e)]。环状组合和放射状组合是由纵向拱隆作用引起平面张性断裂所致。

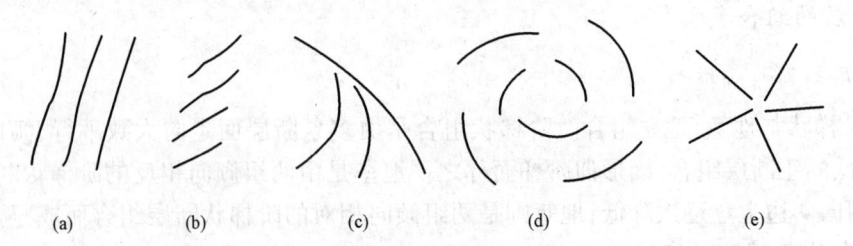

图 5-19 断层平面组合
(a)平行式组合;(b)雁行式组合;(c)帚状组合;(d)环状组合;(e)放射状组合

4. 断层的野外和井下识别标志

1) 断层的野外识别标志

(1) 构造线不连续。构造线不连续是构造线的突然中断现象,是断层存在的一个重要的标

志。构造线包括地质界线、褶皱的枢纽、早期形成的断层、矿层、岩脉、侵入岩和变质岩的相带或相带之间的界线、侵入岩与围岩的接触界线、变质岩的片理等(图5-20)。

(2)地层的重复与缺失。除了断层造成地层重复与缺失外,褶曲也可造成地层重复,沉积、不整合等也可造成地层缺失,但后者造成的地层重复与缺失同断层比较是不相同的。不整合造成的地层缺失是区域性的,即缺失的地层在整个区域都不存在,如图5-21(a)、(c)-(f)中均缺失第4层,图5-21(b)中缺失第5层;而断层造成的地层重复与缺失是局部的,且不同地方重复与缺失的地层不相同。

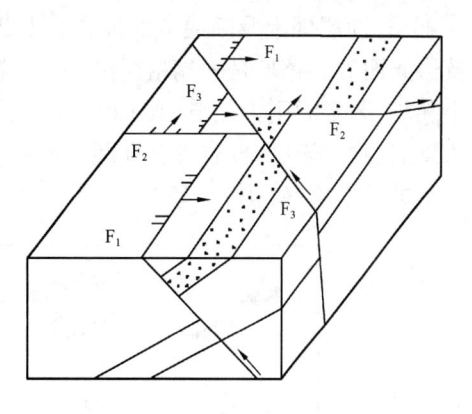

图5-20 断层引起的构造线不连续

对于走向断层,在垂直断层的剖面观察,地层重复与缺失规律见表5-1和图5-21。

表5-1 断层造成地面与井下地层重复和缺失规律

断层性质	断层倾斜与地层倾斜的关系					
	二者倾向相反		二者倾向相同			
			断层倾角大于岩层倾角		断层倾角小于岩层倾角	
	地面	井下	地面	井下	地面	井下
正断层	重复(b)	缺失(b)	缺失(f)	缺失(f)	重复(d)	重复(d)
逆断层	缺失(a)	重复(a)	重复(e)	重复(e)	缺失(c)	缺失(c)
断层两盘相对动向	下降盘出现新地层		下降盘出现新地层		上升盘出现新地层	

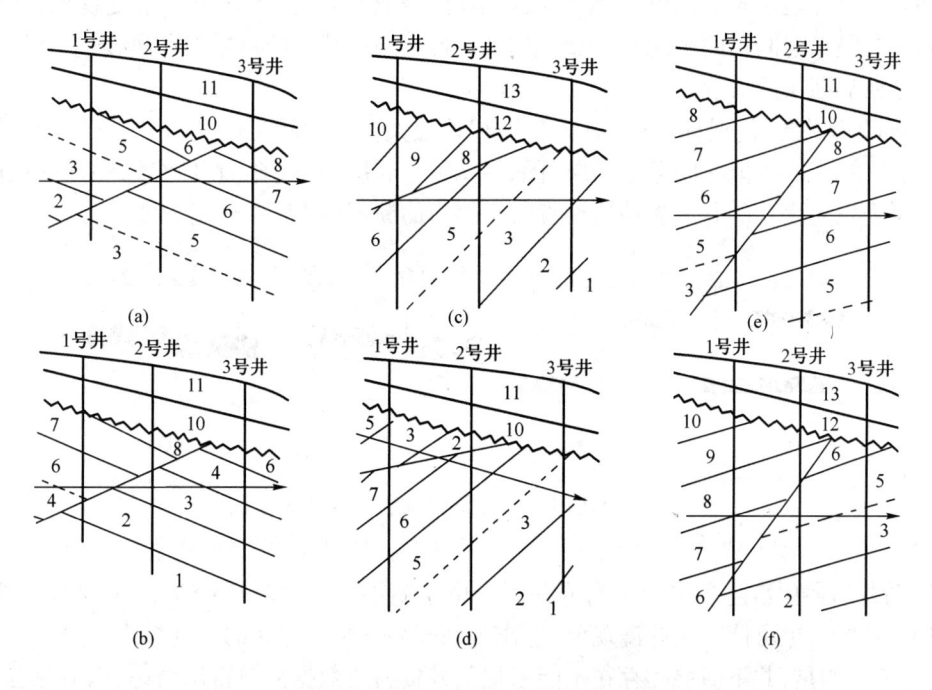

图5-21 断层造成地面与井下地层重复和缺失现象
→表示地面剖面观察方向

(3)断层面上及断层带的标志。因断层两盘的相对运动,在断层面上可能留下擦痕、阶步及磨光面等。擦痕是一端粗而深,另一端细而浅的条纹;阶步是断层面上高度不超过数毫米的小陡坎;磨光面则为光滑的镜面。在断层附近往往形成一个破碎带,发育各种构造岩,如断层角砾岩、碎裂岩、糜棱岩等。在断层的两盘还常见牵引构造及逆牵引构造,即断层面附近岩层形成的微小褶皱(图5-22)。

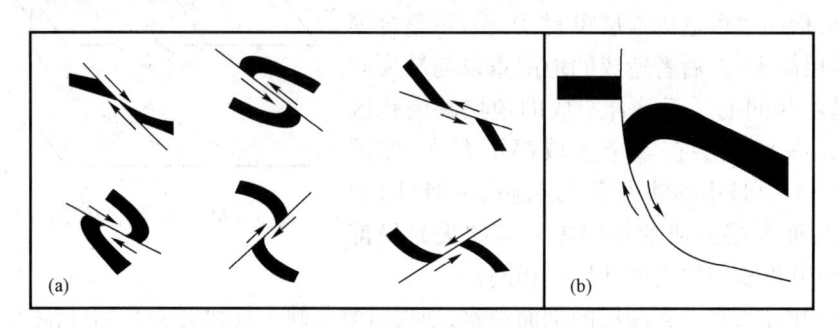

图5-22 牵引与逆牵引
(a)牵引;(b)逆牵引

(4)地貌标志。断层发育区,常出现一些比较特殊的地貌,如断层崖(裸露的陡崖)、三角面山(三角形陡崖)、串珠状的泉及湖泊等。

2)井下断层识别标志

(1)钻井中出现的地层重复与缺失。地层重复与缺失的规律见表5-1和图5-21,但应注意不整合造成的缺失与重复。野外露头判断角度不整合和断层造成的地层缺失比较容易识别,井下判断就复杂一些。当角度不整合面上没有地层超覆现象时,各井在缺失点之上的地层是相同的,若存在地层超覆现象,应结合区域情况详细分析。井下遇地层重复现象,除地层倒转之外,一般是钻遇断层的表现;出现地层缺失,且不同井缺失的地层不一致,若非地层不整合引起,也是钻遇断层的表现。

(2)近距离内同层(或标准层)海拔高度相差较大。相距较近的几口井,钻到同一层的海拔高程相差较大,有可能井间存在断层[图5-23(a)、(b)]。与附近井比较,钻遇同层的厚度变化大,厚度发生变化的井可能钻遇铅直断距较小的断层[图5-23(c)、(d)]。

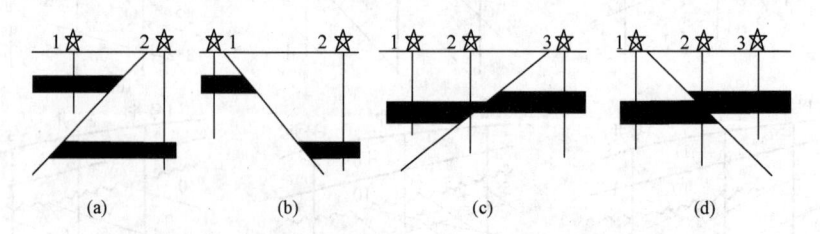

图5-23 断层引起地层海拔高度与地层厚度变化
(a),(b)钻遇同层的海拔高程相差较大;(c),(d)钻遇同层的厚度变化大

(3)钻井岩屑中次生矿物含量高或井漏。由于断层附近多有破碎带存在,钻井岩屑中次生矿物可能增加,也可能产生井漏现象,可作为判断井下断层存在的辅助标志。

需要指出的是,井下断层的存在不能依据某种资料或数据简单得出结论,而应综合分析才可能得到正确的结论。

（4）开发井的压力系统不同。对于采油气井，同一油气层的原始折算压力不等，互不连通，可能存在断层阻隔。

（5）流体性质差异。同一油气层的采油气井，相距较近，但流体性质差异大，也可能存在断层阻隔。

无论是地面，还是地下，断层存在的标志还很多，如地震标志、测井标志等。

二、节理

节理又称裂缝或裂隙，是沿破裂面没有发生明显位移的断裂构造，是碳酸盐岩储集层的重要储集空间和渗流通道。

节理分类主要依据几何形态、力学性质和充填程度进行划分。

1. 节理的几何形态分类

节理是褶皱、断层等的派生构造，与褶皱、断层相伴生，节理的几何形态分类与断层的几何形态分类方法是相同的。

按节理走向与所在岩层的产状关系分为走向节理、倾向节理、斜向节理和顺层节理。按照节理走向与区域构造的关系分为纵节理、横节理和斜节理（图5-24）。

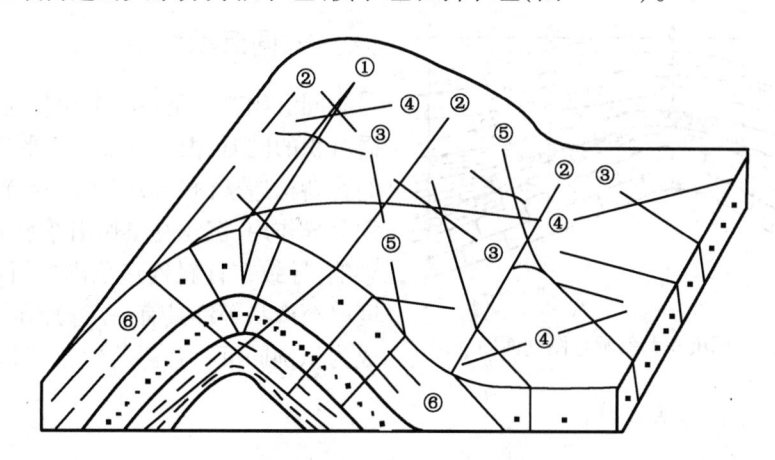

图5-24 节理的几何分类
①，②走向节理或纵节理；③倾向节理或横节理；④，⑤斜向节理或斜节理；⑥顺层节理

2. 节理的力学性质分类

1）张节理

张节理是岩层受拉张应力作用而产生的破裂现象。其主要特点是：

（1）节理延伸不远，产状不稳定，单条节理短而弯曲，一组节理往往侧列产出。

（2）节理面粗糙不平，无擦痕存在。

（3）在砂砾岩中，遇粗大颗粒如砾石，节理常绕过颗粒，即便是切割颗粒，颗粒的破裂面也凹凸不平。

（4）破裂面张开，但常被各种次生矿物充填，呈楔状、扁豆状或不规则状。

2）剪节理

剪节理是岩层受剪切应力作用而产生的破裂现象。其主要特点是：

(1) 节理延伸较远,产状比较稳定。
(2) 剪节理面平直、光滑,有时可见因剪切滑动而留下的擦痕。
(3) 剪节理发育在砂砾岩中时,遇到粗大颗粒常切割颗粒,如砾石等。
(4) 剪节理的破裂面未被充填时,一般是紧闭的,若有次生矿物充填,充填物宽度比较均匀、平直。
(5) 剪节理常常发育成"X"形共轭节理系。

第四节 同沉积构造

大量的油气勘探实践表明,构造的形成时期和形成过程对于油气的聚集成藏有着重要影响。因此,我们不但要研究那些在岩层形成后受构造应力作用发生变形、变位而形成的地质构造,即后生构造,还要研究那些与沉积作用同时发生变形、变位所形成的地质构造,即同沉积构造。同沉积构造又称为同生构造、生长构造,主要包括同沉积背斜、潜山披覆构造和同生断层等。油气勘探实践表明,我国中、新生代沉积盆地中发育的同沉积构造带是极为有利的油气聚集带,也是油气勘探与开发的重要构造类型。

一、同沉积背斜

同沉积背斜是指在沉积盆地整体沉降、接受沉积的同时,由于局部隆起形成的沉积岩层的背斜构造。由于边沉积边隆起,因而受到沉积分异作用、沉积补偿作用及水下冲刷作用的影响,导致在背斜构造范围内沉积的岩性、厚度以至产状等都具有一定的特征,这些特征就成为识别同沉积背斜的标志(图5-25)。

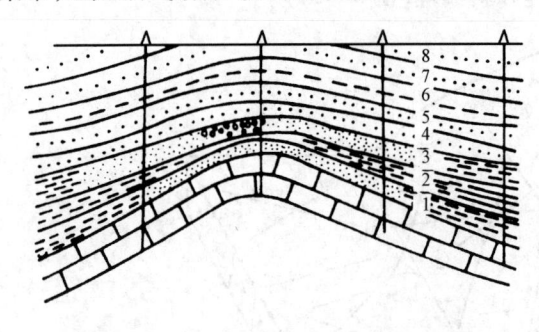

图5-25 同沉积背斜示意图剖面图

1. 同沉积背斜的基本特征

1) 岩性及岩相特征

同沉积背斜在翼部为较深水相,向顶部变为较浅水相,甚至停止沉积或遭受剥蚀。这表现为同一层段的岩性在翼部颗粒较细,向顶部颗粒变粗。同时,在顶部还时常出现水下冲刷、波痕、甚至泥裂等原生沉积构造。

形成上述特征的原因是由于同沉积背斜顶部所在区域是当时沉积盆地中一个水下(有时也露出水面)隆起,那里的水深总是比周围地区要浅,因而更容易受到波浪的水下冲刷。在波浪的分选搬运作用下,粗粒的及较重的沉积颗粒大部分留在背斜顶部,而细小的较轻的物质则被搬运到背斜翼部的较深水区,从而造成背斜顶部粗粒成分显著增加,并发育浅水或滨水区的原生构造。

2) 厚度特征

同沉积背斜的厚度特征表现为两翼岩层厚度大,向顶部岩层厚度变小,甚至是两翼岩层向顶部上倾尖灭,形成与上覆岩层的不整合接触。

形成上述特征的原因是由于背斜顶部所在区域的隆起,水体变浅,因而得到的沉积物补偿薄,而下降多、水体较深的翼部得到的沉积物补偿厚,结果造成同一沉积层段的厚度从翼部向顶部变薄,而两处的厚度差,正好是背斜顶部隆起的幅度。当背斜顶部强烈隆起时,会露出水面不再接受沉积,并造成已沉积岩层被剥蚀,从而形成尖灭和与上覆岩层的不整合接触。

3) 形态特征

同沉积背斜的形态特征表现为下部岩层的构造幅度大、上部小;两翼岩层倾角是下部岩层陡、上部缓。其原因是每一层段由翼部向顶部变薄。

2. 同沉积背斜与油气的关系

同沉积背斜与油气关系十分密切,这主要是由其本身的特点所决定的。首先,同沉积背斜与沉积作用同时形成,形成时期早,必然比其他后形成的构造优先接受油气聚集;其次,同沉积背斜的构造面积和构造幅度大,圈闭条件好;第三,同沉积背斜储集层发育,尤其顶部的储油物性好,有效厚度大,利于油气储集;第四,同沉积背斜向周围逐渐变为深水相沉积,靠近油气源,生储盖组合配置好。因此,同沉积背斜对油气聚集非常有利,能形成大型油气田。

二、潜山披覆构造

潜山披覆构造是一种复合构造类型,由不整合面以下的潜山和不整合面之上的沉积盖层形成的披覆构造组成(图5-26)。

潜山又称古潜山,是现在仍被后期沉积物所覆盖的某一古侵蚀面的较高地带,它可以是断层活动形成的断块潜山,也可以是地表岩层经风化剥蚀而成的残山,即沉积盆地基底中的古凸起。在地壳沉

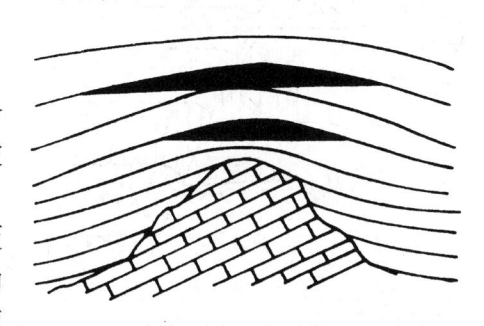

图5-26 潜山披覆构造示意图

降作用下,这些古凸起被新的沉积地层埋藏起来而成为潜山。

披覆构造是覆盖在潜山之上的新的沉积地层,由于差异压实作用而形成的背斜构造。它披覆在潜山之上,两者共同组成潜山披覆构造。潜山与披覆构造相辅相成、密切配合、缺一不可。

显然,潜山披覆构造是由不整合面和古剥蚀面下面的潜山和其上的披覆构造两大部分有机组合而成。潜山通常是由老岩层或岩体构成,经风化剥蚀作用的长期改造,形成一系列裂缝、溶孔、溶洞,甚至是较厚的风化或半风化岩层。因此,它具备良好的储集性能,常形成新生古储式油气藏,其产油气潜能很高。剥蚀面以上的披覆构造,是沉积作用和差异压实作用的产物。由于形成时间早、生储盖组合好,因此潜山披覆构造具备良好的油气成藏条件。

三、同生断层

同生断层又称生长断层或同沉积断层,是指在沉积过程中长期发育、逐渐生长起来的断层。这种断裂的形成与沉积同时发生,即边沉积、边断裂,并且往往控制沉积作用。大型同生断层常常控制盆地的发生、发展和演化,控制盆地的沉积作用、沉积相带的发育和展布,控制油气的成藏条件,因而成为油气勘探中的重要地质构造类型之一。

同生断层具有如下基本特征:

(1)下降盘的地层厚度明显大于上升盘的地层厚度(图5-27),这是识别同生断层最基

本的标志,两盘厚度差越大,说明断层活动越强烈。为了定量地表示同生断层活动强度,引用了断层生长指数的概念。所谓断层生长指数,是指同一层位下降盘地层厚度与上升盘地层厚度之比值,生长指数越大,反映断层的同生活动越强烈。

(2)断层的落差或断距随着深度的增加而增大。同生断层由于长期发育,上部年轻地层沉积时,发生的断裂活动产生的落差必定累积叠加到下部较老地层中的落差上。所以,层位越老越深,落差也越大。

(3)同生断层的断层面通常具有上陡下缓的犁式断层特征。例如,渤海湾地区的同生断层浅层断面倾角多在70°以上,向深层逐渐变到30°~40°以下。

(4)同生断层的下降盘常发育滚动背斜(又称逆牵引背斜或反牵引背斜)和反向断层(图5-28)。

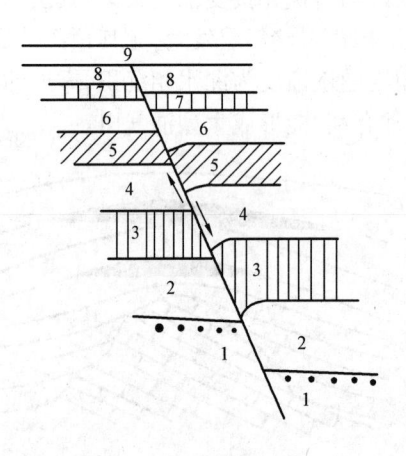

图5-27 同沉积断层
(据俞鸿年、卢华复,1998)

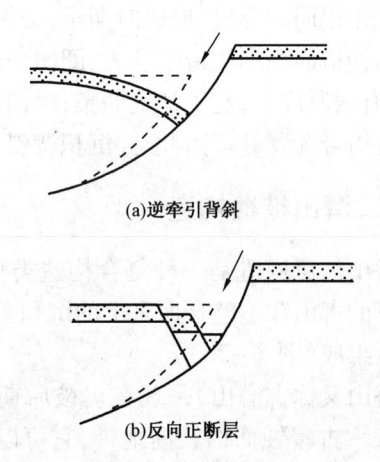

图5-28 逆牵引背斜与反向正断层
(据 W. K. Hanbin,1965)

(5)同生断层形成的滚动背斜和断块构造等多种构造圈闭,具有形成时间早、距油源近、生储盖组合良好等有利于油气聚集的条件,因此能形成油气十分丰富的油气藏。

◇ 复习思考题 ◇

1. 倾斜岩层的产状要素、断层和褶曲的组成要素包括哪些?
2. 试用地层代号 P、T、J、K 画一正断层、逆断层、背斜和向斜剖面图。
3. 断层存在的地面标志与井下标志有何异同?
4. 简述张节理与剪节理的主要特点。
5. 试述同沉积构造的主要类型、各自特征及其与油气的关系。

第六章　石油与天然气地质

[摘要]　在适宜的地质环境中,地壳中的沉积有机质转化成石油和天然气,并由分散状态聚集起来形成油气藏。在这一过程中,油气来源是基础,油气运移是纽带,油气成藏是结果。本章从石油和天然气的基本特征入手,介绍了油气生成、生储盖层及其组合、油气运移、圈闭与油气藏的形成及油气藏主要类型等石油与天然气地质的基本理论知识,并对非常规油气资源进行了简单介绍。

第一节　油气藏中的流体

油气藏中的流体主要是指油气藏中的石油、天然气,以及与石油和天然气有关的油田水。石油、天然气、油田水的化学组成及物理性质,是研究油气生成、运移、聚集、分布等问题的重要资料,也是评价油气质量,制定开采、加工方案的主要依据。

一、石油

石油是由各种碳氢化合物和少量杂质组成的,存在于地下岩石孔隙中的液态可燃的、成分十分复杂的天然有机化合物的混合物。石油没有固定的化学成分和物理常数。

1. 石油的元素组成

石油的主要成分为 C、H、O、S、N。其中,C 84%~87%,H 11%~14%,两者占 97%~99%;O、S、N 总量仅占 1%~3%,个别情况下,高硫石油的这个比例可达 3%~7%。如墨西哥石油含硫 3.6%~5.3%。石油中氮含量很少,一般为千分之几到万分之几,个别情况下,N 含量也很高,如美国加利福尼亚古近系石油氮含量可达 1.4%~2.2%。

此外,石油中还含有其他微量元素,构成了石油灰分。目前,已从石油灰分中发现了微量元素 54 种。这些元素近似自然界有机物的元素组成,说明石油与原始有机质存在明显的亲缘关系。

2. 石油的化合物组成

石油中的主要元素不是呈游离状态,而是结合成不同的化合物的形式存在,以烃类化合物为主,另外还有含氧、含硫、含氮的非烃化合物。

1) 石油的烃类组成

目前在石油中已鉴定出的烃类化合物达 420 多种。按 C、H 两种元素之间结合的化学结构的不同,基本上可分为烷烃、环烷烃、芳香烃三大类。

(1) 烷烃类(又称脂肪烃类)。

烷烃类通式为 C_nH_{2n+2}。一般在常温常压下,含 1~4 个碳原子(C_1-C_4)的烷烃呈气态;含 5~16 个碳原子的正烷烃呈液态;含 17 个以上碳原子的高分子烷烃呈固态。烷烃分子结构是碳原子与碳原子以单键相连接,排成直链式,其余碳原子键全部为氢原子所饱和的直链烃类。无支链者为正(构)烷烃,有支链者为异(构)烷烃。

在石油中,不同碳原子数的正烷烃相对含量呈一条连续的分布曲线,称为正烷烃分布曲线。这说明石油中正烷烃同系物是一个连续系列。由于石油中正烷烃低分子多于高分子,因而在正烷烃系列的 C_{15} 以内有一个极大值。

(2) 环烷烃。

环烷烃即分子中含有碳环的饱和烃。根据组成碳环的碳原子数分为三员环、四员环、五员环等。按分子中所含碳环数目,可以分为单环烷烃(通式 C_nH_{2n})、双环烷烃(通式 C_nH_{2n-2})、三环烷烃(通式 C_nH_{2n-4})及多环烷烃。石油中的环烷烃多为五员环或六员环。环烷烃和脂肪烃分子中所有化合价均被饱和,所以它们都属饱和烃,性质相似,化学稳定性高,但环烷烃物性(如密度、熔点、沸点)要比碳原子数相同的烷烃高,相对密度小于1。

(3) 芳香烃。

芳香烃是具有6个碳原子和6个氢原子组成的特殊碳环——苯环的化合物,其结构特点是,分子中含有苯环结构,属不饱和烃。根据其结构,可分为单环、多环和稠环三类。

① 单环芳烃。分子中只含一个苯环的芳香烃,包括苯及其同系物。

苯　　　　　　甲苯　　　　　　对二甲苯

② 多环芳烃。分子中含两个或多个独立苯环的芳香烃。

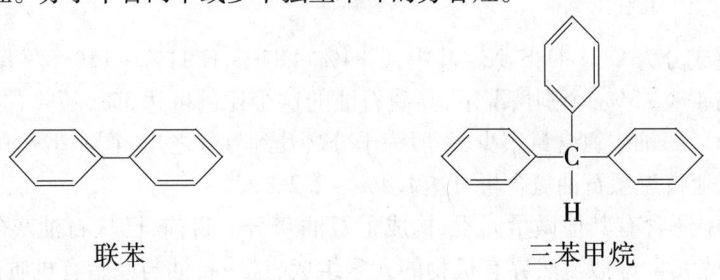

联苯　　　　　　三苯甲烷

③ 稠环芳香烃。分子中含两个或多个苯环,彼此之间通过共用两个相邻碳原子稠合而成的芳香烃。

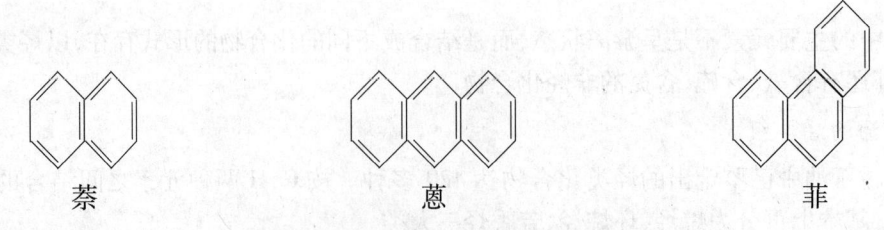

萘　　　　　　蒽　　　　　　菲

在石油的低沸点馏分中,芳香烃含量较少,且多为单环芳烃;随着沸点的升高,芳烃含量增加,并出现双环芳烃。在重质馏分中,还可出现稠环芳烃。

2) 石油的非烃组成

石油中非烃化合物主要包括含硫、含氮、含氧化合物。

(1) 含硫化合物。

它在石油中的含量变化较大,从万分之几到百分之几。硫在石油中可以呈单质硫 S、硫化氢(H_2S)、硫醇(RSH)、硫醚、环硫醚、二硫化物、噻吩及其同系物等形态出现。

硫是石油中的一种有害杂质,因为它易产生硫化氢、硫化铁、硫醇铁、亚硫酸或硫酸等,对机器、管道、油罐、炼塔等金属设备产生腐蚀。所以,含硫量常作为评价石油质量的一项重要指标。通常将含硫量大于 2% 的石油称为高硫石油,低于 0.5% 的石油称为低硫石油,介于 0.5%~2% 的称含硫石油。一般产于砂岩层中的石油含硫量低,多为低硫石油,产自碳酸盐岩地层中的石油多为高硫石油。我国的石油多为低硫石油。

(2) 含氮化合物。

一般含量为千分之几至万分之几。含氮量高于 0.25% 的石油称为高氮石油,而低于 0.25% 的称为贫氮石油。石油中含氮化合物分为碱性和非碱性两种,碱性化合物有吡啶、喹啉、异喹啉和吖啶及其同系物;非碱性化合物包括吡咯、卟啉、吲哚和咔唑及其同系物。其中金属卟啉化合物最为重要,它的分子包含 4 个吡咯环。

动物血红素和植物叶绿素都属于卟啉化合物,它们的结构与石油中的这类化合物相同。因此,它们是石油有机成因的有利证据。

(3) 含氧化合物。

一般含量只有千分之几,个别石油可高达 2%~3%,可分为酸性和中性两类。前者有环烷酸、脂肪酸及酚,总称为石油酸;后者有醛、酮类。

3. 石油的组分

根据石油中化合物的不同组分对有机溶剂和吸附剂(如硅胶)具有选择性溶解和吸附的特性,可将石油划分为四个组分:

1) 油质

油质是石油的主要组分,一般含量约为 65%~100%,它是碳氢化合物组成的淡色黏性物质。它溶解性最强,可溶解于石油醚而不被硅胶所吸附,成分主要为饱和烃和一部分芳香烃。油质含量的高低是石油质量好坏的重要标志,油质含量高者,石油质量较好,其汽油、柴油产出量较高。

2) 胶质

胶质一般为黏性流体或半固体,颜色由淡黄、褐红到黑色均有,主要是芳烃和一些含杂元素的芳烃结构化合物。胶质可溶于石油醚、苯、三氯甲烷等有机溶剂,可被硅胶所吸附。轻质油中胶质含量一般少于 5%,重质油中胶质含量可达 20% 或更高。

3) 沥青质

沥青质为暗褐色至黑色的脆性固体物质,它不溶于石油醚和酒精,而溶于苯、三氯甲烷等有机溶剂,能被硅胶所吸附。沥青质比胶质含碳氢化合物更少,氧、硫、氮化合物更多,平均相对分子质量比胶质还大,在石油中较少,一般在 1% 左右。

石油中胶质和沥青质合称为石油的重组分,是非烃比较集中的部分,在石油中含量高时,石油质量会相应变差。

4) 碳质

碳质为石油中的非烃化合物,不溶于有机溶剂,在石油中含量很少或无,又称为残碳。

4. 石油的物理性质

石油的物理性质取决于它的化学组成和演化历史。石油没有固定的化学组成且演化史也非常复杂。所以,不同地区、不同层位,甚至同一层位不同构造部位的石油,其物理性质也不相同。

1) 颜色

石油的颜色变化较大,从无色、淡黄色、黄褐色、淡红色、深褐色、黑绿色到黑色。颜色的不同跟成分有关。胶质、沥青质含量越高颜色越深;油质含量高,颜色浅。无色石油在美国加利福尼亚、原苏联巴库、伊朗、印度尼西亚苏门答腊等地都有产出,但不同程度的深色石油占绝大多数,几乎遍布于世界各含油气盆地。

2) 密度和相对密度

密度指单位体积质量;相对密度指标准条件下原油密度与4℃纯水密度之比值。原油的相对密度在20℃下,一般介于0.75~1.0之间。通常把相对密度大于0.9的石油称为重质石油,小于0.9的称为轻质石油。我国大庆、大港、克拉玛依所产石油均为轻质油。而胜利、伊朗、美国加利福尼亚石油、墨西哥所产石油为重质油。

石油的密度与颜色有一定关系,一般淡色石油密度小,反之则大。这取于其化学组成,胶质、沥青质含量高,则密度大,颜色深。地下原油密度还与所处的温度、压力及溶解气量有关。

3) 黏度

黏度指流体质点相对移动时所受到的内部阻力。它是对流体流动性能的度量,单位为帕斯卡秒(Pa·s)。在研究石油时,通常测定的不是绝对黏度而是相对黏度,即液体的绝对黏度与同温条件下水的绝对黏度之比。

石油的黏度变化很大,如大庆石油黏度在50℃时为$(9.3~21.8) \times 10^{-3}$ mPa·s、孤岛油田馆陶组原油则为$(103~6451) \times 10^{-3}$ mPa·s。

黏度的变化受化学成分、温度、压力及溶解气量的影响。相对分子质量小的烷烃、环烷烃含量多,黏度低;反之,高分子化合物含量多,石油黏度就高。温度、压力升高,黏度降低;温度、压力降低,黏度升高。溶解气量高,则黏度低;反之则高。石油的黏度是一个很重要的参数,在油田开采和油气集输方面尤显重要。

4) 凝点

将液体石油冷却到失去流动性时的温度称为凝点。石油凝点的高低取决于含蜡量及烷烃碳数高低。含蜡量高,则凝点高,反之则低。凝点高的石油容易使油井结蜡,给开采工作造成困难。在石油开采和集输过程中要研究其凝点,一般采取升温办法解决结蜡现象。

5) 导电性

原油是一种非导体,其电阻率高达$10^9~10^{16} \Omega \cdot m$。可利用此性质,用电阻率曲线来判断油水层。

6) 溶解性

石油易溶于有机溶剂而难溶于水。石油在水中的溶解度取决于成分和外界条件。除甲烷外,烃类在水中的溶解度随相对分子质量增大而减小。碳数相同的烃类比较:烷烃<环烷烃<芳香烃。

7) 荧光性

石油及其大部分产品(轻汽油及石蜡除外),在紫外线照射下均发出特殊蓝光的现象,称为荧光。石油的发光现象取决于其化学结构。多环芳香烃和非烃引起发光,而饱和烃则完全不发光。轻质油的荧光为浅蓝色,含胶质多的石油呈绿色和黄色,含沥青质多的石油或沥青质则为褐色荧光。

石油的荧光性非常灵敏,只要溶剂中含有十万分之一的石油或沥青物质就可发光。在油气田勘探中,荧光分析可鉴定岩样中是否含油,并大致确定组分及含量。

8)旋光性

当偏光通过石油时,偏光面会旋转一定角度,这个角度称为旋光角。这种能使偏光面发生旋转的特性,称为旋光性。如偏光面向右转,是右旋物质;向左转,则为左旋物质。引起旋光性的原因是分子中具有不对称分子结构。石油中的胆甾醇和植物性甾醇分子为不对称结构。胆甾醇存在于动物的胆汁、鱼肝油和蛋黄中,而植物性甾醇存在于植物油和脂肪中。所以,石油的旋光性是石油有机成因的又一个有力佐证。

二、天然气

1. 天然气的概念

广义的天然气,为自然界中一切天然生成的气体,包括气圈、水圈、岩石圈以至地幔和地核中的一切天然气体。

从石油地质学的角度来说,天然气是指存在于地下岩石中,与油气田有关的以烃类为主的气体。它既可呈聚集状态,也可呈分散状态;既可与石油伴生,也可单独存在。

2. 天然气的分类

1)按成因分类

天然气按成因可分为三大类,即有机成因气、无机成因气和混合成因气。有机成因气又分为油型气和煤成气两类。

2)按产状分类

天然气在地下由于所处的物理条件及成因的不同,它的存在状态,即天然气的产状也是不同的。按天然气的产状及其分布特点,可分为聚集型(游离态)、分散型两大类。

(1)聚集型。呈游离状态的天然气聚集成藏的天然气,包括纯气藏气、气顶气和凝析气。

气藏气指基本上不与石油伴生,单独聚集成纯气藏的天然气。

气顶气指在油气藏中油气共存,气呈游离状态存在于气藏顶部的天然气。

凝析气指当地下温度、压力超过临界条件后,液态烃逆蒸发而形成的气体。一旦采出地面,由于地表压力、温度降低而逆凝结为轻质油,即凝析油。

(2)分散型。在地下呈分散状态的天然气,包括油溶气、水溶气、煤层气(吸附气)和固态气水合物。

油溶气指溶解于油中的天然气。

水溶气指溶解于水中的天然气。

煤层气指煤层中所含的吸附气和游离气(瓦斯)。

3)按天然气与油藏分布的关系分类

按与油藏分布的关系,天然气可分为伴生气和非伴生气。凡是在油田范围内,与油藏分布有密切关系的天然气称为伴生气；

与油藏无明显关系的气藏气称为非伴生气。

3. 天然气的物性

1）相对密度

相对密度是在标准状况下，单位体积天然气与同体积空气的质量之比。其数值一般随重烃、二氧化碳、硫化氢、氮气含量的增加而增大，大多数天然气的相对密度介于0.56~0.90之间。

2）黏度

黏度是气体内部相对运动时，气体分子内摩擦力所产生的阻力，是研究天然气运移、开采和集输时的一项重要参数。天然气黏度一般随相对分子质量的增加而增大，随压力增高而增大，随温度升高而降低。天然气的黏度很小，比油和水的黏度低得多，在标准状况下仅为 0.001~0.09mPa·s。

3）蒸气压力

蒸气压力是指将气体液化时所需施加的压力。它随温度升高而增大，随相对分子质量的减小而增大。

4）溶解性

溶解性是天然气能不同程度地溶解于水和石油。在相同条件下，天然气在石油中的溶解度远大于在水中的溶解度。当天然气重烃增多，或石油轻馏分增多时，均可增加天然气在石油中的溶解度；降低温度或增大压力，也可增加天然气在石油中的溶解度。天然气在水中的溶解度随水的矿化度增大而减小。

5）热值

热值是指单位体积的天然气燃烧时所发出的热量，单位为 J/m^3。天然气的热值变化很大，尤以湿气较高，可达 $2\times10^4 J/m^3$，相当于油的2倍，煤的4倍。

6）压缩系数

压缩系数是指在温度恒定的条件下，压力每改变一个大气压时，单位气体体积的变化率。

$$C_g = -\frac{1}{V}\left(\frac{\partial V}{\partial p}\right) \tag{6-1}$$

式中 C_g——等温压缩系数，负号表示随着压力增大而体积减小；

V——体积；

p——压力。

在低压下，真实气体 C_g 比理想气体体积大；在高压下，真实气体 G_g 比理想气体体积小。

7）体积系数

体积系数是指在地面标准状态下采出的 $1m^3$ 气体，在地下储集层条件下所占的体积数。

三、油田水

1. 油田水的概念

广义的油田水，是指油气田区域内与油气藏有密切联系的地下水，包括油层水和非油层水。狭义的油田水，指油田范围内直接与油层连通的地下水，即油层水。

2. 地下水的产状

地下水由于存在于岩石的孔隙中,其存在状态是不同的,有三种情况:

(1) 吸附水。在分子引力作用下,吸附在岩石颗粒表面呈薄膜状的水及存在于微毛细管中的水。在地下的温度和压力条件下不能自由流动,也称为束缚水。

(2) 毛细管水。存在于岩石的毛细管孔隙和裂隙中的水。当外力超过毛细管阻力时,才能在孔隙中流动。

(3) 自由水。存在于储集岩的超毛细管孔隙、裂缝或孔洞中的水,在重力作用下可以自由流动。

3. 油田水的矿化度

总矿化度,即水中各种离子、盐分的总含量,以水加热至105℃蒸发后所剩下的残渣的相对质量来表示,单位为 mg/L、g/L 或 10^{-6}(每升毫克数/水的相对密度)。

一般来说,海相沉积油田水矿化度比陆相高;碳酸盐岩储集层的水矿化度比碎屑岩储集层高;保存条件好的储集层比开启程度高的矿化度高;埋藏深的储集层比埋藏浅的储集层矿化度高。

4. 油田水的物理性质

1) 相对密度

油田水中因溶有数量不等的盐类,矿化度一般较高,相对密度多大于1.0,且矿化度越高,密度越大。

2) 黏度

油田水的黏度一般比纯水高,且随矿化度的增加而增加。温度对黏度影响较大,随温度升高,黏度快速降低。

3) 颜色及透明度

油田水因含杂质,大多不透明,常带有颜色,含 H_2S 时是淡青色;含铁质胶状体时带淡红色、褐色或淡黄色。

4) 嗅味

油田水中含石油时,具有汽油或煤油味;含 H_2S 时,具有腐蛋味;溶解有 NaCl 时,带咸味;含氯离子时,带苦味。

5) 导电性

纯水不导电,但油田水中由于含有各种离子,能够导电。油田水的导电性随含盐量的增高而增加,而电阻则随之减小。

第二节 石油与天然气的成因

一、油气生成的物质基础

1. 生成油气的原始物质

根据油气有机成因理论,生物体是生成油气的最初来源。生物死亡之后的残体经沉积作用埋藏于水下的沉积物中,经过一定的生物化学、物理化学变化形成石油和天然气。

细菌、浮游植物、浮游动物和高等植物是沉积物中有机质的主要供应者。一般认为,低等生物是生成油气的主要原始物质,这是因为:一是低等生物繁殖力强,数量多,是沉积有机质的主要提供者;二是低等生物多为水生生物,死亡后沉入水底,被沉积物埋藏而容易被保存下来;三是低等生物富含脂肪和蛋白质,这两类物质是生物体中最容易向油气转化的生化成分。

2. 干酪根

沉积有机质并非是生油的直接母质。生物死后,与沉积物一起沉积下来,构成了沉积物的分散有机质。这些有机质经历了复杂的生物化学及化学变化,通过腐泥化及腐殖化过程才形成一种结构非常复杂的生油母质——干酪根,成为生成油气的直接先驱。

干酪根(Kerogen)是指沉积岩(物)中分散的不溶于一般有机溶剂的沉积有机质,也可理解为油母质。与其相对应的可溶部分称为沥青。

干酪根是极其复杂的有机质,无固定的成分和结构,不能用分子式来表达,主要成分为C、H、O。由于在不同的沉积环境中,有机质的来源不同,形成的干酪根类型也不同,其性质和生油气潜能有很大的差别。法国石油研究院根据干酪根中的C、H、O元素分析结果,将干酪根划分为三种类型:

Ⅰ型:H/C原子比较高,介于1.25~1.75,O/C原子比较低,介于0.026~0.12,以含类脂化合物为主,直链烷烃很多,多环芳香烃及含氧官能团很少;主要来自于藻类、细菌类等低等生物,生油潜能大。

Ⅱ型:H/C原子比较Ⅰ型低,介于0.65~1.25,O/C原子比较Ⅰ型高,介于0.04~0.13,属高度饱和的多环碳骨架,中等长度直链烷烃和环烷烃很多,也含多环芳香烃及杂原子官能团;它们来源于浮游生物(以浮游植物为主)和微生物的混合有机质。生油潜能中等。

Ⅲ型:H/C原子比较低,约为0.46~0.93,O/C原子比较高,可达0.05~0.30,以含多环芳烃及含氧官能团为主,饱和烃链很少,主要来源于陆地高等植物,生油潜力较差,但是生成天然气的主要母源物质。

过去,国内外常将干酪根划分为腐泥型、混合型和腐殖型三种类型,其特征同Ⅰ、Ⅱ、Ⅲ型大致相当。

二、油气生成的外在条件

沉积有机质是油气生成的物质条件,但这些物质要保存下来并转化为油气,还需要一定的外部条件,即地质环境和物理化学条件。

1. 油气生成的地质环境

要形成大量油气,一是要有大量有机质长期沉积的古地理环境,二是要有使这些有机质得到有效埋藏保存的地质条件。根据对现代沉积物和古代沉积岩的调查,能满足上述条件的地区主要为浅海区、海湾、潟湖、内陆湖泊的深湖—半深湖区和河流入海(入湖)的三角洲地带。这些地区稳定存在的时间越长,在该区沉积的有机质就越多,潜在的生油量也越大。而要使上述地区长时期稳定存在,就要求该地区地壳长期稳定下沉,并且沉降速度与沉积物的沉积速度大体相等,否则,无论是沉降速度大于还是小于沉积物的沉积速度,都会使水体变深或变浅,从而不再利于生物的大量繁殖并有效的沉积与保存。

因此，那些地壳长期下沉的、沉降速度与沉积速度大体相等的浅海、海湾、潟湖、内陆湖泊的深湖—半深湖区和三角洲地带，是有机质沉积最多而又能有效保存的地区，是生油的地质古地理环境。

2. 油气生成的物化条件

有机质向油气转化是一个复杂的过程，在这个过程中，细菌作用、温度、时间、压力、催化剂及放射性等是必不可少的物理化学条件。其中温度是最有效、最持久的作用因素。随着沉积过程中有机质埋藏深度的增加，温度不断升高，当达到一定数值时，有机质才开始大量转化为石油和天然气。

三、有机质向油气转化的阶段及一般模式

生物有机质随沉积物沉积后，随埋藏深度加大，温度和压力不断升高，有机质将逐步向油气转化。由于在不同的深度范围内，各种物化因素的作用效果不同，有机质的转化机理及主要产物亦不同，致使有机质向油气的转化表现出阶段性特点，主要可以概括为四个阶段（图6-1）。

1. 生物化学生气阶段

该阶段有机质埋藏深度为 0~1500m，温度介于 10℃~60℃。主要能量以细菌活动为主。在还原环境下，厌氧细菌非常活跃，其结果是：有机质中不稳定组分被完全分解成 CO_2、CH_4、NH_3、H_2S、H_2O 等简单分子，生物体被分解成相对分子质量低的生物化学单体（苯酚、氨基酸、单糖、脂肪酸），而这些产物再聚合成结构复杂的干酪根。

2. 热催化生油气阶段

该阶段沉积物埋藏深度为 1500~2500m 或更深，有机质经受的地温升至 60℃~180℃。此阶段有机质转化最活跃的因素是热催化作用，催化剂为黏土矿物。由于成岩作用增强，黏土矿物对有机质的吸附能力加大，加快了有机质向油气转化的速度，降低了有机质成熟的温度。干酪根在催化剂的作用下发生热降解和聚合加氢作用，生成大量油气，故该阶段又称为主要生油阶段。有机质进入油气大量生成的最低的温度界限，称为生烃门限或成熟门限，所对应的深度称为门限深度。

3. 热裂解生凝析气阶段

该阶段沉积物埋藏深度为 3500~4000m 或更深，地温达到 180℃~250℃。此时，温度超过了烃类物质的临界温度，已生成的石油发生热裂解，液态烃急剧减少，C_{25} 以上高分子正烷烃含量趋于零，甲烷及其气态同系物剧增，当这些气体采至地面，随着温度、压力的降低，反而凝

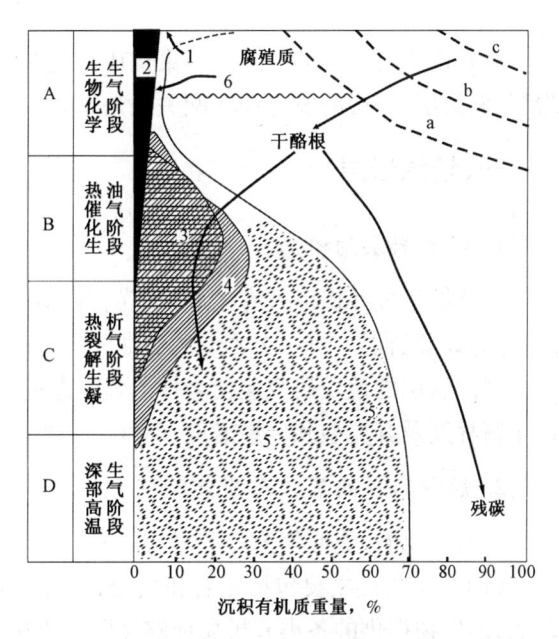

图6-1 沉积物有机质馏分的深部热演化模式
a—腐殖酸；b—富非酸；c—碳水化合物+氨基酸+类脂化合物
1—生物化学甲烷；2—原有沥青、烃、非烃化合物；3—石油；
4—湿气，凝析气；5—天然气；6—未熟—低熟油（注：还应包括2）

结成液态轻质石油并伴有湿气。

4. 深部高温生气阶段

当沉积物埋藏深度超过6000～7000m,温度超过250℃时,已形成的液态烃和重质气态烃强烈裂解,变成最稳定的甲烷,干酪根残渣释出甲烷后,进一步缩聚,形成碳沥青或石墨。

以上各阶段是连续过渡的,相应的反应机理和产物也是可以叠置交错的,没有统一的绝对的划分标准。有机质的演化程度同时受控于有机质本身的化学组成和所处的外界环境条件。不同类型有机质达到不同演化阶段所需的温度条件不同,而不同沉积盆地的沉降历史、地温历史也不同,这就决定了不同沉积盆地中有机质向油气转化的过程不一定全都经历这四个阶段,而且每个阶段的深度和温度界限也可有差别。

第三节 烃源岩层、储集层、盖层

由有机质转化成的油气能否聚集成油气藏并保存下来,取决于诸多因素的影响,其中烃源岩层、储集层、盖层的发育和匹配关系是重要因素之一。

一、烃源岩层

1. 烃源岩层的概念

凡能够生成并提供具有工业价值的石油和天然气的岩石,称为烃源岩,由烃源岩组成的地层,称为烃源岩层。对一个盆地的含油气远景的评价,关键是看烃源岩层的生烃潜力的大小。

烃源岩层的地质研究包括岩性、岩相、厚度及分布范围等。岩性和岩相决定有机质的含量即丰富程度及其类型和生烃潜能;厚度及分布范围决定有机质的总量,也决定排烃效率。

2. 烃源岩层的岩性及岩相特征

从岩性上看,能够作为烃源岩层的岩性主要有两大类,即黏土岩类和碳酸盐岩类。

(1)黏土岩类主要包括泥岩和页岩,是在一定深度的稳定水体中形成的。沉积环境安静乏氧,由生物提供的各类有机质能够伴随黏土矿物大量堆积、保存,为生成油气提供物质保证。由于这些黏土岩类富含有机质及低价铁化合物,使颜色多呈暗色。我国主要陆相盆地,如松辽、渤海湾、准噶尔、柴达木等含油气盆地,主要烃源岩层多为灰黑、深灰、灰及灰绿色泥岩、页岩。

(2)碳酸盐岩类以灰色、深灰色的沥青灰岩、隐晶质灰岩、豹斑灰岩、生物灰岩、泥灰岩为主。岩石中常含泥质成分,隐晶—粉晶结构,颗粒少,以灰泥为主。多呈厚层—块状,水平层理或波状层理发育。含黄铁矿及生物化石,有时锤击可闻到沥青臭味。我国四川盆地二叠系和三叠系的石灰岩,华南、塔里木地台广泛发育的古生界碳酸盐岩都具备良好的生烃条件。

无论是黏土岩类,还是碳酸盐岩类烃源岩,其共同特点是沉积颗粒细小、颜色暗、富含有机质及黄铁矿等。这些共同特点反映了烃源岩是在较宁静的水体中沉积下来的,这样的环境适于生物的大量繁殖,而且有机质沉降到海(湖)底后,被细粒的沉积物埋藏,有利于有机质的保存。这样的环境主要有浅海相、三角洲相和深水—半深水湖泊相(表6-1)。在陆相盆地中,深水湖泊相是最有利的烃源岩相。

表 6-1　我国主要陆相盆地烃源岩层的岩性和岩相特征

地区	层位	岩性和岩相特征			
		颜色	岩性	自生矿物	岩相
松辽	K₁ 嫩江组	灰绿—灰黑色	泥岩为主	含大量黄铁矿,为不规则状及球粒状	半深水湖相
	K₁ 青山口组	深灰—灰黑色	泥岩为主	含大量球状黄铁矿聚合体	深—半深水湖相
四川	J₂ 大安寨组	灰绿—灰黑色	泥岩、介壳灰岩	含大量分散状黄铁矿	深—半深水湖相
华北	E₁ 沙河街组	灰绿—深灰色	泥岩、油页岩为主	含有黄铁矿	半深水湖相
华东	E₁ 阜宁组	灰色—灰黑色	泥岩、页岩为主	含有黄铁矿	深—半深水湖相
柴达木	E₃ 下干柴沟组	灰色、深灰色	泥岩、钙质泥岩为主	—	深—半深水湖相
准噶尔	P₂	黑色	页岩为主	有分散状黄铁矿	半深水湖相
酒泉	K₁ 下新民堡群	灰黑色	泥岩、页岩	含分散状黄铁矿	深—半深水湖相
鄂尔多斯	T₃ 延长统	灰绿—灰黑色	泥岩为主		深—半深水湖相

3. 烃源岩层的地球化学特征

鉴别与评价烃源岩层,不仅利用岩性、岩相方面的特征,而且还要利用地球化学方面的定量指标,包括烃源岩中所含有机质的数量(丰度)、有机质的类型、有机质的演化程度等。

1)有机质的丰度

岩石中有足够数量的有机质是形成油气的物质基础,也是决定岩石生烃潜力的主要因素。常用的有机质丰度指标是有机碳含量。

有机碳含量指岩石中残留的有机碳含量,以单位质量岩石中有机质的质量百分数表示。由于烃源岩层内只有很少一部分有机质转化成油气,大部分仍残留在烃源岩层中,且碳是有机质中所占比例最大、最稳定的元素,因此剩余有机碳含量能够近似地表示烃源岩内的有机质丰度。岩石中剩余有机碳与剩余有机质含量之间存在一定的比例关系,一般将剩余有机碳乘以1.22 或 1.33,即为剩余有机质的含量。

我国东部中、新生代陆相淡水—半咸水沉积盆地,主力烃源岩的有机碳含量均在 1.0% 以上,平均为 1.2% ~ 2.3%,最高达 2.6%。尚慧芸研究认为,我国中、新生代主要含油气盆地暗色烃源岩的有机碳含量的下限为 0.4%,较好烃源岩为 1% 左右。一般碳酸盐岩的有机碳含量比黏土岩低。Hunt 测定的结果显示,碳酸盐岩的平均值仅为 0.17%。所以两者的评价标准不同(表 6-2)。

表 6-2　生油岩的有机碳评价标准

烃源岩级别	泥岩,%	碳酸盐岩,%
差	<0.5	<0.12
中	0.5 ~ 1.0	0.12 ~ 0.25
好	1.0 ~ 2.0	0.25 ~ 0.50
非常好	2.0 ~ 4.0	0.5 ~ 1.00
极好	4.0 ~ >8.0	1.00 ~ 2.00

2) 有机质的类型

有机质的类型不同，其生烃潜力及产物是有差异的。一般认为Ⅰ型干酪根生烃潜力最大，且以生油为主；Ⅲ型干酪根生烃潜力最差，且以生气为主；Ⅱ型干酪根介于两者之间。

3) 有机质的成熟度

有机质的成熟度是指有机质向石油和天然气的热演化程度。在沉积岩成岩后生演化过程中，烃源岩中有机质的许多物理性质、化学性质都发生相应的变化，并且这一过程是不可逆的，因而可以应用有机质的某些物理性质和化学组成的变化特点来判断有机质热演化程度，划分有机质演化阶段。目前，常用的成熟度评价指标有镜质组反射率(R_o)和有机质颜色等。以镜质组反射率(R_o)为例，镜质组是一组富氧的显微组分，它的反射率与成岩作用关系密切，热变质程度越深，镜质组反射率越大。在生物化学生气阶段，R_o小于0.5%；热催化生油气阶段，R_o在0.5%~1.3%之间；热裂解生凝析气阶段，R_o在1.3%~2.0%之间；至深部高温生气阶段，R_o继续增加。

二、储集层

1. 储集层的概念

作为储集层需要具备两个条件：一是要有容纳流体的空间，即孔隙；二是要具有渗滤流体的能力，即孔隙是连通的，流体在其中可以流动。所以，储集层的定义为，能够容纳和渗滤流体的岩层。分布最广、最重要的储集层有砂岩类、砾岩类、碳酸盐岩类，此外还有火山岩、变质岩、泥岩等。

2. 储集层的一般特征

勘探实践证明，油气地下存储状态不是像地面上那样成为油河、油湖或油库，而是储存在地下的那些具有微小孔隙的岩石中，就像水充满海绵里一样。

衡量储集层好坏的参数主要是储集层的孔隙性和渗透性。

1) 储集层的孔隙性

储集层的孔隙是指储集岩中未被固体物质所充填的空间部分，包括粒间孔隙、粒内孔隙、裂缝、溶洞等各种类型的孔、洞、缝。孔隙度是衡量岩石孔隙发育程度的参数，是由孔隙空间在岩石中所占体积的百分数表示，孔隙度可分为总孔隙度、有效孔隙度和流动孔隙度。

(1) 总孔隙度。

总孔隙度指岩样中所有孔隙空间体积之和与该岩样总体积的比值。可用下式表示：

$$\phi_t = \frac{\sum V_t}{V_r} \times 100\% \tag{6-2}$$

式中　ϕ_t——总孔隙度；

　　　$\sum V_t$——所有孔隙空间体积，cm^3；

　　　V_r——岩样总体积，cm^3。

(2) 有效孔隙度。

有效孔隙度指那些参与渗流的、互相连通的孔隙总体积与岩石总体积的比值。可用下式表示：

$$\phi_e = \frac{\sum V_e}{V_r} \times 100\% \tag{6-3}$$

式中　ϕ_e——有效孔隙度；

$\sum V_e$——有效孔隙体积之和，cm^3；

V_r——岩样总体积，cm^3。

（3）流动孔隙度。

指在一定条件下，流体可以在岩石中流动的孔隙体积与岩石总体积的比值。可用下式表示：

$$\phi_i = \frac{\sum V_i}{V_r} \times 100\% \tag{6-4}$$

式中　ϕ_i——流动孔隙度；

$\sum V_i$——流动孔隙体积之和，cm^3；

V_r——岩样总体积，cm^3。

2）储集层的渗透性

储集层的渗透性是指在一定压差下，储集岩本身允许流体通过的能力。同孔隙性一样，渗透性是储集层最重要的参数之一，它不但控制着储能，而且控制着产能。岩石渗透性的好坏用渗透率表示。渗透率可分绝对渗透率、有效渗透率和相对渗透率。

（1）绝对渗透率。

绝对渗透率是当单相流体充满岩石孔隙，流体不与岩石发生任何物理、化学反应，流体的流动符合达西直线渗滤定律时，所测的岩石对流体的渗透能力。由于服从于达西直线渗滤定律，因此可用下式表示：

$$K = \frac{Q\mu L}{A\Delta p} \times 10^{-1} \tag{6-5}$$

式中　K——岩石的绝对渗透率，μm^2；

Q——流体流量，cm^3/s；

A——岩样的截面积，cm^2；

μ——流体的黏度，$mPa \cdot s$；

L——岩样的长度，cm；

Δp——岩样两端的压差，MPa。

理论上，绝对渗透率只是岩石本身的一种属性，仅与岩石性质有关，而与流体性质及测定条件无关。但在实际工作中人们发现，同一岩样、同一种流体，在不同压差下测得的渗透率是有差别的。液体为介质时所测的渗透率总是低于气体为介质时的渗透率。通常以干燥空气或氮气为流体，测定岩石的绝对渗透率。但由于气体为可压缩流体，因此用气体测定岩石渗透率的公式为：

$$K = \frac{2Q_o p_o \mu L}{A(p_1^2 - p_2^2)} \times 10^{-1} \tag{6-6}$$

式中　p_0——大气压力,MPa;
　　　Q_0——大气压力 p_0 下气体的体积流量,cm³/s;
　　　A——岩样的截面积,cm²;
　　　μ——流体的黏度,mPa·s;
　　　L——岩样的长度,cm;
　　　p_1、p_2——岩样两端的压力,MPa;
　　　K——岩石的渗透率,μm²。

(2)有效渗透率。

有效渗透率是当岩石孔隙为多相流体通过时,岩石对每一种流体的渗透率,又称为相渗透率。在实际油层内,孔隙中的流体往往不是单相,而是呈油、水两相或油、气、水三相共存,各相之间彼此干扰,这时岩石对其中每相的渗流作用与单相流体有很大差别。

一般用符号 K_o、K_g、K_w 分别表示油、气、水的有效渗透率。

有效渗透率不仅与岩石的性质有关,而且与其中流体的性质及饱和度有关。

(3)相对渗透率。

相对渗透率是某一相流体的有效渗透率与岩石绝对渗透率之比。实验证明,多相流体共存时,各单相流体的有效渗透率以及它们的和,总是低于绝对渗透率。因为多相共渗时,流体不仅要克服本身的黏滞阻力,还要克服流体与岩石孔壁之间的附着力、毛细管力及不同流体间的附加阻力等。某相流体的有效渗透率随该相流体在岩石孔隙中饱和度的增高而加大,当该相流体饱和度达100%时,其有效渗透率等于绝对渗透度,相对渗透率等于1。当某相流体的饱和度减小到某一数值时,该相流体即停止流动(图6-2)。

孔隙度和渗透率是储集岩的两个基本属性,因此,可根据孔隙度及渗透率的大小对储集层进行评价(表6-3)。

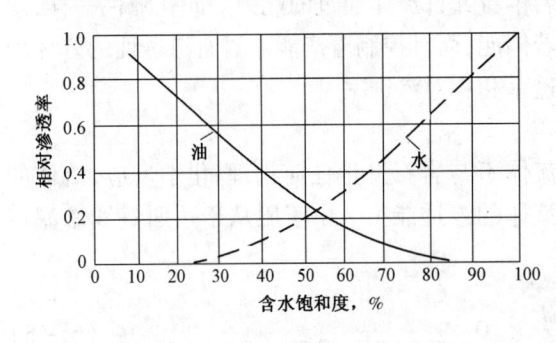

图6-2　油水相对渗透率曲线

表6-3　砂岩储集层物性级别表

级别	孔隙度,%	渗透率,×10⁻³μm²
特高孔、特高渗储集层	>30	>2000
高孔、高渗储集层	25～30	500～2000
中孔、中渗储集层	15～25	100～500
低孔、低渗储集层	10～15	10～100
特低孔、特低渗储集层	<10	<10

3)孔隙度与渗透率之间的关系

孔隙度与渗透率之间没有严格的函数关系,因为影响它们的因素很多,岩石的渗透率除受孔隙大小的影响外,还受孔道截面大小、形状、连通性及流体性能的影响。例如,一些黏土岩的总孔隙度很大,可达30%～40%,但其喉道太小,致使渗透率很低;而一些裂缝发育的致密石灰岩,裂缝孔隙度可能很小,但渗透率可能很大,因为裂缝是良好的渗流通道。

尽管如此,孔隙度与渗透率之间还是有一定内在联系的,特别是有效孔隙度与渗透率关系更为密切。对于碎屑岩储集层,其有效孔隙度越高,渗透率越大,两者呈一定的正相关关系。

3. 碎屑岩储集层

碎屑岩是最重要的储集层类型之一,世界上已发现的油气储量中,大约58%的石油和75%的天然气储存在碎屑岩中。我国中、新生代陆相盆地的油气储集层绝大多数为碎屑岩。碎屑岩储集层包括砾岩、砂岩(粗、中、细、粉)。

1) 碎屑岩储集层的孔隙结构

储集层的储集空间是一个复杂的立体孔隙网络系统,这些孔隙网络可以分为两个基本单元,一部分对流体储存起较大作用的、相对较大的部分,称为孔隙(狭义);一部分是沟通孔隙形成通道,对渗滤流体起关键作用的、相对狭窄的部分,称为喉道(图6-3)。

孔隙结构就是指孔隙和喉道的几何形状、大小、分布及其相互连通的关系。孔隙喉道严重影响着储集层的渗透率。喉道半径越大,连接孔隙的喉道越多,渗透率越大。通常将喉道的大小分为特粗喉、粗喉、中喉、细喉、微喉等级别(表6-4)。

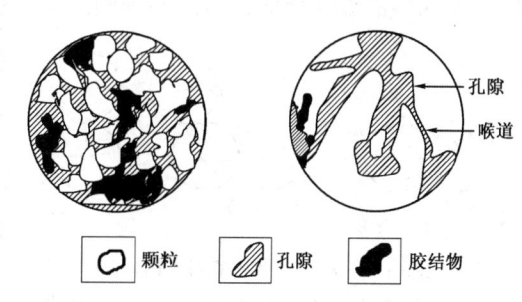

图6-3 孔隙结构示意图

表6-4 喉道分级

级 别	主要流动喉道直径,mm
特粗喉	>0.03
粗 喉	0.02~0.03
中 喉	0.01~0.02
细 喉	0.001~0.01
微 喉	<0.001

2) 影响碎屑岩储集层物性的因素

影响碎屑岩储集层储集性能的地质因素,主要有岩石的成分、结构、构造、沉积环境、成岩作用及构造作用等因素。

(1) 沉积作用的影响。

沉积作用对碎屑岩储集性能的影响是最根本的。碎屑岩颗粒的成分、粒度、分选、磨圆、排列方式、基质含量及沉积构造,是影响储集物性的主要参数,它们都与沉积作用有关。

① 矿物成分。矿物颗粒的影响主要有两个方面:一是矿物颗粒的耐风化性,即性质坚硬程度和遇水溶解及膨胀程度;二是矿物颗粒对流体吸附力的大小,一般性质坚硬、遇水不溶解、不膨胀,遇油不吸附的颗粒组成的砂岩储油物性好,反之则差。所以,石英砂岩的储油物性普遍好于长石砂岩。

② 碎屑颗粒的大小及分选。在理想状况下,假设岩石是由大小均等的小球体颗粒组成,

且呈立方体排列,这时,每个小球体周围的孔隙体积等于包围这个小球体的立方体体积减去小球体体积,其理论孔隙度为:

$$\phi = [(2r)^3 - \frac{4}{3}\pi r^3]/(2r)^3 \times 100\% = (1 - \frac{\pi}{6}) \times 100\% = 47.6\%$$

可见碎屑由均等大小球体颗粒组成时,其孔隙度与颗粒大小无关。但实际在自然条件下,颗粒大小是不均匀的。粒度的影响主要表现在,粒度减小,总孔隙度增大,但渗透率减小。岩石颗粒分选好,颗粒大小均匀,则孔渗性好;反之分选差,颗粒大小混杂,则大颗粒构成的大孔隙会被小颗粒堵塞,从而减小了孔渗性。

③ 碎屑颗粒的形状、排列和接触方式。形状一般指颗粒的圆球度。颗粒被磨圆的程度越好,孔隙性和渗透性越好;反之,不规则形状的颗粒易发生凹凸镶嵌而使其孔渗性变差。

颗粒的排列方式是指颗粒之间相互接触而呈现出的原地支撑方式。可简化为三种理想的排列方式,即紧密式、中等紧密式、最不紧密式三种(图6-4)。经理论计算,最不紧密排列的孔隙度为46.7%,最紧密的为25.9%。可见排列越不紧密,孔渗性越好。颗粒的排列方式,主要取决于沉积条件及上覆地层压力大小。在水动力条件弱的地方,颗粒呈近立方体排列,在水动力条件强的地方,颗粒呈非立方体排列。沉降和沉积速率快的地方,颗粒排列疏松。

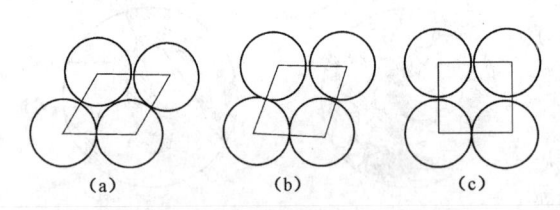

图6-4 岩石球体颗粒排列的理想形式
(a)紧密式;(b)中等紧密式;(c)最不紧密式

(2)成岩及后生作用对碎屑岩储集层物性的影响。

① 压实作用。压实使孔隙减小。约在3000m深度范围内,原生孔隙度可减少20%~30%。在同一压实条件下,含有泥粒、低变质颗粒、绢云母化的长石颗粒等质软的颗粒的岩石压实程度高,孔隙度降低得多,而硬度高的颗粒则压实程度低。

② 胶结作用。其影响主要是胶结物成分、含量及胶结类型的影响。

碎屑岩储集层最常见的胶结物是泥质、钙质、铁质、硅质。一般情况下,以泥质胶结为好,钙质、铁质、硅质胶结,物性较差。我国碎屑岩储集层中胶结物以泥质为主,钙质较少,至于硅质、铁质、沸石、石膏等则更少。胶结物的多少也直接影响到碎屑岩储油物性,胶结物或填隙物含量高,粒间孔隙多被它所充填,孔隙体积和孔隙半径都会变小,使孔渗性变差。

在基底式、孔隙式、接触式、镶嵌式四种胶结类型中,以接触式为最好,孔隙式次之,基底式和镶嵌式最差。

③ 溶解作用。砂岩中的次生孔隙多为溶解作用产生。溶解作用可发生于岩石颗粒、基质、胶结物。砂岩最常见的可溶性矿物为碳酸盐矿物,主要为方解石、白云石和菱铁矿。这个作用主要发生在4000m深度范围内的地层。由于这个深度是页岩、煤层中有机质成熟、脱羧产生CO_2的深度,生成的CO_2为碳酸盐矿物的溶解提供了条件。

④ 交代作用。在埋深较大的地方和高pH值条件下,方解石交代石英、长石;而在浅层和低pH值的条件下,石英交代方解石。这样,若各种难溶的硅酸盐矿物先被方解石交代,然后方解石又被溶解,就会产生很多次生孔隙,使储油物性变好。

(3)人为因素的影响。

主要是在钻井、完井、开采、修井、注水过程中,改变了原来油藏的物化性质及热力学、动力学平衡及物质成分,造成储集层物性变差,称为储集层伤害。

4. 碳酸盐岩储集层

碳酸盐岩储集层包括石灰岩、白云岩、白云质灰岩、灰质白云岩、生物碎屑灰岩、鲕状灰岩等,是另一类重要的油气储集层。其中的石油储量在世界上占40%以上,产量占60%以上。如中东地区34个3亿吨储量的大油气田中就有28个属于此类。

碳酸盐岩在我国约占沉积岩总面积的55%,以碳酸盐岩为储集层的油气藏分布广泛,现已找到许多以碳酸盐岩为主要储集层的油气田,如华北任丘油田、四川威远气田等。

1) 碳酸盐岩储集空间的类型

碳酸盐岩的储集空间,通常分为孔隙、溶洞和裂缝三类。孔隙是指岩石结构组分粒内或粒间的空隙,形状细小,近于等轴状,与碎屑岩中的孔隙相似。溶洞是溶解作用扩大了的孔隙,因为二者界限不明确,因此有人将溶洞与孔隙合称为孔洞。它们对油气主要起储集的作用,在一定程度上也起通道作用。裂缝是伸长状的储集孔隙,主要起良好的通道作用,同时也储集一定数量的油气。

2) 碳酸盐岩储集层的类型

碳酸盐岩储集层,常以储集空间类型及储渗能力进行分类。按储集空间类型可分为五种基本类型。

(1) 孔隙型。储集空间以各种类型的孔隙为主,常见的多为碳酸盐岩中的粒间孔隙、晶间孔隙、生物骨架孔隙等,其孔隙结构与砂岩十分相似。世界上许多碳酸盐岩油气田的储集层均属于此类,如沙特阿拉伯加瓦尔油田上侏罗统阿拉伯组D段砂屑灰岩储集层、伊拉克基尔库油田古近系生物礁灰岩储集层。

(2) 裂缝型。储集空间以各种裂缝为主,孔隙不发育。裂缝多为构造裂缝。它们既是油气的储集空间,也是油气的渗滤通道。世界上许多油气田为裂缝型储集层,如伊朗许多著名的世界级特大油气田,都是古近系阿斯马利石灰岩裂缝型储集层产油。

(3) 溶洞—裂缝型。储集空间以各种溶蚀孔洞为主,孔隙不发育,但裂缝较发育。溶蚀孔洞是主要的储集空间,裂缝为渗滤通道,裂缝将溶蚀孔洞连通成形状不规则的储集体,如四川盆地川南下二叠统灰岩储集层。

(4) 孔隙—裂缝型。储集空间主要为各类孔隙及裂缝。孔隙与网状裂缝较发育,是碳酸盐岩中分布比较广的一类储集层。孔隙—裂缝型储集层在四川盆地各层系中均有分布。

(5) 孔、洞、缝复合型。储集空间为各种成因的孔隙、溶蚀洞穴及裂缝,孔、洞、缝相互组合成统一的储集体。一般来说,孔隙度、渗透率较高,有利于形成储量大、产量高的大型油气田。

5. 其他岩类储集层

其他岩类储集层是指除碎屑岩和碳酸盐岩以外的各种岩类储集层,如岩浆岩、变质岩、黏土岩等。虽然它们占储集层总量不到1%,但近年来,国内外的一些油田在这类储集层中都获得了具有商业价值的油气产量,因此,这类储集层也越来越受到人们的重视。

1) 岩浆岩储集层

根据岩浆的冷凝环境,岩浆岩分为侵入岩和喷出岩(又称火山岩)。我国的侵入岩储集层不如火山岩储集层发育和分布广泛,目前已发现的侵入岩油藏主要是以浅层侵入的辉绿岩和煌斑岩为储集层,而且为数不多。而火山岩油气藏分布区域广泛,在克拉玛依、辽河、胜利、大港及内蒙古阿尔善油田,均发现有火山岩油气藏,发育时代遍及古生代、中生代和新生代,其地位仅次于碎屑岩储集层和碳酸盐岩储集层。

2）变质岩储集层

变质岩储集层是指由变质岩类构成,并由其中的表生风化或构造破裂形成的裂缝作为储集空间和渗流通道的一类储集体,多分布在基岩侵蚀面上。呈基岩出现的变质岩致密坚硬,本来不具备对油气储集有意义的孔隙空间,只是由于长期而强烈的风化作用和构造破裂等后生改造作用,在其表层常形成一个风化孔隙、裂缝带,从而使岩石具备了一定的储渗条件,成为油气聚集的良好场所。我国酒泉西部盆地鸭儿峡油田基岩油藏,产油层即为志留系变质岩基底,由板岩、千枚岩及变质砂岩组成。

3）黏土岩储集层

一般来说,黏土岩很难成为油气储集层,因为黏土岩孔隙细小,属微毛细管孔隙,排替压力大,流体在地层压力条件下不能在其中流动。但对于某些致密脆性的黏土岩,如钙质泥页岩,在各种应力的作用下易产生比较密集的裂缝,或黏土岩中含有膏盐、盐岩等易溶成分,经地下水溶解形成溶蚀孔洞,从而使黏土岩具备了一定的储渗条件,成为油气储集层。

目前,国内外已经发现了许多以黏土岩为储集层的油气藏。我国青海省柴达木盆地油泉子油田发现了具有工业价值的钙质泥岩油层,江汉盆地潜江组的含石膏泥岩裂隙、晶洞中也见到商业价值的油流,胜利油田、大庆油田等也均有发现。

三、盖层

盖层是指位于储集层之上,能够封隔储集层并使其中的油气免于向上逸散的岩层。与储集层作用不同,盖层的作用是阻碍油气逸散。盖层的优劣,直接影响着油气在储集层中的聚集效率和保存时间,盖层发育层位和分布范围直接影响油气田分布的层位和区域。因此,盖层是形成油气藏必不可少的地质条件之一,也是油气田勘探和开发要研究的重大课题之一。

1. 盖层的岩石类型

在油气田中常见的盖层有泥岩、页岩、盐岩、膏岩、致密灰岩等类型。据克莱姆对世界334个大油气田的统计结果表明,以泥岩、页岩为盖层的大油气田约占65%,以盐岩、膏岩为盖层的大油气田占33%,以致密灰岩为盖层的仅占2%。我国松辽盆地中的一些大油田,多以泥岩、页岩为盖层,四川盆地中的一些气田以石膏层为主要盖层。

2. 盖层的基本特征

油气藏的有效盖层应具备岩性致密,孔隙度、渗透率低,排替压力高,分布稳定,且具有一定厚度等特征。

排替压力是指某一岩样中的润湿相流体,被非润湿相流体开始排替所需的最低压力。由于沉积岩大多是被水所润湿,油气要通过它进行运移,首先必须排替其中的水,使油或气进入其中。排替岩石中的水所需要的最小压力就是排替压力。如果某一岩层排替压力高,油气运移的动力小于排替压力,油气不能将岩层中的水排出而进入其孔隙空间,该岩层就可阻止油气向上逸散,即可称为盖层。

排替压力的大小主要取决于岩石孔隙喉道的大小。根据孔隙的大小,可将盖层的封闭性分为三类:岩石孔径大于 2×10^{-4} cm 的岩层不能作为盖层;岩石孔径在 $(0.05 \sim 2) \times 10^{-4}$ cm 之间的岩层只能作为油层的盖层;岩石孔径小于 5×10^{-6} cm 的岩层既能作油层的盖层,也可以作为气层的盖层。

油气田的勘探实践证明,盖层需要一定的厚度,如果盖层较薄,横向上连续性差,就不能形成区域性盖层,在漫长的地质时期,很难对大油田的形成及保护起到封盖的作用。但盖层的厚度与其遮挡能力之间没有明显的关系,有的油气田盖层厚度达几百米,而有的油气田盖层仅几米厚。渤海湾盆地孤岛油田,主要产油气层为馆陶组的砂岩层,其上以明化镇组的泥岩为盖层,厚度可达750m。四川盆地川南三叠系气藏的石膏盖层厚度仅20m左右。由此可见,盖层的厚度对油气的遮挡能力不起决定作用,关键在于盖层的排替压力应大于油气向上运移的动力。

四、生储盖组合及其类型

在地层剖面中,紧密相邻的包括烃源岩层、储集层和盖层的一个有规律的组合,称为一个生储盖组合。

根据生、储、盖三者之间的时空配置关系,可将生储盖组合划分为四种类型(图6-5)。

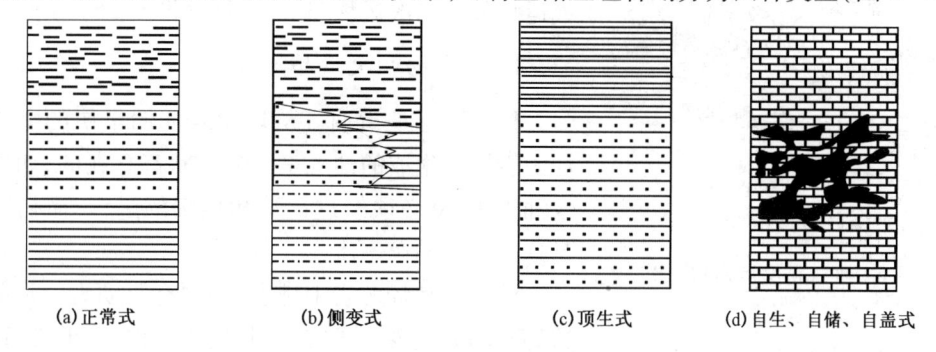

(a) 正常式　　(b) 侧变式　　(c) 顶生式　　(d) 自生、自储、自盖式

图6-5　生储盖组合类型示意图

(1)正常式组合。烃源岩层在下、储集层居中、盖层在上,这种组合是我国许多油田最主要的组合方式。

(2)侧变式组合。由于岩性、岩相在空间上的变化,导致烃源岩层与储集层为侧向接触,盖层位于其上,这种组合多发育在生烃凹陷斜坡带或古隆起斜坡带上。

(3)顶生式组合。烃源岩层与盖层同属一层,储集层位于下方。

(4)自生、自储、自盖式组合。本身集生、储、盖三种功能于一身,如含局部裂缝的石灰岩、泥岩,含砂岩透镜体的泥岩等。

根据烃源岩层与储集层的时代关系,可将生储盖组合划分为新生古储式、古生新储式和自生自储式三种形式。较新地层中生成的油气储集在相对较老的地层中,为新生古储;反之,为古生新储;而自生自储则是指烃源岩层与储集层都属于同一层。这三种形式的盖层都比储集层新。

另外,根据生储盖组合之间的连续性,可将其分为连续性沉积的生储盖组合和不连续沉积的生储盖组合。

第四节　油气运移与成藏

石油和天然气是流体矿产,它们具有流动的趋势。油气是如何通过运移聚集成油气藏的呢?油气在地下的运动、聚集规律是什么?受哪些因素影响?搞清这些问题不仅具有理论意义,更重要的是对油气勘探具有实际的指导意义。

一、油气运移

油气是在富含有机质的细粒烃源岩层中生成的,但却主要储藏在多孔的渗透性储集层中。油气是如何从烃源岩层"跑"到储集层并聚集起来成为油气藏的呢?

实际上,油气从烃源岩层到储集层是一个漫长的地质过程,并不是像在输水管道中那样畅通无阻地"跑",而是要受到地层岩性及组构,特别是孔隙结构等种种因素的限制,只能缓慢地向前渗流。

油气在地下的一切运动称为油气的运移。为了表征油气生成后在不同环境、不同阶段的运移特点,将油气运移分为初次运移和二次运移(图6-6)。

1. 油气的初次运移

初次运移是指油气从烃源岩向储集层的运移。在烃源岩层中生成的油气是呈分散状态存在的,如果要形成油气藏,就必须经过运移和聚集的过程,而初次运移是这一过程的第一步。

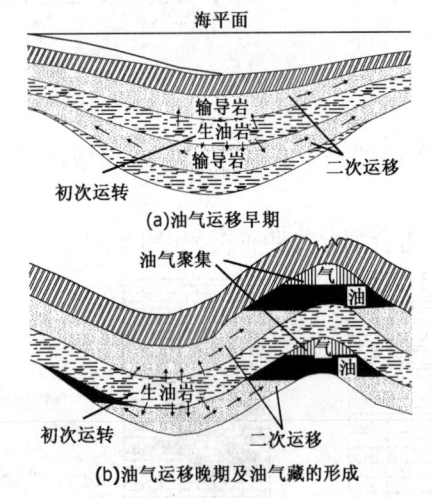

图6-6 油气初次运移和二次运移示意图

油气要从烃源岩中排出,必须有驱动力。目前认为这种驱动力主要有压实作用、热膨胀作用、毛细管力、黏土矿物脱水作用以及有机质的生烃作用等。油气初次运移的主要途径有孔隙、微层理面和微裂缝。在油气未熟—低熟阶段,运移的途径主要是孔隙和微层理面;但在成熟—过成熟阶段,油气运移途径主要是微裂缝。

2. 油气的二次运移

二次运移是指油气进入储集层以后的一切运移,包括油气在储集层内部的运移、沿断层或不整合面等通道的运移,也包括原生油气藏被破坏后所发生的油气再运移。

与初次运移相比,二次运移的环境发生了变化。储集层比烃源岩层的孔隙空间变大了,孔隙性和渗透性变好了;自由水较多,毛细管压力相对较小;温度和压力相对较低。所以,二次运移无论在动力、相态等方面都与初次运移存在差异。

1)二次运移的主要动力

促使油气运移的因素和动力很多,但主要有以下两个方面:

(1)浮力。

一般情况下,油气二次运移的主要驱动力是浮力。石油和天然气的密度都比水小,因此,游离相的油气在水中由于密度差异将产生浮力,其浮力大小与油气的密度和体积有关。由于浮力方向垂直向上,在水平地层条件下,油气垂直向上运移至储、盖层界面;在地层倾斜情况下,油气则沿地层上倾方向运移。

(2)水动力。

储集层内是充满水的,如果水是流动的,则油气进入储集层后,要受水动力影响。在储集层水平的情况下,水动力方向与浮力方向垂直,油气在浮力作用下上浮至储集层顶部被盖层封闭后,如果水动力大于油体所受的毛细管阻力,则油气沿水动力方向运移;若水动力小于毛细管阻力,油气将无法运移。

在地层倾斜情况下,存在水动力沿地层上倾或下倾方向运动两种情况,其作用也可表现为阻力或动力两种结果。如图6-7所示,当水沿地层上倾方向渗流时,水动力方向与浮力沿岩层方向的分力一致,水动力起动力作用;而当水向地层下倾方向渗流时,水动力方向与浮力沿岩层方向的分力相反,水动力起阻力作用。

所以,在地层条件下,油气的运移是水动力、浮力、毛细管阻力共同作用的结果。

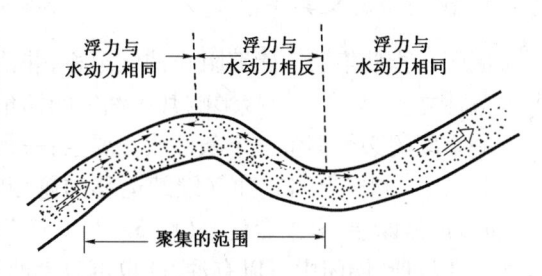

图6-7 背斜地层中水动力与浮力配合
空心箭头表示低流体位能及水流方向;
实心箭头表示由于浮力使石油进入和流动方向

2)二次运移的通道

油气二次运移的主要通道为储集层的孔隙、裂缝、断层和不整合面。储集层的孔隙和裂缝是油气二次运移的基本通道,断裂可以作为油气二次运移的良好通道,地层不整合面也是油气运移的重要通道。不整合面代表了一次区域性的沉积间断或剥蚀事件,其下伏地层由于遭受风化侵蚀或溶解淋滤,往往可形成区域性稳定分布的高孔、高渗古风化壳或古岩溶带,从而成为油气运移的通道,对形成大油田非常有利。如我国冀中坳陷的任丘油田,油气在纵向上的运移通道为裂缝和断层,横向上的通道主要为风化面及储集层的孔隙。

3)二次运移的距离

油气二次运移的距离主要受具体的地质条件控制。如果储集层的岩性、岩相变化小,横向分布稳定,储集层物性好,均质性强,或具有不整合面、断裂带等有利于油气运移的通道,同时有充足的促使油气运移的动力条件,油气可以远距离运移,最大可达百余千米;否则,运移的距离较短,可能只有几千米。一般情况下,海相盆地中油气运移距离较大,而陆相盆地中油气运移距离较小。我国已发现的陆相沉积盆地中的油气运移距离一般在50km以内,运移距离最大的是新疆克拉玛依油田,但也只有80km左右(表6-5)。

表6-5 我国部分含油气盆地油气运移距离

盆地名称	运移距离,km	
	一般	最大
松辽盆地	<40	
鄂尔多斯盆地	<40	60
渤海湾盆地	<20	30
江汉盆地	<10	15
南襄盆地	<10	20
酒泉盆地	5~20	30
准噶尔盆地	30~50	80

正是由于油气运移受多种因素控制,运移距离一般不会太长,油气多靠近生烃凹陷分布,找油时应主要围绕生烃凹陷周边去找,这就是源控论的基本思想。

二、圈闭

1. 圈闭概念及其要素

圈闭是指储集层中能够阻止油气运移，并使油气聚集的一种场所。圈闭是油气藏形成的基本条件之一，其大小直接影响其中油气的储量。

一个圈闭必须具备三个条件或三要素：一是容纳流体的储集层；二是阻止油气向上逸散的盖层；三是在侧向上阻止油气继续运移的遮挡物。遮挡物可以是盖层本身的弯曲变形，如背斜，也可以是断层、岩性变化等（图6-8）。圈闭只是一个能够捕获分散状烃类而使其发生聚集的地质场所，圈闭中可以有油气，也可以无油气。

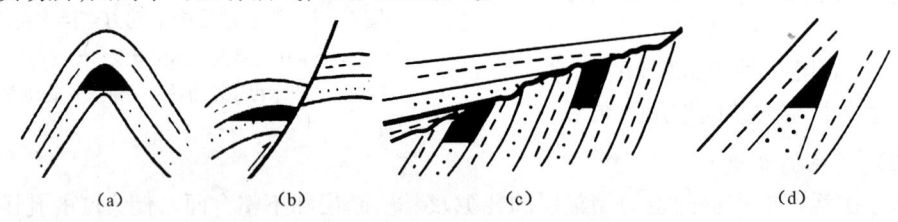

图6-8 圈闭与油气藏主要类型示意图
(a)背斜圈闭与油气藏；(b)断层圈闭与油气藏；
(c)不整合遮挡圈闭与油气藏；(d)岩性尖灭圈闭与油气藏

2. 圈闭的度量

圈闭的大小是由圈闭的最大有效容积来度量的，它表示圈闭能容纳油气的最大体积，是评价圈闭的重要参数之一。一个圈闭的有效容积，取决于闭合面积、闭合高度、储集层的有效厚度和有效孔隙度等参数，下面以背斜圈闭为例介绍如下（图6-9）。

（1）溢出点：是指流体充满圈闭后，最先从圈闭中溢出的位置。

（2）闭合面积：是指通过溢出点的构造等高线所圈闭的面积。

（3）闭合高度：是指圈闭中储集层的最高点与溢出点之间的海拔高差。

需要说明的是，圈闭的闭合高度与构造幅度是两个完全不同的概念。闭合高度是以海平面为基准测量的，而构造幅度则是以区域倾斜面为基准测量的（图6-10）。这就是说，具有同样大小构造幅度的背斜，当区域倾斜不同时，其闭合高度是不同的。

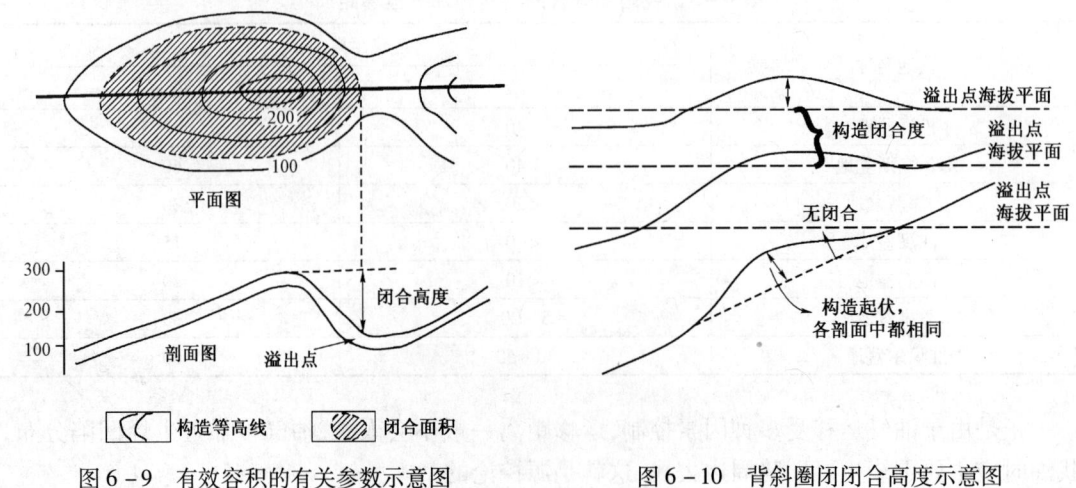

图6-9 有效容积的有关参数示意图　　图6-10 背斜圈闭闭合高度示意图

(4) 储集层有效厚度:是指储集层中具有工业性产油气能力的那一部分厚度。

(5) 有效孔隙度:是指岩石中允许流体在其中流动、互动连通的孔隙体积之和与岩石总体积的百分比值。

(6) 圈闭最大有效容积可用下式来计算:

$$V = F \cdot H \cdot \phi_e \qquad (6-7)$$

式中　V——圈闭的最大有效容积,m^3;
　　　F——圈闭的闭合面积,m^2;
　　　H——储集层的有效厚度,m;
　　　ϕ_e——储集层的有效孔隙度,%。

三、油气藏

1. 油气藏的概念

油气藏是油气在单一圈闭中的聚集,是含油气盆地中油气聚集的最小单元,具有统一的压力系统和油水界面。如果圈闭中只聚集了油,称为油藏;只聚集了气就称为气藏;二者同时聚集就称为油气藏。如图6-11所示的是4个独立的油藏,它们各自有独立的压力系统和油水界面。

若油气聚集的数量足够大,达到了工业开采价值,称为商业性油气藏,若油气聚集的数量少,不具备工业开采价值,则称为非商业性油气藏。二者是一个相对概念,取决于政治、经济和技术条件。

2. 油气藏的度量

与圈闭的度量相似,油气藏的大小可以用含油气面积、含油气高度等参数进行描述。下面以典型背斜油气藏(图6-12)为例介绍如下:

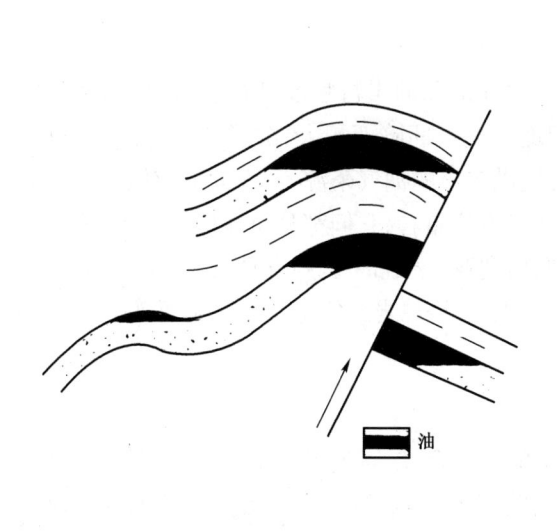

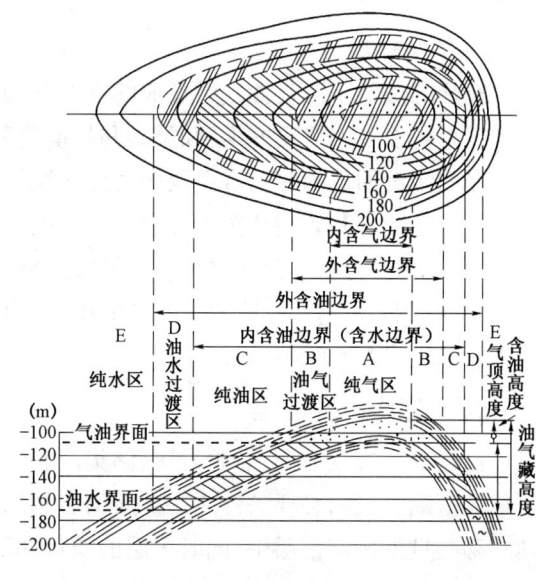

图6-11　油气藏剖面示意图　　　图6-12　背斜油气藏中油、气、水分布示意图

(1)含油(气)的高度。是指油气藏中油水界面与油气藏最高点的海拔高差。当有气顶时,则含油高度为油水界面与气油界面的海拔高差;而气油界面与油气藏最高点之间的海拔高差,称为气顶高度。

(2)外含油边界。又称为含油边界,是指油水界面与含油层顶面的交线,它是水和油的外部分界线,在此线以外只有水没有油。

(3)内含油边界。又称为含水边界,是指油水界面与含油层底面的交线,它是油和水的内部分界线,在此线以内只有油没有水。

(4)外含气边界。是指气油界面与含油层顶面的交线,它是气和油的外部分界线,在此线以外只有油没有气。

(5)内含气边界。是指气油界面与含油层底面的交线,它是油和气的内部分界线,在此线以内只有气没有油。

(6)含油(气)面积。是指外含油(气)边界所圈定的面积。

(7)油水过渡区。是指平面上内、外含油边界之间的地带。

(8)油气过渡区。是指平面上内、外含气边界之间的地带。

(9)纯油区。是指平面上内含油边界与外含气边界所围限的环状区域。

(10)纯气区。是指内含气边界所圈定的面积。

(11)充满系数。是指含油(气)高度与圈闭闭合高度的比值。

(12)边水、底水。油气充满圈闭的高部位,水围绕在油气藏的四周,油—水界面与油气层顶、底界面都相交,这种水称为边水;如果油气藏的下部全部为水,油—水界面仅与油气层顶界面相交,这种水称为底水。

四、油气藏的形成及演变

1. 油气藏形成的基本条件

1)充足的油气来源

充足的油气来源是油气藏形成的物质基础。油气来源的丰富程度,取决于盆地内烃源岩系的发育程度及有机质的丰度、类型和热演化程度。生烃凹陷面积大、沉降持续时间长,可形成巨厚的多旋回性的烃源岩系及多生油气期,可提供丰富的油气来源,从而为形成储量丰富的油气藏奠定物质基础。从国内外大型及特大型油气田分布看,它们都分布在面积大、沉积岩系厚度大、沉积岩分布广泛的盆地中。如波斯湾、西伯利亚、墨西哥、马拉开波、伏尔加—乌拉尔、松辽、渤海湾等。这些盆地的面积多在 $10 \times 10^4 km^2$ 以上,烃源岩系的总厚度均大于 $200 \sim 300m$,沉积岩体积多在 $50 \times 10^4 km^3$ 以上。

2)有利的生储盖组合

油气勘探实践证明,烃源岩层、储集层和盖层的有效匹配,是形成丰富的油气聚集,特别是形成大型油气藏的必要条件之一。所谓有利的生储盖组合,是指烃源岩层生成的油气能及时地运移到良好的储集层中,同时盖层的质量和厚度又能保证运移至储集层中的油气不会逸散。

不同的生、储、盖组合,具有不同的输送油气的通道和不同的输导能力,油气富集的条件就不同。例如,烃源岩层与储集层为互层状的组合形式时,烃源岩层与储集层直接接触的面积大,储集层上、下烃源岩层中生成的油气,就可以及时地向储集层输送,对油气生成和富集都最为有利。当储集层中有背斜存在时,则油气可从四周向背斜中聚集,形成丰富的油气藏(图6-13)。

烃源岩层与储集层为指状交叉的组合形式时,由于烃源岩层与储集层的接触局限于指状交叉地带,在这一带的输导条件好,有利于排烃和聚集,与互层相似。而在面向盆地远离交叉带的一侧,由于附近缺乏储集层,输导能力受到一定限制;在另一侧,则只有储集层,缺乏烃源岩层,油气来源也受到一定限制,故其输导条件和油气富集条件都较互层差(图6-14)。当油层中存在砂岩透镜体时,从接触关系来看,应该是油气的输导条件最为有利。

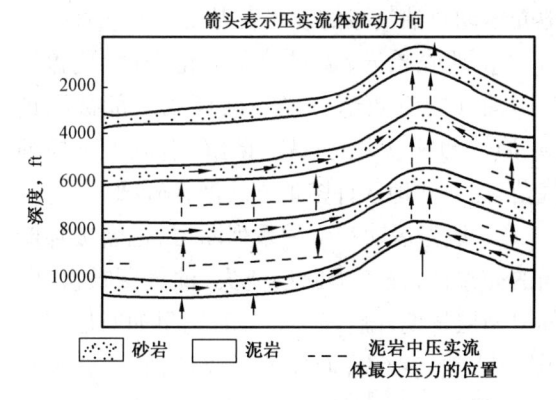

图6-13 互层式组合时油气运移聚集示意图
（据 R. J. Cordell,1976,1977）

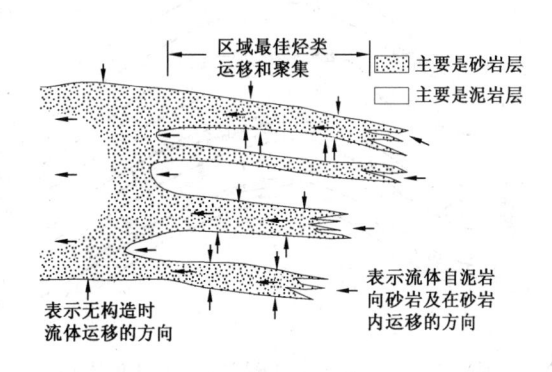

图6-14 指状交叉式组合油气运移聚集示意图

3) 有效的圈闭

油气勘探的实践证明,在有油气来源的前提下,并非所有的圈闭都能聚集油气。有的圈闭有油气聚集,有的只含水,属于空圈闭,说明它们对油气聚集而言是无效的。圈闭的有效性就是指在具有油气来源的前提下,圈闭聚集油气的实际能力。可理解为聚集油气的把握性大小。其影响因素有三个方面:

(1) 圈闭形成时间与油气区域性运移的时间的关系,即时间上的有效性。圈闭形成早于或同于油气区域性运移的时间是有效的,否则,在油气区域性运移之后形成的圈闭,是无效的。如果一个盆地含有多套烃源岩层,会有多个油气生成和油气运移期,那么后期生成的圈闭,对于早期的油气运移期是无效,而对于后期的油气运移及聚集则可能是有效的。所以应作全面分析研究。

(2) 圈闭位置与油气源区的关系,即位置上的有效性。油气生成以后,首先运移至离油源区近的区域内及其附近的圈闭中,形成油气藏,多余的油气则依次向较远的圈闭运移聚集。显然,圈闭离烃源岩区越近越有效,越远有效性越差。

圈闭位置上的有效性是一个相对概念。它受两方面因素影响:一是油源是否充足,若烃源岩供烃充足,则盆地内所有在时间上有效的圈闭在位置上也是有效的,否则其有效性随距离增加而变小;二是油气运移的通道和方向,油气在运移过程中,若因岩性变化、断层阻挡或其他阻力的影响,油气运移的方向就会发生变化或停止运移,这时只有油源附近的圈闭才会有效,较远的圈闭只有在有良好通道相连时才是有效的,否则是无效的。

(3)水压梯度对圈闭有效性的影响。在静水条件下,油气藏内油(或气)水界面是水平的。但在水动力条件下,油(或气)水界面是倾斜的,这就意味着会有部分油气被冲走,倾角越大,能留住的油气就会越少。当这个倾角大于或等于圈闭水流方向一翼的岩层倾角时,油气就会全部被冲走(图6-15)。

4)必要的保存条件

在地质历史时期形成的油气藏能否保存下来,决定于油气藏形成以后是否遭受破坏改造。必要的保存条件,是油气藏存在的重要前提。油气藏的保存主要受以下条件的影响:

(1)地壳运动对油气藏保存条件的影响。地壳运动对油气藏的破坏表现在三个方面:

① 地壳抬升,盖层遭受风化剥蚀,使盖层封盖油气的有效部分受到破坏或全部被剥蚀掉,油气大量散失或氧化、菌解,造成大规模油气苗,如西北地区许多地方的沥青砂脉。

② 地壳运动产生一系列断层,也会破坏圈闭的完整性,油气沿断层流失,油气藏被破坏。如果断层早期开启,后期封闭,则早期断层起通道作用,油气散失;而后期形成遮挡,重新聚集油气,形成次生油气藏或残余油气藏。如渤海湾盆地的华北运动,以块断活动为主,产生大量的断层,这些断层破坏了原有圈闭及油气藏的完整性,使油气重新分布,同时也导致次生油气藏的形成。

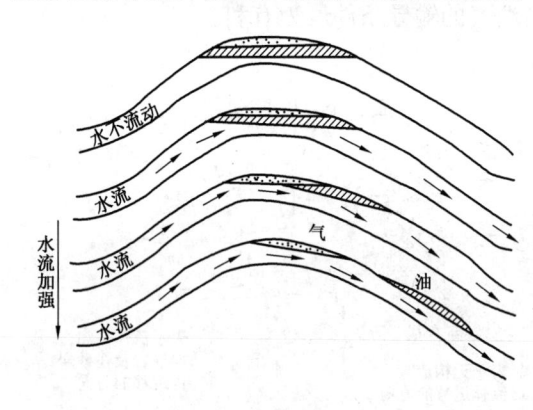

图6-15 水动力对油藏中油气聚集的影响

③ 地壳运动也可以使原有油气藏的圈闭溢出点抬高,甚至使地层的倾斜方向发生改变,造成油气藏的破坏。

(2)岩浆活动对油气藏保存条件的影响。岩浆活动时,若高温岩浆侵入到油气藏,会把油气烧掉,破坏油气藏。而当岩浆冷凝后,就失去了破坏能力,会在其他因素的共同配合下成为良好的储集岩体或遮挡条件。

(3)水动力对油气藏保存条件的影响。活跃的水动力条件不仅能把油气从圈闭中冲走,而且可对油气产生氧化作用。因此,一个相对稳定的水动力环境,是油气藏保存的重要条件之一。如渤海湾盆地潜山油气藏的油气保存与水动力环境有密切关系,油气藏主要分布在水动力环境相对稳定的地区。

所以,在地壳运动弱、火山作用弱、水动力条件弱的环境下,才利于油气藏的保存。

2. 油气藏的形成过程

由于圈闭中储集层的最高部位处于低势区,运移中的油气若遇到圈闭,就会不断地进入到圈闭中聚集,这一过程称为充注。油气在圈闭中聚集的过程,实际上也就是油气在圈闭中富集成藏的过程。随着油气不断向圈闭中充注,在重力、扩散和热对流等混合作用下,油气在圈闭中不停地运动。由于油(气)与水的密度差,造成圈闭中油(气)水界面以上任一高度的油(气)压力都比水大,结果形成一个向下的势梯度把水往下排替,同时油(气)水界面逐渐向下迁移。随着油气的充注,烃柱的高度和压力也不断增加,这不仅加快了上述过程,同时也使油气不断向储集层低孔低渗部分扩展,直到只剩下不能流动的束缚水为止。这一过程主要表现在以下三个方面:油气把水从储集层顶部不断往下排替;油—水界面或气—水界面逐渐向下移动;油气压力的不断增加。

图6-16表述了在油气源供给充足的条件下,油气在圈闭中聚集成藏的过程。假设地层为静水条件,油气在浮力作用下,向上倾方向运移至圈闭中,因重力分异作用,气在上、油居中、水在下[图6-16(a)],此时,圈闭尚未被油气装满。随着油气数量不断增加,油—水界面不断下移,当降至溢出点时,石油便开始从溢出点溢出[图6-16(b)]。油气继续进入,天然气向圈闭上部聚集,油—气界面不断下移,石油不断地被排出,直到天然气占据全部圈闭[图6-16(c)]。此时,油气便不可能再进入圈闭,而是继续向上倾方向运移,并在上倾方向的圈闭中重复这一过程,形成油气在系列圈闭中的差异聚集。

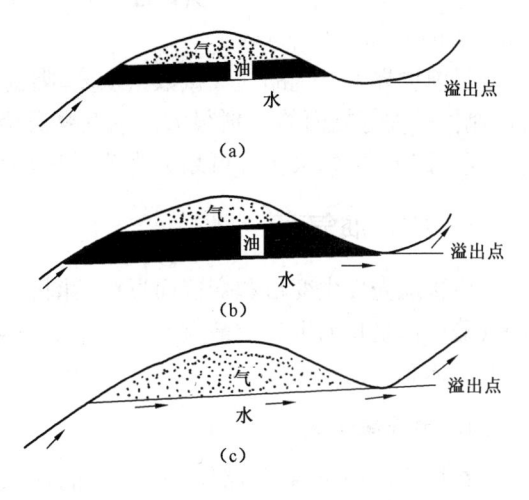

图6-16 油气在背斜圈闭中的聚集

3. 油气藏的破坏与再形成

地壳运动为油气藏的形成创造了很多有利的地质条件,但也有可能使已经形成的油气藏遭到不同程度的破坏。

1)引起油气藏破坏的原因

在漫长的地质历史中,引起油气藏破坏的原因很多,归纳起来主要有剥蚀作用、水动力冲刷、氧化作用和扩散作用等。

(1)剥蚀作用。地壳的构造运动可使地壳相对抬升,将已经形成的地下油气藏抬升到地表遭受剥蚀而破坏。

(2)水动力冲刷作用。由于构造运动使背斜油气藏的一翼相对抬升,导致闭合高度减小,打破了原来油、气、水的平衡,致使水动力冲刷作用破坏了原来的油气藏。

(3)氧化作用。由于构造运动的发生,打破了原来油气藏的平衡状态,使地下油气或与地下水接触,或沿断裂上升到地表,都会因氧化作用而分别形成水、二氧化碳和其他高分子含氧化合物(如沥青类),导致油气藏破坏。

(4)扩散作用。天然气通过盖层扩散也能造成散失。

2)油气藏破坏的结果

油气藏被破坏后的结果,有两种情况:

(1)原来的油气藏被破坏后,油气完全散失或被氧化破坏而形成油气苗和沥青类等;

(2)原来的油气藏的平衡被打破以后,油气再次进行运移,遇到新的圈闭聚集起来重新形成油气藏,人们把这种油气藏称为次生油气藏。

次生油气藏一般具有两个主要特点:一是由于油气经历了再次运移,一般距油源区相对较远;二是原油性质变化很大,一般是密度和黏度变小,含蜡量降低以及自喷能力变差等。

第五节 油气藏的类型

目前世界上发现的油气藏数量众多、类型各异。它们在成因、形态、规模、大小及储集层条件、遮挡条件等方面的差别很大。油气藏分类方法很多,本教材将油气藏分为构造、地层、岩性、复合四大类,每大类又可划分为若干基本类型。

一、构造油气藏

由于地壳发生变形和变位而形成的圈闭,称为构造圈闭。油气在其中聚集,就形成了构造油气藏。这是目前世界上最重要的一类油气藏。按圈闭成因不同,又可细分为背斜、断层、裂缝及岩体刺穿构造油气藏。

1. 背斜油气藏

在构造运动作用下,储集层呈拱起的背斜,其上方为非渗透性盖层所封闭,形成背斜圈闭,油气在其中的聚集称为背斜油气藏(图6-17)。这类油气藏在世界油气勘探史上一直占重要的位置,也是石油地质学家们最早认识的一种油气藏类型。据 J. D. 穆迪等人统计,世界上最终可采储量在 0.71×10^8 t 以上的 189 个大油田中,背斜油藏约占 75% 以上。世界上许多特大型油气田,如沙特阿拉伯的加瓦尔油田、科威特的布尔干油田等都是由背斜型油气藏组成的油气田。背斜油气藏的形成条件和形态较简单,也易于用地震方法发现,是油气勘探的首选对象。

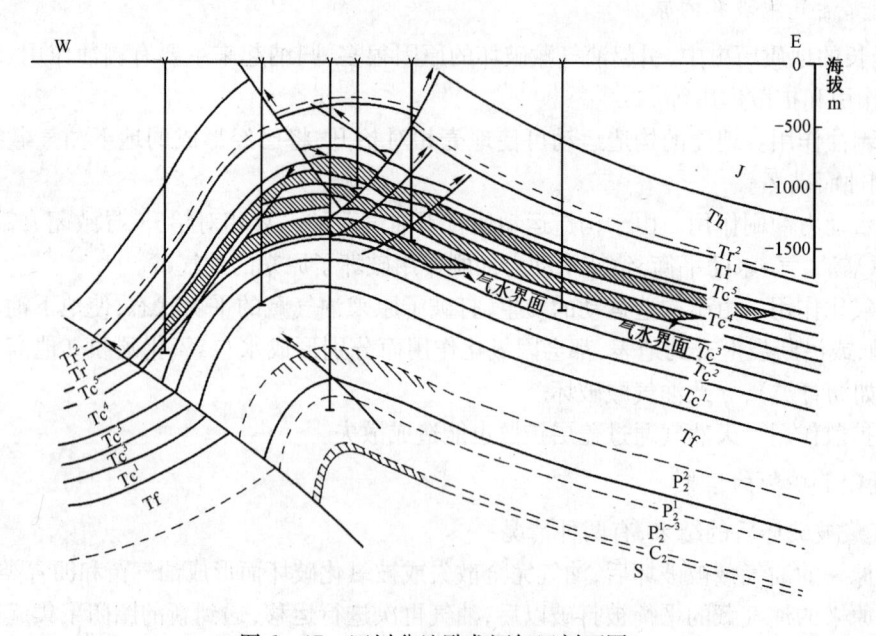

图 6-17 四川盆地卧龙河气田剖面图

2. 断层油气藏

断层油气藏指由断层沿储集层上倾方向遮挡封闭而形成的圈闭中的油气聚集。断层油气藏是另一类重要的构造油气藏。就圈闭的形成和油气聚集而言,断层油气藏比背斜油气藏复杂得多。断层破坏了岩层的连续性,断层的性质、破碎和紧密程度,以及断层两侧岩性组合间的接触关系等,对油气运移、聚集和破坏都有重要影响。从油气运移和聚集的角度来看,断层对油气藏的形成主要有以下两方面的作用:

1）封闭作用

油气在运移至断层时,既不能穿过断层做横向运移,也不能沿断裂带做垂向运移,这样的断层为封闭的。

断层的封闭性决定于断层破碎带的紧密程度和被充填胶结的程度。从横向上看,断层封闭性与断距大小以及断层两侧对置的岩性组合密切相关。其基本原则是断层两侧的渗透性岩层和非渗透性岩层不直接接触,俗称"砂岩不见面"就可以起封闭作用,反之不起封闭作用（图6-18）。根据这个原则看,由大段泥岩夹砂岩的剖面,断距小于泥岩厚度时,封闭性好;反之则差。

从本质上看,断层的封闭性取决于断层两侧对置岩层、断裂带与两盘岩性的排替压力差。断层的封闭性是一个相对概念,无绝对封闭、开启的概念。

图6-18 断层两侧岩性接触情况

2）通道和破坏作用

在油气藏的形成过程中,开启的断层可成为连接烃源岩与圈闭之间的良好通道,也可与储集层、不整合面一起成为油气长距离运移的通道。油气藏形成后,开启的断层可使油气沿断层向上运移,在上部地层形成次生油气藏或直接运移至地表造成散失破坏。如柴达木盆地的油砂山油田,本来为完整的背斜油藏,后因垂直构造轴线产生一条大断距的断层,将东侧油层抬高暴露于地表,油气全部散失破坏。而西侧油层下降并被断层封闭,仍保留了工业性油气藏（图6-19）。

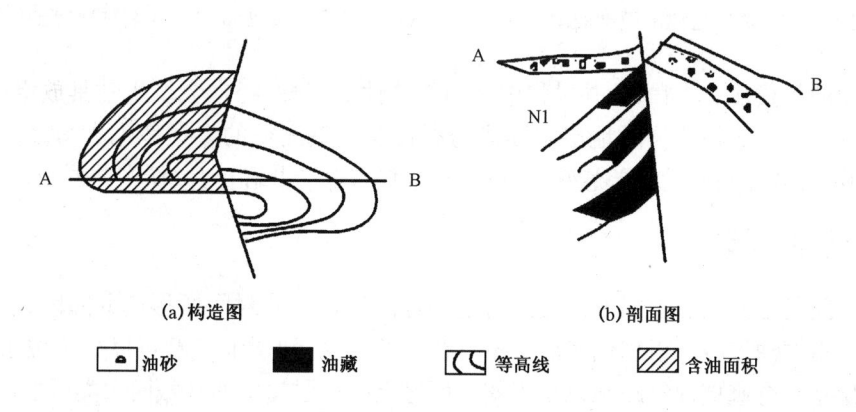

图6-19 油砂山油田构造图及剖面图

断层圈闭多种多样,断鼻圈闭是其中的典型代表（图6-20）。

3. 岩体刺穿油气藏

地下塑性岩体包括软泥、膏岩、盐岩及各种侵入岩浆岩,上拱侵入沉积岩层,刺穿储集层并

— 163 —

使之发生变形,其上倾方向被侵入岩体封闭而形成的圈闭称为刺穿(接触)圈闭。油气在其中的聚集,称为岩体刺穿油气藏(图6-21、图6-22)。

在地下塑性岩体上拱过程中,一方面使上覆岩层被刺穿,另一方面也使上部岩层发生变形或断裂,相应地可形成底辟拱升背斜圈闭(油气藏)和断层圈闭(油气藏)。

形成刺穿或底辟构造的基本条件是地下深处存在相当厚度的塑性层,厚度越大,形成的机会越大;其次是上覆岩层存在压差变化比较显著的薄弱带。

4. 裂缝性油气藏

裂缝性油气藏是指油气储集空间和渗滤通道主要为裂缝或溶孔、溶洞的油气藏。在各种致密、性脆的岩层中,原来孔隙度和渗透率都很低,不具备储集油气的条件。但是,由于构造作用、风化、溶蚀等后期改造作用,使其在局部地区的一定范围内,产生了裂缝和溶洞,具备了储集空间和渗滤通道的条件,与盖层、遮挡物等其他因素相结合,就形成了裂缝性圈闭,油气在其中聚集就形成了裂缝性油气藏。

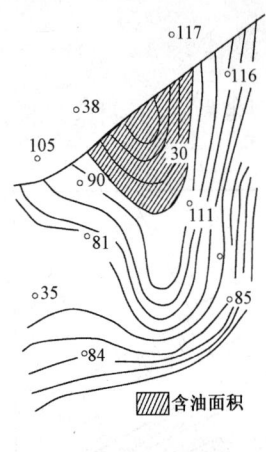

图6-20 断鼻构造圈闭与油气藏

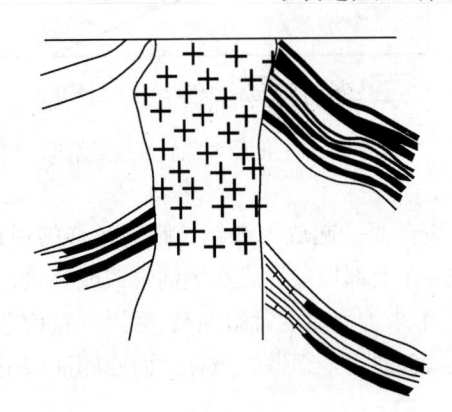

图6-21 莫连尼油田横剖面图

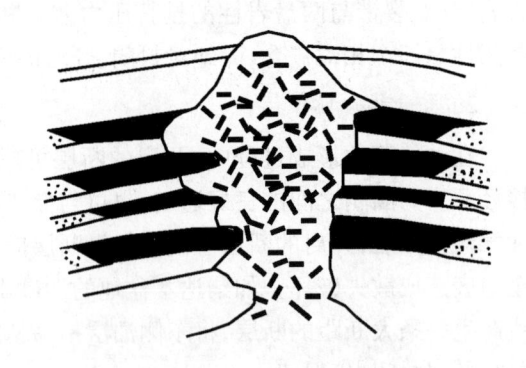

图6-22 墨西哥的岩浆岩体刺穿油田横剖面图

裂缝性油气藏常呈块状,钻井过程中钻遇裂缝性油气藏,经常会发生钻具放空、钻井液漏失和井喷等现象。试井获得的地层实际渗透率比实验室测得的渗透率也大得多。同一油气藏,不同的油气井之间产量相差悬殊,高产井群中伴有低产井和干井,低产井群中伴有高产井。

二、地层油气藏

地层圈闭是指储集层上倾方向直接与不整合面相切并被封闭所形成的圈闭,油气在其中聚集就成为地层油气藏。根据储集层与不整合面的关系,地层油气藏可以分为位于不整合面之下的地层不整合遮挡油气藏和位于不整合面之上的地层超覆油气藏两大类(图6-23)。

1. 地层不整合遮挡油气藏

油气勘探经验证明,不整合面上下常常成为含油气的有利地带。剥蚀突起和剥蚀构造被后来沉积下来的不渗透性地层所覆盖而形成圈闭,油气在其中聚集,就成为地层不整合遮挡油气藏。

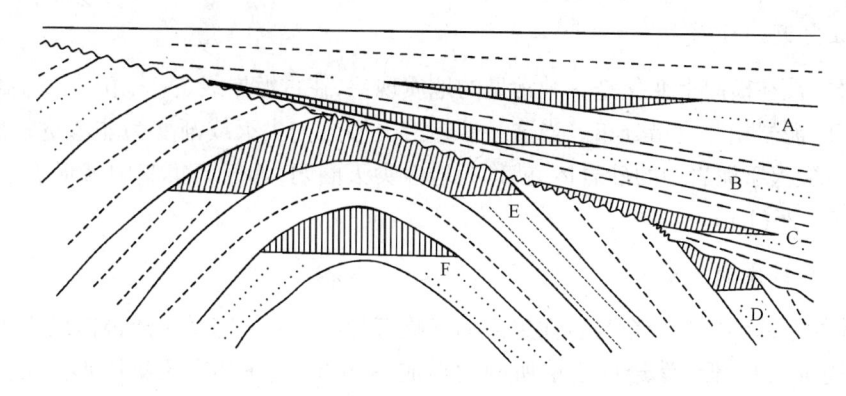

图 6-23 地层油气藏及其与非地层油气藏之间的区别示意图

地层不整合圈闭的形成，与区域性的沉积间断及剥蚀作用有关。在地质历史的某一时期，地壳运动使某一区域边抬升边遭受强烈的风化、剥蚀作用的破坏。坚硬致密的岩层抵抗风化能力强，在古地形上呈现为大的突起；而抵抗风化能力较弱的岩层，则形成古地形中的凹地，因而显示出高山、丘陵等古地貌景观。后来，地壳运动又使该区域重新下降，山地、丘陵逐渐下沉并被沉积物掩埋覆盖，这样就在原来古地形的基础上，形成了一系列的潜伏剥蚀突起或潜伏剥蚀构造，或称为古潜山。这种古地形的突起，由于遭受多种地质营力的长期风化、剥蚀，常形成破碎带、溶蚀带，具备良好的储集空间，当其上为不渗透性地层所覆盖时，则形成了地层不整合遮挡圈闭，成为油气聚集的有利场所(图 6-24)。

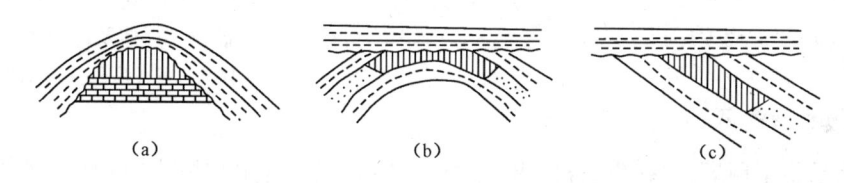

图 6-24 地层不整合遮挡圈闭示意图
(a)潜伏剥蚀突起圈闭；(b)潜伏剥蚀背斜构造圈闭；(c)潜伏剥蚀单斜构造圈闭

组成古地形突起的岩石可以是石灰岩、白云岩、砂岩、火山岩、岩浆岩及变质岩等，它们共同特点是坚硬突出，经过长期的风化、剥蚀和地下水的循环作用后，都具有良好的储集性质，为油气储集创造了良好条件。

2. 地层超覆油气藏

地壳的升降运动及其差异性，常可引起海水或湖水的进退。水进时，沉积范围不断扩大，沿着沉积坳陷边缘部分的侵蚀面沉积了孔隙性砂岩。随着盆地不断下降，在砂层之上沉积了不渗透性泥岩，就形成了地层超覆圈闭(图 6-25)。油气在其中的聚集就形成了地层超覆油气藏。

这种油气藏仅在盆地内部的隆起边缘可能出现，不能形成于盆地边部(通天砂)，除非断层遮挡，或存在不整合面。

三、岩性油气藏

由于沉积条件的改变，导致储集层岩性发生横向变化而形成圈闭，并在其中聚集了油气，就称为岩性油气藏。它包括岩性尖灭、砂岩透镜体和生物礁油气藏。

1. 岩性尖灭油气藏

沉积岩岩性在横向上变化是一种常见的地质现象,在古海岸线、古三角洲和湖盆的斜坡地带,常见有砂、泥岩相互交错分布。当这些砂体沿上倾方向尖灭或渐变为非渗透性的泥岩时,这些呈楔状、尖灭于泥岩中的砂岩体,就称为岩性尖灭圈闭,油气聚集其中就形成了岩性尖灭油气藏[图6-26(b)]。

2. 砂岩透镜体油气藏

这种油气藏的形成与分布与岩性尖灭油气藏有相同之处。它是由透镜体或不规则状的砂岩储集层,周围被非(低)渗透性岩层所限而形成圈闭,油气在其中聚集所形成的油气藏[图6-26(a)]。

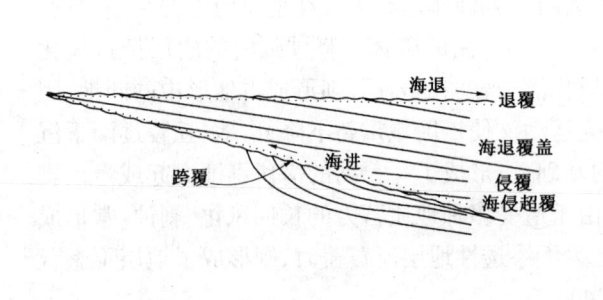

图6-25 超覆与退覆示意图

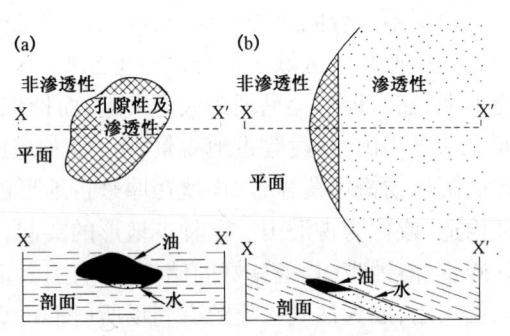

图6-26 砂岩尖灭体及透镜体油气藏
(a)砂岩透镜体油气藏;(b)砂岩尖灭体油气藏

3. 生物礁油气藏

生物礁是指由珊瑚、层孔虫、苔藓虫、藻类、古杯类等造礁生物组成的,原地埋藏的碳酸盐岩建造。生物中,除造礁生物外,还掺有海百合、有孔虫等喜礁生物。生物礁中原生骨架孔隙、粒间孔隙很发育,再加上构造运动造成的各种裂缝,形成了储集空间发育、渗透性极佳的生物礁储集体,如被上覆非渗透性岩石所覆盖,其中聚集了油气,即为生物礁型油气藏。

该类油气藏的特点是储量大,产量高。生物礁大油田主要分布在波斯湾、墨西哥湾、加拿大的阿尔伯达等盆地。加拿大的油气约60%产自生物礁油气藏,墨西哥石油产量的70%产自生物礁油气藏。我国碳酸盐岩沉积广泛分布,华北、西南和新疆等广大地区,生物礁油气藏的前景广阔。

四、复合油气藏

储油气圈闭往往受多种因素的控制。当某种单一因素起绝对主导作用时,可用单一因素归类油气藏;由两种或两种以上因素共同起封闭作用而形成的圈闭,称为复合圈闭,油气在其中的聚集,就称为复合油气藏。

按照构造、地层、岩性、水动力等圈闭条件所构成的组合,可形成各式各样的复合油气藏类型,但从勘探实践来看,大量出现的主要有构造—地层油气藏、构造—岩性油气藏。

1. 构造—地层复合油气藏

凡是储集层上方和上倾方向由任一种构造和地层因素联合封闭所形成的油气藏,称为构造—地层复合油气藏。其中常见的类型有背斜—地层不整合油气藏、地层不整合—断层油气藏。如四川盆地川东地区的五百梯石炭系气藏,气层为上石炭统黄龙组,储集层为一套白云岩为主的碳酸盐岩,圈闭主要受背斜构造控制,同时又受石炭系储集层剥蚀尖灭线控制。

2. 构造—岩性复合油气藏

受构造和岩性双重因素控制所形成的圈闭即为构造—岩性复合圈闭,其中聚集了油气即为构造—岩性复合油气藏。常见的类型有背斜—岩性油气藏(图6－27)、断层—岩性油气藏等。如济阳拗陷的梁家楼油田沙三段构造—岩性气藏。

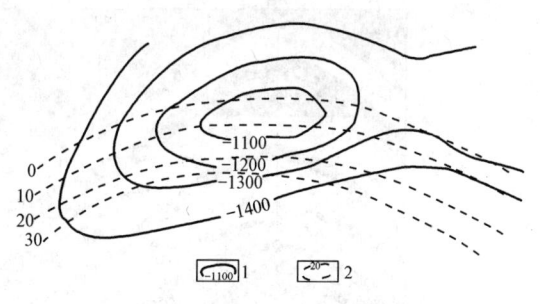

图6－27 某背斜—岩性油气藏构造图
1—砂层所在地层顶面构造线,m;2—砂层等厚线,m

第六节 非常规油气资源

非常规油气资源是指在成藏机理、赋存状态、分布规律或勘探开发技术等方面有别于常规油气资源的烃类资源,可分为非常规石油资源和非常规天然气资源。非常规石油资源主要包括致密油、油页岩与页岩油、油砂、重油等;非常规天然气资源主要包括:致密气、页岩气、煤层气、天然气水合物等。其中,资源潜力最大、分布最广且在现有技术经济条件下最具有勘探开发价值的是致密油(气)、页岩油(气)、煤层气等。

一、连续型油气藏的概念

连续型油气藏的概念最早是由 Schmoker 于1995年提出的,泛指在含油气盆地的致密砂岩、煤层、页岩等非常规储层中大面积聚集分布,圈闭和盖层界线不清,缺乏明确油气水界面的油气聚集。这一概念的提出,明确了非常规油气聚集与传统意义的单一常规圈闭油气藏的本质区别,连续型油气藏最根本的特征是圈闭的"无形"和油气的大范围连续分布(图6－28)。

连续型油气藏只是非常规油气资源中重要的组成部分,而不是全部,重油、油砂等非常规油气资源就不是连续型油气藏。

二、非常规石油资源

1. 致密油

1)致密油的概念

致密油一般是指夹持在烃源岩系中的致密砂岩、致密碳酸盐岩等储集层中的石油聚集。目前,我国比较通用的概念为低渗透油藏。该类油藏孔隙度低、喉道小、流体渗透能力差、产能低,通常需要进行油藏改造,才能维持正常生产。

2)致密油地质特征及勘探开发特征

(1)致密油具有近源成藏特征,运移方式以短距离二次运移为主,渗流以非达西流为主,

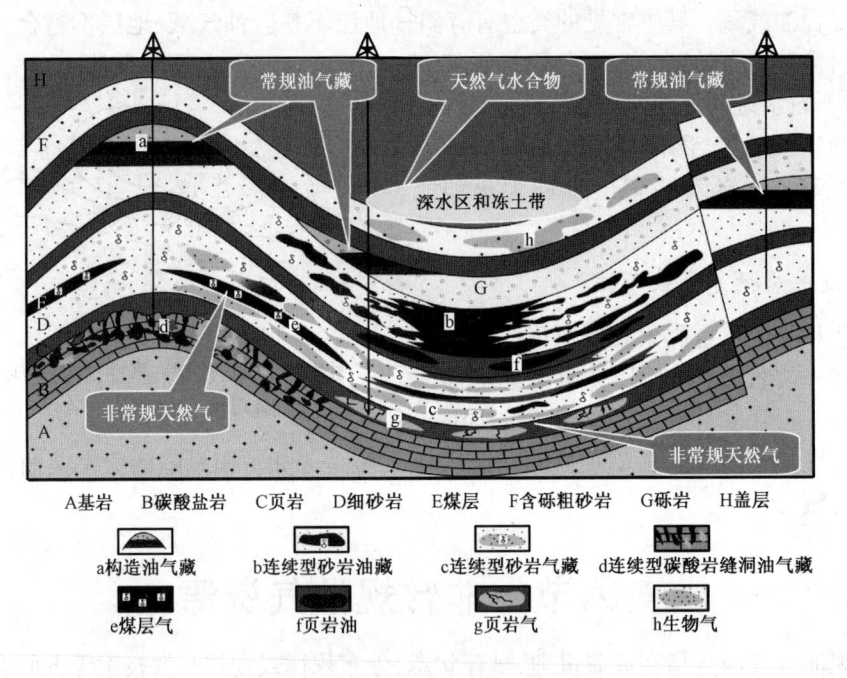

图 6-28　不同类型连续油气藏分布模式图(据邹才能,2011)

具有连续成藏的特点。

(2)致密油主要赋存空间分为两种类型,一类是烃源岩内部的碳酸岩或碎屑岩夹层中,另一类为紧邻烃源岩的致密层中。

(3)油层原始含水饱和度高,一般为 30%～40%,个别高达 60%,由于地层水电阻率低,因此高含水给油水层划分带来很大困难。

(4)油层泥砂交互,非均质性严重,层间、层内、平面三大矛盾突出。

(5)油层坚硬致密,天然裂缝较发育。裂缝既是油气渗流的通道,也是注水窜流的通道,对油田开发效果影响较大,开采过程中需要认真对待。

(6)油层受岩性控制,水驱不明显,多为弹性和溶解气驱动,油层产能递减快。

(7)由于油层孔隙结构复杂,喉道小,泥质含量高以及各种水敏性矿物的存在,导致开采过程中易受伤害,影响采收率,因此在整个采油过程中,保护油层至关重要。

(8)油层的渗透率低,孔隙度低,必须通过酸化压裂改造,才能获得工业产能。

3)我国致密油分布与开采

我国致密油分布范围广泛,大致有三种类型:

(1)陆相致密砂岩油藏,如鄂尔多斯盆地延长组油藏;

(2)湖相碳酸盐岩油藏,如渤海湾盆地歧口凹陷、四川盆地川中地区大安寨组油藏;

(3)泥灰岩裂缝油藏,如渤海湾盆地济阳拗陷、酒泉盆地青西凹陷油藏。

初步评价结果显示,我国致密油有利勘探面积达 $18 \times 10^4 km^2$,地质资源量 $(74 \sim 80) \times 10^8 t$,可采资源量为 $(13 \sim 14) \times 10^8 t$。目前,我国在长庆、大庆、吉林等油田都开展了低渗透油藏的勘探开发。长庆油田在鄂尔多斯盆地已成功开发了渗透率仅为 $(0.5 \sim 1.0) \times 10^{-3} \mu m^2$ 的低渗透油藏,单井产油量达 $3 \sim 4 t/d$。

2. 油页岩与页岩油

1) 油页岩

油页岩又称为油母页岩是一种高灰分、低热值的固体可燃有机矿产,含不溶于溶剂的有机质,低温干馏可获得页岩油。

油页岩是一种富含有机质的细粒沉积岩,它是由固体有机物质分布于无机矿物质的骨架内所组成,无机矿物质的含量是主要的,而有机物质的含量通常只占油页岩质量的10%~25%,一般不超过35%。有机物质主要是干酪根亦称油母,还有少量的可溶沥青,一般不超过油页岩质量的1%。

2) 页岩油

页岩油是从油页岩生产的石油,是一种褐色、有特殊刺激气味的黏稠状液体产物。类似天然石油,富含烷烃和芳烃,但含有较多的烯烃组分,还有含氧、氮、硫等的非烃类组分。油页岩含油率一般大于3.5%。

应该指出的是,油页岩实际上并不含油,必须加热至一定温度时,干酪根热解后才产生页岩油。页岩油提炼是一种非常规石油的工业生产过程,把油页岩粉碎成细末后,再经过加热处理,便可从油页岩中获得石油。

3) 油页岩的开发利用

统计表明,全球油页岩蕴藏资源量巨大,估计有$100000 \times 10^8 t$,比煤资源量$70000 \times 10^8 t$还多40%;如果折算成页岩油,比目前常规石油资源量多50%以上。油页岩的开发利用形式多样,世界上约69%的油页岩用于发电(含供热),25%用于提取页岩油,6%用于化工及其他方面。

我国油页岩资源十分丰富,全国油页岩资源量$7199 \times 10^8 t$,页岩油资源量$476 \times 10^8 t$,位居世界第二,主要集中在东部、青藏和中部地区(图6-29)。

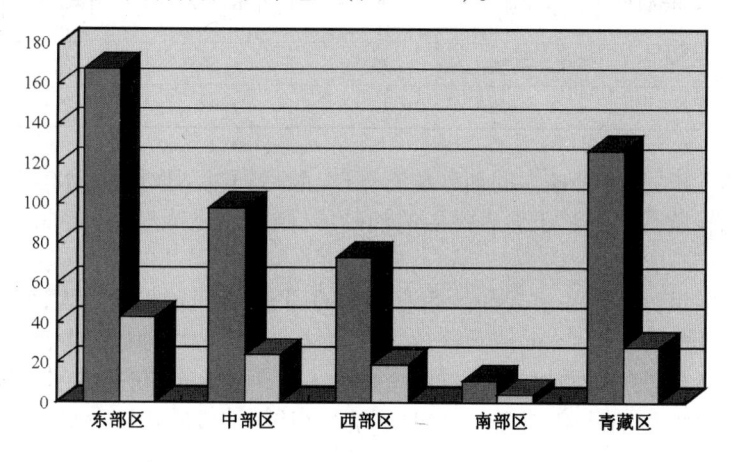

■ 页岩油资源量($\times 10^8 t$)　　■ 页岩油可回收资源储量($\times 10^8 t$)

图6-29　我国油页岩资源分布

我国油页岩的开发利用已有80多年历史,主要用于提炼页岩油和发电,2006年页岩油产量超过$20 \times 10^4 t$。抚顺是我国最大的页岩油生产基地,西露天矿是亚洲第一、世界第二大的露天矿床,其油页岩层巨厚,平均含油率为6%,最高可达12%。抚顺含矿区资源评价结果表明,该区油页岩资源量为$36.5 \times 10^8 t$,页岩油资源量为$2.1 \times 10^8 t$。

3. 油砂

1) 油砂、油砂沥青与油砂油

油砂又称为沥青砂,通常是指出露地表或近地表的含有天然沥青的砂岩或其他岩石,是由砂、沥青、矿物质、黏土和水组成的混合物。油砂通常含有 80% ~ 85% 无机质(砂、矿物、黏土等)、3% ~ 6% 的水、3% ~ 20% 的沥青。

油砂沥青是指从油砂矿中开采出的或直接从油砂中初次提炼出的尚未加工处理的石油,是烃类和非烃类有机物质,呈黏稠状半固体,约含 80% 的碳元素。

油砂油是指在油藏条件下黏度大于 $10 \times 10^4 \text{mPa} \cdot \text{s}$ 或相对密度大于 1.0 的原油。

2) 油砂成矿模式

(1) 原生运移型。由盆地生油中心生成的原油,通过运移通道直接运移到地表或近地表而形成油砂矿藏。

(2) 抬升改造型。早期形成的油气藏,由于后期构造运动被抬升到地表改造而形成油砂矿藏。

(3) 次生运移型。盆地中的原生油藏遭受后期构造运动破坏,油藏中的原油通过运移通道运移至地表或近地表储层中而形成油砂矿藏。

3) 油砂储量与开采

我国油砂资源非常丰富,储量位居世界第 5 位。国土资源部 2008 年第三次全国油气资源评价结果显示,我国陆地 24 个盆地埋深 500m 浅油砂油地质资源量为 $59.7 \times 10^8 \text{t}$,可采资源量为 $22.58 \times 10^8 \text{t}$。其中埋深 0 ~ 100m 油砂油地质资源量为 $18.56 \times 10^8 \text{t}$,埋深 100 ~ 500m 油砂油地质资源量为 $41.14 \times 10^8 \text{t}$,主要分布于西部和东部的盆地(表 6 - 6)。

表 6 - 6　全国大区油砂油资源量表　　　　　　　　单位:10^8t

资源量 \ 大区	东部区	中部区	西部区	南方区	青藏区	全国
地质资源量	5.31	7.26	32.89	4.50	9.74	59.70
可采资源量	1.97	2.78	13.61	1.98	2.25	22.58

开采露天油砂矿,先要将挖掘的油砂矿石碾碎,然后通过萃取使油、水与砂分离,再经过加热提纯即可获得轻质石油。对于地表深层的油砂层,则采用注蒸汽、火烧油层等深层开采技术将油采出。

加拿大是目前世界上唯一实现油砂商业开采的国家,由于油砂的加入,使加拿大石油储量由 $50 \times 10^8 \text{bbl}$ 增至 $1800 \times 10^8 \text{bbl}$,成为全球第二大储油国。我国油砂资源潜力大,油砂矿可能成为今后我国非常规油气资源勘探开发的一个重要领域。目前,在准噶尔盆地西北缘风城地区发现了我国首个大型油砂矿,已建立了年处理 $1 \times 10^4 \text{t}$ 油砂的水洗分离基地,显示了该地区良好的开发前景。

三、非常规天然气资源

1. 煤层气

1) 煤层气的概念

煤层气是指赋存于煤层中,以甲烷为主要成分,以吸附在煤基质颗粒表面为主并部分游离于煤层孔隙中或溶解于煤层水中的烃类气体。

2) 煤层气成藏地质特征

煤层气是在成煤演化过程中生成的,并主要吸附或游离于煤层之中,其与经过运聚过程而富集成藏的常规煤型气存在明显的差异(表6-7、图6-30)。

表6-7 煤层气与常规天然气成藏地质特征比较

	常规天然气及煤成气	煤层气
储集机理	游离状态→聚集在孔隙和裂缝中	吸附状态→吸附在孔隙的内表面
成藏过程	烃源岩→运移→储集层	煤层中生成→未运移原地吸附
流体特征	气体单相	气—水多相

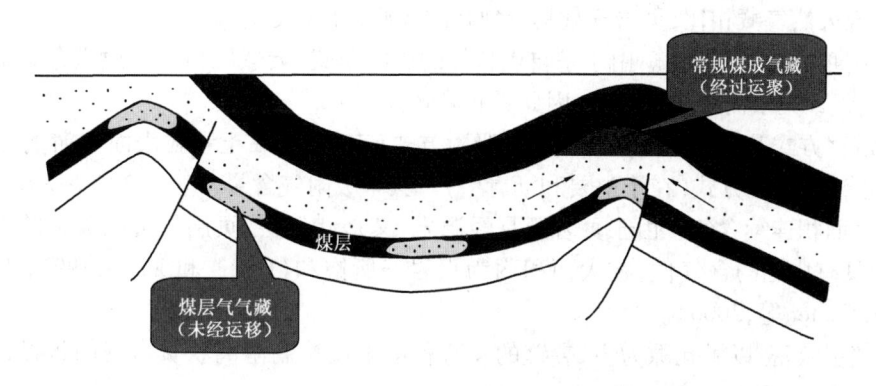

图6-30 煤层气藏与常规煤成气藏模式图

3) 煤层气的存在形式

(1) 游离状态。天然气以自由气体状态存在于煤的割理和裂缝孔隙中,可以自由运移,运移的动力主要是地层水的压力。煤层中游离状态天然气约占煤层气的10%~20%。

(2) 吸附状态。在煤的内表面上,分子的吸引力产生吸附场,吸引周围的气体分子。煤层气主要为煤层吸附气,呈吸附状态的天然气约占煤层气的70%~95%。

(3) 溶解状态。煤中还有少量的天然气溶解在煤层的地下水中,称为溶解气,其量很少。

4) 煤层气储量与开发现状

世界煤层气总资源量约 $260 \times 10^{12} m^3$,90%分布在12个主要产煤国,其中俄罗斯、加拿大、中国、美国和澳大利亚的煤层气资源量均超过 $10 \times 10^{12} m^3$。

据国土资源部2008年第三次全国油气资源评价结果,我国42个主要含煤盆地煤层埋深2000m浅煤层气资源量为 $36.8 \times 10^{12} m^3$,其中可采资源量为 $10.9 \times 10^{12} m^3$,除俄罗斯、加拿大之外,我国是世界第三大煤层气储量国。

煤层气的开采方式主要有两种:一种为地面开采,即通过地面钻井方式进行开采,目前国内已经建成产能大约 $7.5 \times 10^8 m^3/a$;另一种为煤矿井下抽放开采,2007年井下抽放产能大约为 $47 \times 10^8 m^3/a$。截至2011年,全国煤层气钻井超过10000口,产量达 $115 \times 10^8 m^3$。就目前煤层气产量与资源量比例关系来看,我国的煤层气产量还比较低,煤层气还有很大的发展潜力。

2. 页岩气

1)页岩气的概念

页岩气是指从一定厚度富含有机质页岩中,通过先进的工艺措施采出的天然气,或自生自储在页岩纳米级孔隙中连续聚集的天然气。页岩气藏一般无自然产能,必须通过水平分段压裂等工艺措施才可开采出来。

2)页岩气主要地质特征

在许多含油气盆地中,页岩是作为烃源岩生成油气或是作为盖层保存储层中油气的。然而在一些盆地中,具有几十至几百米厚、分布几千至几万平方千米的富含有机质的页岩层可以同时作为天然气的源岩和储层,自生自储大量的天然气(页岩气)。因此,页岩气是典型的自生自储成藏模式。

与常规天然气藏相比,页岩气藏具有独特的地质特征(表6-8):

(1)早期成藏及隐蔽性。由于是自生自储的成藏模式,天然气边形成边赋存聚集,故成藏期早;天然气聚集不需要构造背景,因此具有隐蔽性;

(2)赋存方式及赋存空间多样。包括吸附方式(有机质、黏土颗粒表面)、游离方式(天然裂缝和孔隙)和溶解方式(在干酪要和沥青中)。其中吸附气含量一般为20%~80%。

(3)大面积连续含气。由于页岩既是烃源岩,又是储集层,页层气可以吸附的方式赋存,因此页岩具有广泛的含气性,在大面积内为页岩气所饱和(Curtis 和 Faure,1997;Hill 和 Nelson,2000;Walter 等,2000)。

(4)储层致密,以微孔隙为主,裂缝的发育程度不仅控制游离状页岩气的含量,而且影响着页岩气的运移、聚集和单井产量。

(5)在开发过程中,页岩气井普遍表现出日产量低,但生产年限较长的特点。

表6-8 页岩气主要地质特征及开发生产特点(据邹才能、何家雄,2010)

地质特征	源储一体,持续聚集,非浮力成藏;无明显圈闭界限,封闭层或盖层仍必不可少	气藏核心区评价条件: ① 总有机碳含量>2%(非残余有机碳); ② 石英等脆性矿物>40%、黏土<30%; ③ 暗色富有机质页岩成熟度 R_o >1.1% ~ <2.0%; ④ 充气孔隙度>2%、渗透率>0.0001mD; ⑤ 有效富有机质页岩连续厚度>30~50m。
	储层致密,以纳米级孔隙为主;天然气以吸附、游离方式赋存为主	
	不受构造控制,页岩气藏大面积连续分布,与有效生气源岩面积相当	
	资源规模大,局部有"甜点"核心区	
开发特点	单井产量低,初期产量高递减快、生产周期长,无统一气水界面	必须采取水平井多级分段与重复压裂等先进开发技术和措施,形成"人造"渗透率方可采出,因此称为"人造气藏"
	非达西流为主,不产水或产水很少	
	采收率低,基本无自然产能,需采取压裂等技术措施形成"再造气藏"	

3)页岩气资源量及开发现状

据估计,全球页岩气资源约为 $456.2 \times 10^{12} m^3$,主要分布在北美、中亚、中国、拉美、中东、北非和前苏联,其中北美最多(图6-31)。

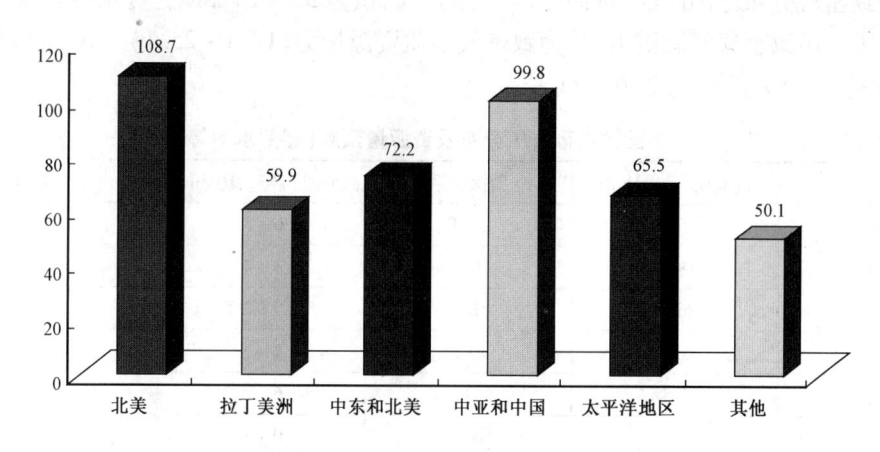

图 6-31 世界页岩气资源分布图(单位:$10^{12}m^3$)

北美页岩气勘探发展迅速,在近10年的时间里,北美页岩气产量增长了近10倍,2011年产量达 $1760×10^8m^3$。随着页岩气勘探的深入,北美地区页岩气勘探开发深度已普遍达到 2000~4000m,最大超过6000m。

我国页岩气资源也很丰富,刘洪林等通过与美国页岩气成藏条件对比,采用类比法初步估算我国页岩气资源总量约为 $30.7×10^{12}m^3$,但开发还处于起始阶段。目前,国家正在积极推进页岩气的开发利用工作,在四川等地区建立了页岩气产业化示范区。

3. 致密气

1) 致密气的概念

致密砂岩气,又称致密气,通常是指储存在低渗透—特低渗透砂岩储层中的天然气。致密气一般无自然产能,需通过大规模压裂或特殊采气工艺技术,才能产出具有经济价值的天然气。

由于不同国家和地区的资源状况、技术经济条件不同,对于致密气储层的界定尚没有统一的标准。我国把地层渗透率 $≤0.1×10^{-3}\mu m^2$、孔隙度≤10%作为划分致密气藏的标准。

2) 致密气藏的特点

(1) 天然气以短距离二次运移为主,主要靠扩散方式聚集,浮力作用有限,渗流以非达西流为主,具有多期多阶段成藏的特点。

(2) 气藏分布不受构造控制,具有隐蔽性。

(3) 大范围连续含气,局部富集。

(4) 储层致密,非均质性强,含水饱和度高。

(5) 流体分异差,易气水共存,无统一压力系统。

(6) 一般无自然产能,需采用适宜的技术措施后才能形成工业产量,稳产时间较长。

3) 致密气勘探开发现状

致密气在非常规天然气资源中具有重要地位。全球致密气资源大约占非常规天然气资源的 22.7% 左右,但产量约占非常规天然气产量的 75%。以致密气开采最为成功的美国为例,1990年以来,美国致密气产量快速增长,2011年产量达 $1757×10^8m^3$,占美国天然气总产量的 30.2%,占非常规天然气产量的 62.9%,在天然气资源的产量构成中仅次于常规气。

中国致密气分布范围广泛,资源丰富,有利区面积为 $32 \times 10^4 \text{km}^2$。贾承造等采用类比法初步评价了中国致密气资源潜力,认为致密气地质资源量为 $(17.4 \sim 25.1) \times 10^{12} \text{m}^3$,可采资源量为 $(8.8 \sim 12.1) \times 10^{12} \text{m}^3$(表6-9)。

表6-9 中国致密砂岩气分布及资源量预测(据贾承造等,2012)

盆地	盆地面积,10^4km^2	勘探层系	地质资源量,10^{12}m^3	可采资源量,10^{12}m^3
鄂尔多斯	25.0	C~P	6~8	3~4
四川	18.0	T3x	3~4	1.5~2.0
松辽	26.0	K1	2.0~2.5	1.0~1.2
塔里木	3.5	J+K	4~7	2~3
吐哈	5.5	J	0.6~0.9	0.4~0.5
渤海湾	8.9	$Es_{3\sim4}$	1.0~1.5	0.5~0.8
准噶尔	13.4	J_{1-2},$P_1 j$	0.8~1.2	0.4~0.6

截至2010年底,国内累计探明气层气地质储量为 $7.73 \times 10^{12} \text{m}^3$,其中致密气为 $2.88 \times 10^{12} \text{m}^3$,占总数的37%;累计可采 $4.65 \times 10^{12} \text{m}^3$,其中致密气 $1.52 \times 10^{12} \text{m}^3$,占33%;年产量 $868.19 \times 10^8 \text{m}^3$,其中致密气 $226 \times 10^8 \text{m}^3$,占27%。随着勘探技术的进步,各类型气藏成藏理论的深入和完善,致密气将在我国天然气资源中占有越来越大的比例。

4. 天然气水合物

1)天然气水合物的概念

天然气水合物是主要由烃类气体(主要是 CH_4)与水分子结合,形成的一种具有笼形构造的冰状结晶体,是在特定的低温高压地质条件下(温度 $2.5℃ \sim 25℃$,压力 $5 \sim 40 \text{MPa}$)形成。

天然气水合物通常呈白色,外形呈冰雪状,极易燃烧,也称为"可燃冰"。天然形成的水合物并非全为白色,可以有多种色彩,如从墨西哥湾海底获取的水合物就具有黄色、橙色、红色等鲜艳的颜色。

2)天然气水合物形成条件及地质特征

(1)天然气水合物的形成,主要取决于两方面条件的有效配置:一是充足的气源供给,二是适宜的高压低温地质环境。

(2)天然气水合物广泛分布于具有高压低温环境且有充足气源供给的海洋深水海域和陆上冻土带区域(如极地地区)。

正常条件下,在海洋中表层水温接近0℃、水深为3000m的深水区,天然气水合物稳定带的厚度可达1000m左右;在表层水温接近4℃、水深为1000m的浅水区,天然气水合物稳定带的厚度约为400m左右。天然气水合物的分布深度和厚度与地温梯度密切相关,地温梯度大,天然气水合物的埋深相对较浅、厚度较薄;反之,地温梯度小,则天然气水合物的埋深和厚度都将增大。

3)天然气水合物的资源潜力

全球天然气水合物资源量的评价数据有多种,公认的是 $3000 \times 10^{12} \text{m}^3$,资源潜力巨大。通常认为,全球98%的天然气水合物资源量分布在海底沉积物中,陆地冻土带中只占2%。

我国天然气水合物勘探近年来获得重要进展,在深水海域及陆上均获得天然气水合物实物样品。据初步预测,我国南海北部深水区天然气水合物远景资源量达 185×10^8 t 油当量,南海南部及东海深水区达 555×10^8 t 油当量。我国冻土区天然气水合物远景资源量至少有 420×10^8 t 油当量。

2013 年 6 月,在广东沿海珠江口盆地东部海域,首次钻获高纯度天然气水合物样品,并通过钻探获得可观的控制储量。此次发现的天然气水合物样品具有埋藏浅、厚度大、类型多、纯度高等特点,相当于 $(1000 \sim 1500) \times 10^8 m^3$ 天然气储量。

一般认为,$1 m^3$ 的天然气水合物分解后可生成 $164 \sim 180 m^3$ 的天然气,而且天然气水合物燃烧之后,几乎不产生任何残渣或废弃物,是一种高效清洁能源,被誉为 21 世纪的绿色能源。

综上所述,全球及中国非常规油气资源丰富,其仍然是 21 世纪不可替代的主要战略能源,也是中下游各种工程开发、城市燃气规划建设最重要的资源和物质基础。

◇ 复习思考题 ◇

1. 试述油、气、水的组成和性质。
2. 试述有利于油气生成的地质环境和外部条件。
3. 有机质向油气转化可分为哪几个阶段?各阶段有什么特征?
4. 人们通常从哪些方面评价烃源岩的优劣?
5. 简述储集层、孔隙度、渗透率的概念。
6. 影响碎屑岩储集层物性的主要因素有哪些?
7. 试述生储盖组合类型及特征。
8. 什么是油气的初次运移与二次运移?两者有什么差异?
9. 简述圈闭(油气藏)的概念、圈闭(油气藏)的度量参数及意义。
10. 形成油气藏有哪些基本条件?
11. 试述油气藏的分类及主要油气藏的特征。
12. 什么是非常规油气资源?什么是连续型油气藏?
13. 试述致密油的地质特征及勘探开发特征。
14. 简述油砂与油砂油的概念及油砂的成矿模式。
15. 试述煤层气与煤成气的主要区别。
16. 试述页岩气的主要地质特征与开发特点。
17. 什么是致密气?致密气藏有哪些特点?
18. 什么是天然气水合物?

第七章 油气田勘探与开发

[摘要]本章介绍油气田勘探与开发的基本知识与技能,主要内容包括:油气田勘探程序及方法、油气资源和储量的分类、油气储量计算方法、油田开发层系的划分、油田开发方式和油气田开发常用名词解释等。

第一节 油气田勘探简介

一、油气田勘探的主要任务

油气田勘探的主要任务是经济、有效、高速地寻找、发现油气田,探明油气地质储量,并查明油气田的基本情况,取得开发油田所需的全部数据,为油气田全面开发作好准备。

二、油气田勘探程序

1. 勘探程序的概念

油气田勘探是一个连续的过程,在这一过程中,往往需要根据勘探对象和勘探目标的差别,将油气田勘探过程划分为若干个阶段,使各阶段既相互独立,同时又保持一定的连续性。通常我们将油气田勘探各阶段之间的相互关系和工作的先后次序称为勘探程序(朱世新、王定一、宋芝祥,1987)。

勘探程序的基本内容包括两个主要方面:一是勘探阶段的划分,其主要依据是勘探对象、最终地质目标;二是不同阶段的勘探部署,即针对不同阶段的对象、任务和目标,有选择性地使用经济的、有效的勘探技术和研究方法,进行科学勘探。

2. 油气勘探程序

中国石油天然气集团公司(CNPC)现行油气勘探程序是在不断吸收国内外的先进经验,对原油气勘探程序进行了多次重新修订后制定的(1996),它明确地将油气勘探工作划分为区域勘探、圈闭预探、油气藏评价勘探三个阶段。

(1)区域勘探。在大的油气区内评价各盆地的含油气远景,优选出有利的含油气盆地;在盆地内重点分析油气生成条件,搞清油气资源的空间分布,从而预测有利的含油气区带。

(2)圈闭预探。其最终目标是发现油气田,是在区域勘探优选出的有利含油气区带的基础上,进行圈闭准备,通过圈闭评价,优选出最有利的圈闭提供钻探,然后开展以发现油气藏为目的钻探工作,揭示圈闭的含油气性,对出油的圈闭计算控制储量和预测储量。

(3)油气藏评价勘探。其任务是在已经发现存在工业性油气藏的基础上探明油气田,提交探明和控制储量,并为油田顺利投入开发作准备。

该程序的主要特点:一是各勘探阶段对象明确,范围由大到小,以便迅速地缩小勘探靶区,及早发现油气藏;二是各阶段相互关联,前一阶段是后一阶段的准备和基础,后一阶段验证前一阶段的成果,并将勘探工作引向深入。随勘探工作的不断深入,各阶段可交叉进行。

三、油气田勘探的方法

合理采用勘探技术方法对于油气田勘探至关重要,只有明确了不同勘探阶段的任务、勘探对象、主要目标,并采用合理的配套技术,才能提高勘探效益。其一般思路是,首先利用成本较低的勘探技术,如地质类比、遥感、化探、非地震物探等逐步缩小勘探的靶区,同时有针对性地开展不同精度的地震勘探工作,以查明勘探对象的具体特征,然后再利用成本高的钻探技术来发现和探明油气藏。"物化铺路、地震先行"是现代油气田勘探技术应用的基本准则。下面介绍我国油气田勘探中常用的几种方法。

1. 地质法

地质法是油气田勘探的基本工作方法,在我国油气田勘探的历史中发挥了重要作用。它主要包括野外地质露头及油气苗的地质调查与研究工作,通过钻井获取地下岩心、岩屑等资料所进行的地质录井工作,实验室分析工作及对相应资料的研究分析工作。此外,要对地球物理、地球化学、遥感遥测各种方法提供的大量间接资料进行地质解释。

通过地质工作,除了要研究岩石、地层、构造、发展史等基础地质问题外,还要着重研究区域和局部的油气藏形成条件,如生油和储油条件、油气运移条件、圈闭及保存条件等,以确定油气藏是否可能存在及其远景评价。

2. 地球物理方法

地球物理方法,是根据地质学和物理学的原理,利用各种物理仪器,通过物理方法测定地下地层、岩石、油、气、水等的电性、放射性、声速、波速等方面的参数,来反映某些地质特征和变化规律的方法。地球物理方法分为两大类,一类用于钻井中的称为地球物理测井法,一类在地面进行工作的称为地球物理勘探法。

1) 地球物理测井

地球物理测井包括各种类型的测井方法,如自然电位测井、普通电阻率测井、声波测井、放射性测井、感应测井等。地球物理测井资料主要用于剖面上确定油、气、水层和层组划分,测定钻井剖面各种重要参数,进行剖面对比解释构造。近年来,在研究沉积相、油藏描述工程中进行地层分析与油气评价也主要依靠测井资料。

2) 地球物理勘探

地球物理勘探方法主要有重力法、磁力法、电法(合称为非地震物探)及地震法等,是区域石油勘探的重要方法之一。尤其是在覆盖地区和海洋区域,地面地质方法无法进行的情况下,地球物理方法便成为重要的勘探方法。其主要作用是确定基岩的性质和起伏情况、沉积盖层的厚度和构造(包括背斜、隆起和断层等)的分布及特征等。

各种方法对区域地质构造情况的了解都有重要的作用,但是对局部构造的勘探,地震法具有更重要的意义。

地震勘探是利用地震仪接受人工地震形成的地震波,研究这些地震波在岩石中的传播规律,从而了解地下地质构造情况以及岩性、岩相的分布情况(图7-1)。

地震波的传播速度与岩石性质有关,致密坚硬的岩石地震波传播速度快,疏松的岩石地震波传播速度慢。根据地震仪所记录的地震波速度,参考其他方法求得的本区地层速度资料,就可以计算出地下各层界面的深度,从而了解地下地层的起伏状况,寻找有利的圈闭。

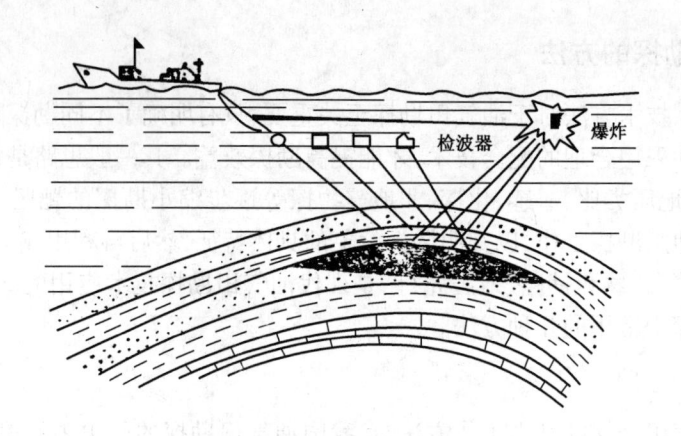

图 7-1　海洋地震勘探示意图
（据熊琦华,1990）

3. 地球化学勘探

在油气藏分布地区,油气藏中的烃类及伴生物的逸散或渗透,会使近地表形成地球化学异常,形态包括串珠状（线状）、面状（块状）、环状和多环状等（图 7-2）。利用地球化学异常来进行油气勘探调查,确定勘探目标和层位,这种方法称为地球化学勘探,简称为化探。根据分析介质的差异,油气化探可分为气态烃测量法、土壤测量法和水化学测量法。

1）气态烃测量法

烃类中 C_1—C_5 因在近地表的温度、压力条件下呈气态存在,所以可用直接测量气体的办法来探测。常用的方法是游离烃测量,即对土壤中采集到的游离状态的气态烃 C_1—C_5 进行色谱分析,依其烃类组成特征来寻找油气藏。

2）土壤测量法

针对土壤样品进行多指标分析、研究地下是否有油气存在。包括酸解烃、蚀变碳酸盐、微量铀、碘测量等方法。

3）水化学测量法

利用盆地中的水介质携带有油气生成、运移的信息,来寻找地下的油气。其主要分析指标包括 C_1—C_5 的浓度、苯系物和酚系物的溶解度、水的总矿化度、水中 U^{6+}、I^- 等无机离子浓度等。

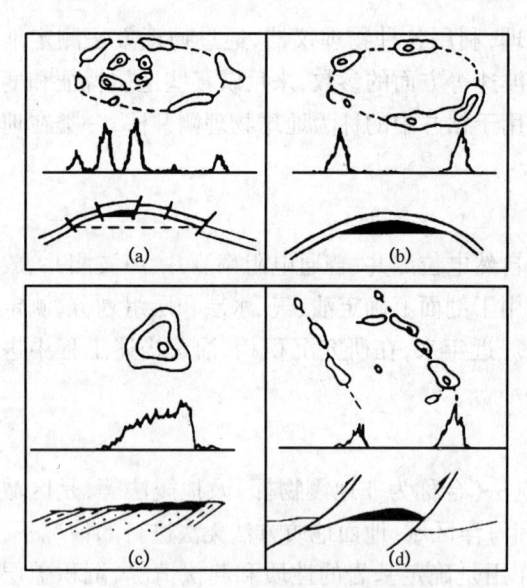

图 7-2　油气化探异常的主要类型
（据郝石生、林玉祥、壬子文等,1994）
(a)多环状；(b)环状；(c)块状；(d)串珠状

此外还有细菌法,由于某些细菌对某种烃类（如甲烷、乙烷、丙烷）有特殊嗜好,所以在油气藏上方这些烃类相对富集区内这些细菌大量繁殖。通过采样进行细菌培养,可反映烃类异常区,用作寻找油气藏及评价含油气远景的重要指标。

4. 钻井法

钻井是发现油气田最直接的勘探技术,地下有没有油气最后都必须通过钻井来证实,因而钻井法也是油气勘探中最重要的方法之一。然而,与其他勘探方法相比,钻井法速度慢、投资高,所以,它必须在地质、地球物理、地球化学等方法综合勘探的基础上进行。按照勘探阶段的区别和研究目的的不同,钻井可以分为科学探索井、参数井、预探井、评价井等类型。

(1)科学探索井。简称科探井,它是在一个没有研究过的新区,为了查明地下地层、层序、接触关系等特征,评价盆地的含油气远景而部署的区域探井。科探井研究项目比较齐全,一般要求全部取心,深度达到基岩面,位置尽可能选择在剖面比较全的地区。

(2)参数井。它也是一种区域探井,它是在地震普查的基础上,以查明一级构造单元的地层发育、生烃能力、储盖组合,并为物探、测井解释提供参数为主要目的的探井。参数井的研究项目没有科探井齐全,一般要求断续取心,全井段声波测井、地震测井。

(3)预探井。它是在地震详查的基础上,以局部圈闭、新层系或构造带为对象,以揭示圈闭的含油气性,发现油气藏,计算控制储量或预测储量为目的的探井。

(4)评价井。它又称详探井,它是在已经证实具有工业性油气构造、断块或其他圈闭上,在地震精查或三维地震的基础上,进一步查明油气藏类型,确定油藏特征,落实探明储量为目的部署的探井。

钻井技术关系到找油的速度和钻穿层位的深度,所以,钻井技术和方法的提高,是提高勘探效率和扩大勘探层位的重要问题。随着油气勘探难度的日益增加,推动了钻井技术的迅速发展。水平井及大位移井钻井技术、深井及超深井钻井技术、老井重钻技术是钻井技术发展最为迅速的三个领域。我国在塔里木盆地所钻的一口井,水平井段长 260m,最大井斜 91.5°,在奥陶系灰岩储层中共穿越多个高角度裂缝系统,日产油 168m³,气 $108 \times 10^4 m^3$。

5. 遥感技术

结合航空摄影、卫星遥感手段进行地面地质调查,是现代油气勘探的一大特点。遥感技术更是以其概括性、综合性、宏观性、直观性的技术特点,正日益成为油气勘探中一种成本低、省时、适用于交通不便及环境恶劣地区进行地面地质调查的先进方法。它是在利用卫星遥感手段获得大量数据的基础上,运用统计分析、图像处理、地理信息系统等技术手段,解译和分析地层岩性、地质构造,圈定油气富集区。

我国的石油遥感技术与应用研究大约始于1978年,由石油系统率先组织开展对塔里木盆地西部的油气资源评价,收到了良好的效果。目前,油气资源遥感已从间接性、辅助性,逐渐迈入直接性、综合性的发展阶段,已成为油气勘探早期不可缺少的重要手段之一。

第二节 油气储量计算

一、油气资源和储量的分类

石油天然气勘探开发工作是循序渐进的过程,一个油气田从发现起,经过勘探到投入开发,往往需要经历区域普查、圈闭预探、油气藏评价、产能建设和油气生产等五个阶段,而每一个阶段结束时,均有反映该阶段成效的油气储量。随着人们对地下油气田地质规律认识的不断深化,所获取的各项地质参数也不断地丰富、完善,因而油气储量计算的精度也就不断地提高。为了评价、对比各阶段计算的油气储量的可靠程度,应根据不同的勘探、开发阶段,对油气储量提出相应的分类和命名。

我国现行的资源和储量的分类,是在勘探开发各阶段,主要依据油气藏(田)的勘探开发程度、地质认识程度和产能证实程度而进行的(表7-1)。

表7-1 我国油气资源量分类分级表(据 GB/T 19492—2004)

总原地资源量					
地质储量				未发现原地资源量	
探明地质储量		控制地质储量	预测地质储量	潜在原地资源量	推测原地资源量
已开发(Ⅰ类)	未开发(Ⅱ类)				

1. 总原地资源量

总原地资源量是指根据不同勘探开发阶段所提供的地质、地球物理与分析化验等资料,经过综合分析,选择运用具有针对性的方法所估算求得的已发现的和未发现的储集体中原始储藏的油气总量。总原地资源量包括未发现原地资源量和地质储量。

2. 未发现原地资源量

未发现原地资源量是指对未发现的储集体预测求得的原始储藏油气总量,分为潜在原地资源量和推测原地资源量。

1) 潜在原地资源量

潜在原地资源量是指在圈闭预探阶段前期,对已发现的、有利含油气的圈闭或油气田的邻近区块(层系),根据石油地质条件分析和类比,采用圈闭法估算的原地油气总量。

2) 推测原地资源量

推测原地资源量是指主要在区域普查阶段或其他勘探阶段,对有含油气远景的盆地、坳陷、凹陷或区带等推测的油气储集体,根据地质、物探、化探及区域探井等资料所估算的原地油气总量。推测原地资源量一般可用总原地资源量减去地质储量和潜在原地资源量的差值来求得。

3. 地质储量

地质储量是指在钻探发现油气后,根据已发现油气藏(田)的地震、钻井、测井和测试等资料,估算求得的已发现油气藏(田)中原始储藏的油气总量。

根据勘探、开发各个阶段对油气藏的认识程度,可将地质储量划分为预测地质储量、控制地质储量和探明地质储量。

1) 预测地质储量

预测地质储量是指在圈闭预探阶段预探井获得了油气流或综合解释有油气层存在时,对有进一步勘探价值的、可能存在的油气藏(田),估算求得的确定性很低的地质储量。预测地质储量的估算,应初步查明构造形态、储层情况,预探井已获得油气流或钻遇了油气层,或紧邻在探明储量(或控制储量)区并预测有油气层存在,经综合分析有进一步评价勘探的价值。

2) 控制地质储量

控制地质储量是指在圈闭预探阶段预探井获得工业油(气)流,并经过初步钻探认为可提供开采后,估算求得的、确定性较大的地质储量,其相对误差不超过±50%。控制地质储量的估算,应初步查明了构造形态、储层变化、油气层分布、油气藏类型、流体性质及产能等,具有中等的地质可靠程度,可作为油气藏评价钻探、编制开发规划和开发设计的依据。

3) 探明地质储量

探明地质储量是指在油藏评价阶段,经评价钻探证实油气藏(田)可提供开采并能获得经济效益后,估算求得的、确定性很大的地质储量,其相对误差不超过±20%。探明地质储量的估算,应查明了油气藏类型,储层类型,驱动类型,流体性质及分布、产能等;流体界面或油气层底界应是钻井、测井、测试或可靠压力资料证实的;应有合理的井控程度,或开发方案设计的一次开发井网;各项参数均具有较高的可靠程度。

二、储量起算标准

储量起算标准,即储量计算的单井下限日产量,是进行储量计算的经济条件。各地区(海域)均应根据当地油气价格和成本等,测算求得只回收开发井投资的单井下限日产量;也可用平均的操作费和油价求得平均井深的单井下限日产量,再根据实际井深,求得不同井深的单井下限日产量。平均井深的单井下限日产量计算公式为:下限油或气产量(t/d 或 $10^3 m^3/d$) = 固定成本(元/d)/(销售价—税费—可变成本)(元/t 或 元/$10^3 m^3$)。

由于单井下限日产量受油气销售价格、钻井成本、勘探建设费用、开发建设费用、经营成本、利税等多种因素影响,而钻井成本取决于油气藏的埋藏深度、工艺技术水平,勘探基建费用和开发基建费用又与是新区还是老区有关。因此,单井下限日产量不可能有统一的标准,各地区不同油气藏要根据各地区的具体情况估算。

表7-2是根据我国东部地区平均油气价格和成本测算的单井下限日产量。

表7-2 东部地区储量起算标准(据 DZ/T 0217—2005)

产油、气层埋藏深度,m	单井油产量,m^3/d	单井气产量,$10^4 m^3/d$
≤500	0.3	0.05
>500 ~ ≤1000	0.5	0.1
>1000 ~ ≤2000	1.0	0.3
>2000 ~ ≤3000	3.0	0.5
>3000 ~ ≤4000	5.0	1.0
>4000	10.0	2.0

储量起算标准是油气储量计算的基点,没有达到单井下限日产量的井点,不能圈在探明储量的含油气面积之内。

三、容积法计算石油储量

1. 基本原理及计算公式

用容积法计算地下石油储量,实质上是确定石油在油层中所占的体积。只要知道油层的几何体积、有效孔隙度及含油饱和度等参数,就可以计算出油层孔隙中所含的石油体积,即地质储量。

容积法计算石油储量的基本公式为：

$$N = 100A \cdot h \cdot \phi(1 - S_{wi})\rho_o/B_{oi} \tag{7-1}$$

式中　N——石油地质储量，10^4t；

　　　A——含油面积，km^2；

　　　h——平均有效厚度，m；

　　　ϕ——平均有效孔隙度，小数；

　　　S_{wi}——平均油层原始含水饱和度，小数；

　　　ρ_o——平均地面原油密度，t/m^3；

　　　B_{oi}——平均原始原油体积系数，无因次。

2. 含油面积的确定

含油面积是指具有工业性油流地区的面积。对于不同类型的油藏，其含油面积可以由单一的油水边界、岩性边界或断层边界圈定，也可以由这些边界共同圈定。如图7-10(b)所示的构造岩性油藏的含油面积就是由岩性边界和油水边界共同圈定的。下面以纯油藏为例，介绍一下含油面积的确定方法。

1) 油水边界的确定

油水边界是油层顶(或底)面与油水界面的交线。所以，确定一个油藏的油水边界时，首先应当找到该油藏的油水界面位置。一般是根据岩心、测井和试油资料分析油藏内各井的产油层段、油水过渡带和产水层段的分布情况，确定各井的产油底界和产水顶界的海拔高度。在此基础上作出油底、水顶分布图，然后，在油底和水顶之间确定油藏统一的油水界面(图7-3)。

在勘探初期油井较少时，只要有一口井获得工业性油流，而另一口井打在油层的含水部分，则可以利用这两口井的压力资料及油、水密度资料计算出油水界面。

如图7-4所示，1号井钻在油藏的顶部，测得的油层静止压力为p_o，2号井钻在油藏的含水部分，测得的水层静止压力为p_w，在油藏内，水井地层静止压力p_w为：

$$p_w = p_o + 10^{-6}\rho_o g(H_o - H_{ow}) + 10^{-6}\rho_w g[\Delta H - (H_o - H_{ow})] \tag{7-2}$$

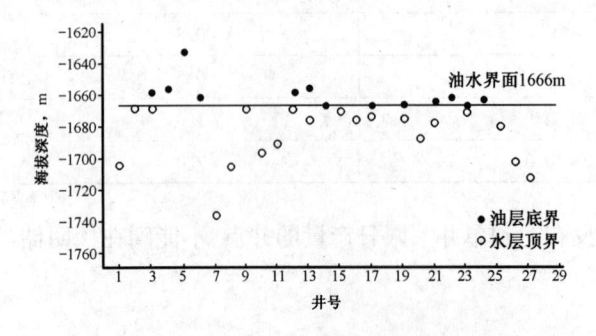

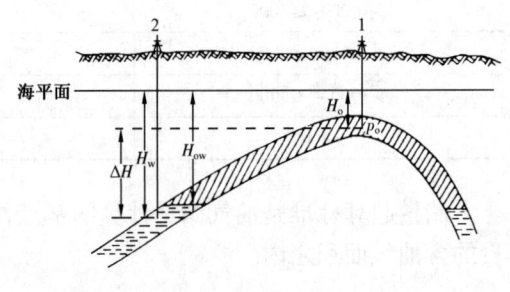

图7-3　确定油水界面图(据韩定容，1983)　　图7-4　利用测压资料确定油水界面示意图

式(7-2)经整理可得到油水界面的海拔高度为：

$$H_{ow} = H_o - \frac{\rho_w \Delta H - 10^6(p_w - p_o)/g}{\rho_w - \rho_o} \tag{7-3}$$

式中　H_o——油井井底海拔高度，m；
　　　H_w——水井井底海拔高度，m；
　　　H_{ow}——油水界面海拔高度，m；
　　　ΔH——油井与水井井底海拔高差（$\Delta H = H_o - H_w$），m；
　　　ρ_o——油的密度，kg/m³；
　　　ρ_w——水的密度，kg/m³；
　　　p_o——油井地层压力，MPa；
　　　p_w——水井地层压力，MPa；
　　　g——重力加速度，m/s²。

当构造圈闭上只有一口油井，而边部无水井时，可以利用区域的压力资料，以及水的密度资料代替水井测压资料，来计算油水界面。

在油藏油水界面确定以后，就可以按油水界面的海拔高度，分别在油层顶面与底面构造图上，用平行构造等高线画出外油水边界和内油水边界。以背斜油藏为例，有底水的背斜油藏没有内、外油水边界之分(图7-5)，而对于有边水的背斜油藏，既有含油区，又有过渡带(图7-6)。

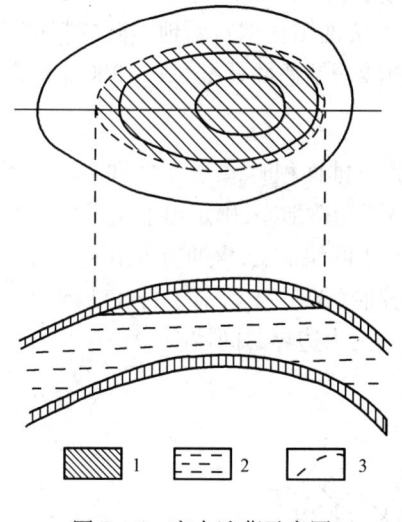

图7-5　底水油藏示意图
1—含油；2—含水；3—含油边界

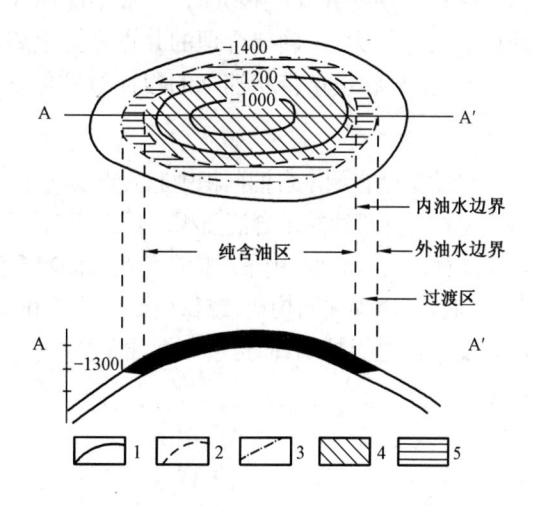

图7-6　有边水的构造油藏含油面积示意图
1—油层顶面等高线；2—内油水边界；3—外油水边界
4—纯含油区；5—过渡区

2）岩性边界的确定

岩性边界是指油层有效厚度与非有效厚度之间的分界，即岩性边界线为有效厚度零线。

（1）首先确定砂岩尖灭线的位置，进而确定岩性边界。

目前较多地采用砂层发育井点与砂层尖灭井点的1/2处为尖灭点；也可以根据已知两井点间同一砂层厚度的变化梯度向厚度薄的一方外推至厚度为零处(图7-7)；在井距较小的情况下还可以根据下式进行计算(图7-8)：

$$X = \frac{L}{h+1} \qquad (7-4)$$

式中　X——砂层尖灭位置到相邻砂层已尖灭井的水平距离；
　　　L——砂层尖灭井与砂层发育井的水平距离；
　　　h——砂层发育井剖面上砂层厚度。

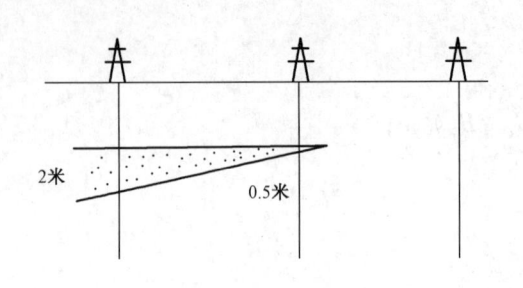

图7-7 外推法确定尖灭线位置 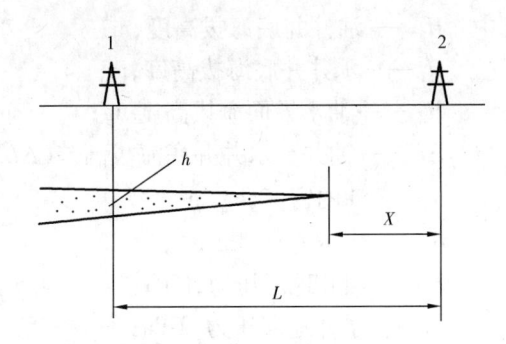　　　　图7-8 用公式计算岩层尖灭位置

在切实地掌握了砂岩区域性尖灭规律以后,即可勾绘出砂层尖灭线。然后由砂岩尖灭线距有效厚度井点的1/3处勾绘有效厚度零线,确定岩性边界。

(2)井控外推确定岩性边界。

当油藏边界无控制井时,在开发井网条件下,可按1个或1/2个开发井距外推岩性边界。但在勘探初期探井井距很大时,一般不能用井距之半的办法外推岩性边界。这时必须预测本地区砂岩体的大小,确定合理的井点外推距离。例如,长庆油田根据对盆地实际资料的统计结果,对于土豆状或条带状油藏的岩性边界是以最边部的砂岩钻遇井外推200~300m确定。

3)含油面积的圈定

油藏类型在圈定含油面积中起着重要的作用。在圈定含油面积时,要初步掌握油藏类型,按油藏类型指引的规律圈定含油面积。对于背斜油藏,只要搞清构造形态,确定出油水界面,就可以按油水界面的海拔高度,用平行构造等高线圈定含油面积;对于断块油藏,含油边界由断层边界、油水边界和岩性边界共同构成,或仅由断层边界和油水边界控制(图7-9);对于岩性油藏,其含油面积仅受岩性边界控制,而构造岩性油藏往往受岩性边界和油水边界共同控制(图7-10)。

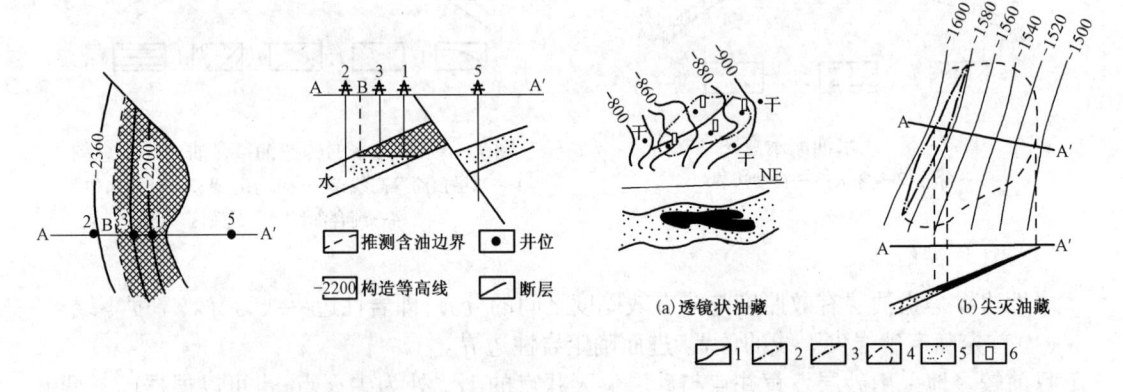

图7-9　断块油藏含油面积圈定示意图

图7-10　岩性油藏含油面积圈定示意图
1—构造等高线;2—内油水边界;3—外油水边界;
4—含油边界线;5—含油面积;6—试油结果

3. 有效厚度的确定

有效厚度是指在一定的压差下,具有工业产油能力的那一部分油层厚度。有效厚度将随经济技术水平的提高而变化。

1)有效厚度的标准

一个油层的工业产油能力主要受油层物性(油层的有效孔隙度和渗透率)和油层的含油性等因素的影响。有效孔隙度和含油饱和度的乘积反映了油层的储油能力,而渗透率则反映了油层的产油能力。当油层的有效孔隙度、渗透率和含油饱和度达到一定界限时,油层便具有工业产油能力,这个界限称为有效厚度的物性标准。

油层的地球物理性质是油层岩性、物性和含油性的综合反映。因此,它也能间接反映油层的储油能力和产油能力。显然,当油层的电阻率、自然电位及声波时差等地球物理参数达到一定界限时,油层便具有工业产油能力。这个界限就是有效厚度的测井标准。

有效厚度标准是确定有效厚度的核心问题。一般是在充分利用试油成果对本区的岩性、物性、含油性与电性关系进行综合研究的基础上,确定有效厚度标准。图7-11是利用单层试油资料与岩心测定的孔隙度、渗透率资料交会图,来确定有效厚度物性标准的示意图。由图可知,产气层渗透率应大于 $18 \times 10^{-3} \mu m^2$,孔隙度大于17%。图7-12为利用单层试油资料与测井资料确定测井标准的示意图,从图上可清楚地看出,有效厚度的感应相对幅度差应大于 $100 m\Omega/m$,声波时差则大于 $250\mu s/m$。

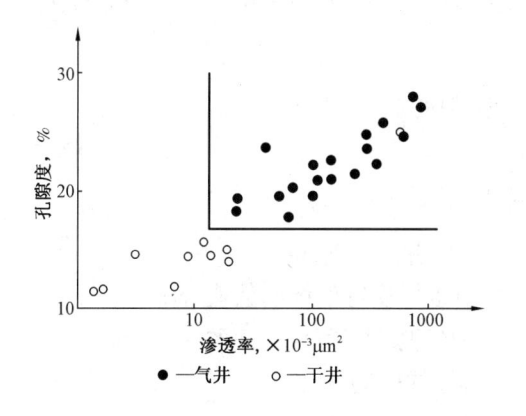

图7-11 试油与物性关系图

图7-12 试油与感应幅度差、声波时差关系图

陆相碎屑岩储集层的非均质性严重,油层内部常夹有泥岩或较薄的钙质条带,应在有效厚度内扣除。根据各油田地质、技术等情况,目前采用的油层有效厚度起算标准一般为0.2~0.4m,夹层起扣厚度为0.2m,小于起算厚度的薄层不算有效油层。

2)单井油层有效厚度的划分

在油层全层取心而且岩心收获率大于90%的情况下,可直接根据岩心资料划分油层有效厚度。对于大多数没有取心的井或取心少、收获率低的井,则要利用测井资料来划分油层有效厚度。先利用测井资料划分有效油层顶、底界限,量取总厚度,再从总厚度中扣除夹层的厚度,从而得到油层有效厚度。

利用测井资料确定有效油层顶、底界时,要综合考虑反映油层界面的多种测井曲线。由于各种测井曲线对油层顶、底的过渡性岩类鉴别能力不同,因此同一层在不同曲线上量取的厚度往往不同。与岩心资料对比后表明,厚度大的包括了过渡性岩层的厚度,所以应以量取厚度最小的曲线为准(图7-13)。图7-14为扣除夹层示意图。

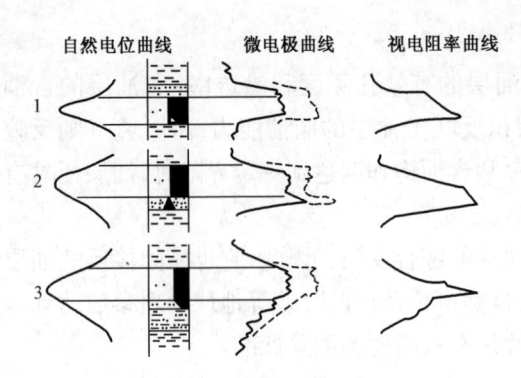

图 7–13　油层有效厚度量取方法示意图
1—自然电位量取厚度最小；2—视电阻率量取厚度最小；
3—微电极量取厚度最小

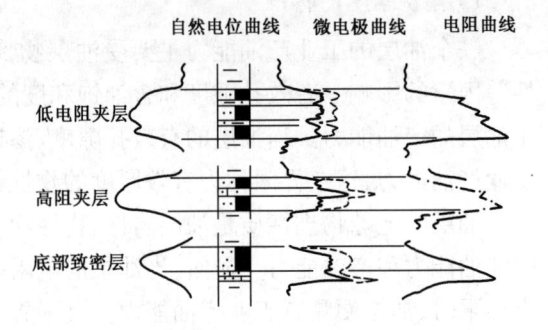

图 7–14　夹层扣除示意图

3）油层平均有效厚度的计算

在求出了各井点的有效厚度后，还必须求出整个油层的平均有效厚度，以用于储量计算。在油层厚度变化较大，井点较稀、分布不均匀的情况下，通常采用面积加权平均法计算油层平均有效厚度。如图 7–15 所示，其计算公式为：

$$\bar{h} = \frac{\sum\limits_{i=1}^{n}\left(\dfrac{h_i + h_{i+1}}{2}\right)A_i}{\sum\limits_{i=1}^{n} A_i} \tag{7-5}$$

式中　$\bar{h}$——平均有效厚度，m；
　　　h_i——有效厚度等值线的数值，m；
　　　A_i——相邻两条等厚线之间的面积，km^2；
　　　n——等厚线的间隔数。

4. 有效孔隙度的确定

有效孔隙度是指岩石中连通孔隙的体积占岩石总体积的百分数。此参数可利用实验室岩心分析资料确定，也可根据岩心分析的孔隙度与地球物理测井资料之间的关系，利用测井资料求取。测井解释的孔隙度应以经测井—岩心回归统计校正后的数值为准。

油层平均有效孔隙度的计算方法，和有效厚度一样，可用算术平均法和面积加权平均法。

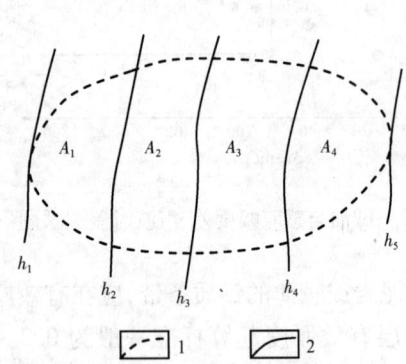

图 7–15　油层有效厚度等值线图
1—含油面积边界；2—有效厚度等值线

5. 原始含油饱和度的确定

原始含油饱和度是指油层尚未投入开采时处于原始状态下的饱和度。确定原始含油饱和度的方法有岩心分析、测井资料解释和毛管压力计算等方法。当用岩心分析时，为了避免钻井液侵入的影响，应采用油基钻井液取心或密闭取心，测定束缚水饱和度 S_{wi}，然后通过 $1 - S_{wi}$ 求得原始含油饱和度。

6. 地面原油密度和原油体积系数的确定

地面原油密度是指脱气后,在0.101MPa、20℃时的原油密度。其数值应根据一定数量有代表性的地面样品分析结果确定。

地层原油体积系数是指地下原油体积与其在地面条件下脱气后的原油体积之比。其数值由高压物性实验室取井下样品分析确定。

四、天然气储量计算

1. 容积法计算天然气储量

容积法是计算天然气储量的基本方法,其原理与计算石油储量的容积法相似,仍然是通过确定地层储气部分的孔隙空间体积来计算储量,适用于碎屑岩孔隙性天然气藏。

地层条件下天然气的原始体积可用下式表示:

$$V = 0.01 A \cdot h \cdot \phi (1 - S_{wi}) \tag{7-6}$$

式中 V——地层条件下天然气的原始体积,$10^8 m^3$;
  A——含气面积,km^2;
  h——平均有效厚度,m;
  ϕ——平均有效孔隙度,小数;
  S_{wi}——平均原始含水饱和度,小数。

式(7-6)中参数的确定与油藏基本相同,在此不再重述。V为地层条件下天然气的原始体积,计算储量时需将其换算为地面标准条件下的体积。

设G为地面标准条件下天然气原始地质储量的体积,根据气体物理性质相关定律,可写出下列关系式:

$$\frac{p_{sc} \cdot G}{T_{sc} \cdot Z_{sc}} = \frac{p_i \cdot V}{T \cdot Z_i} \tag{7-7}$$

$$G = \frac{T_{sc} \cdot Z_{sc} \cdot p_i \cdot V}{p_{sc} \cdot T \cdot Z_i} \tag{7-8}$$

式中 G——天然气地质储量,$10^8 m^3$;
  T_{sc}——地面标准温度,K;
  Z_{sc}——地面标准压力下天然气的压缩因子,无因次量;
  p_i——气藏的原始地层压力,MPa;
  p_{sc}——地面标准压力,MPa;
  T——原始气层温度,K;
  Z_i——原始地层压力下天然气的压缩因子,无因次量。

我国地面标准条件指温度20℃,绝对压力0.101MPa,此时$Z_{sc}=1$。将式(7-6)代入式(7-8)得:

$$G = 0.01 A \cdot h \cdot \phi (1 - S_{wi}) \frac{T_{sc} \cdot p_i}{p_{sc} \cdot T \cdot Z_i} \tag{7-9}$$

式(7-9)即为容积法计算纯气藏和油藏气顶地质储量的公式。式中气藏的原始地质储

量 G 为地面标准条件下的体积,单位 $10^8 m^3$。

2. 压降法计算天然气储量

对于裂缝性气藏,由于裂缝分布不均,使容积法中的有些参数,如含气面积、气层有效厚度、气层有效裂隙率等很难确定,因此常用压降法计算天然气储量。

1)压降法的基本原理与公式

假设当气藏开采一段时间后,气层压力由原始压力 p_i 下降至 p_t,此时的累计产气量为 $\sum Q_t$,气藏内天然气的剩余储量为 G_t,则根据物质平衡原理可有下式成立:

$$G - G_t = \sum Q_t \tag{7-10}$$

根据式(7-9)可得:

$$G_t = 0.01 A \cdot h \cdot \phi (1 - S_{wi}) \frac{T_{sc} \cdot p_t}{p_{sc} \cdot T \cdot Z_t} \tag{7-11}$$

式中 p_t——目前地层压力,MPa;
Z_t——在气层压力为 p_t 时天然气压缩因子,无因次量。

假设开采期间气藏容积保持不变,则将式(7-9)、式(7-11)代入式(7-10),得:

$$0.01 A \cdot h \cdot \phi (1 - S_{wi}) \frac{T_{sc} \cdot p_i}{p_{sc} \cdot T \cdot Z_i} - 0.01 A \cdot h \cdot \phi (1 - S_{wi}) \frac{T_{sc} \cdot p_t}{p_{sc} \cdot T \cdot Z_t} = \sum Q_t$$

$$0.01 A \cdot h \cdot \phi (1 - S_{wi}) = \frac{\sum Q_t}{\frac{T_{sc}}{p_{sc} \cdot T} \left(\frac{p_i}{Z_i} - \frac{p_t}{Z_t} \right)} \tag{7-12}$$

将式(7-12)代入式(7-9)可得压降法计算天然气地质储量的公式为

$$G = \frac{p_i}{Z_i} \cdot \frac{\sum Q_t}{\frac{p_i}{Z_i} - \frac{p_t}{Z_t}} \tag{7-13}$$

式中 G——天然气原始地质储量,$10^8 m^3$;
$\sum Q_t$——地层压力降至 p_t 时的累计产气量,$10^8 m^3$。

利用压降法计算天然气储量时,压力资料可通过下入井底压力计直接测量,或根据气井井口压力计算求得。累计产气量中包括正常生产的产气量和放空气量。但放空气量往往没有准确计量,所以为获得可靠的产量资料,应尽量避免放空现象。

2)压降法的应用条件

一般情况下,气藏在经过一段时间的开采,大约采出 10% 左右后,便可使用压降法计算储量。压降法不需要难以求准的地质参数,所以,对于那些地质结构复杂,无法求准储气空间的气藏,如碳酸盐岩裂缝性气藏,最好采用压降法计算天然气储量。

压降法适用于纯气驱气藏,不适用于有水驱作用的气藏。此外,对边缘有含油带的气藏,由于开采过程中随压力降低,溶解在油中的天然气大量析出进入到气藏中,所以,用压降法计算这种气藏的储量也得不出准确的结果。

第三节　油气田开发基础

油气田开发就是在开发试验和综合研究的基础上,根据国民经济对油气生产当前和长远的需求,对具有工业价值的油气田制定合理的开发方案,并尽可能采用先进技术,对油气田进行开采的全部过程。

一、油气田开发原则

一个油气田的开发可以有多种不同的开发方案,在这些开发方案中,只有一个是最好的,这就是所谓合理的开发方案。制定和选择合理开发方案的具体原则是:

(1)在油气田储量和油层及流体物性等客观条件允许的前提下,应高速度地开发油气田,以满足国家对油气日益增长的需求。也就是说,一个具体油气田的合理开发方案,应该能够保证油气田能够顺利地完成国家分配的任务。

(2)最充分地利用天然资源,保证油气田的高采收率。

(3)具有最好的经济效益。也就是说用最少的人力、物力和财力消耗采出所需的油气。

(4)油气田稳定生产时间长,即长期高产稳产。

以上这些原则可以概况为:合理的采油气速度、高采收率、低采油气成本和长期稳产高产。

二、开发层系划分

国内外已开发的油田,大多数是非均质多油层油田,这种油田的主要特点是油层层数多,油层间岩性及物性变化大,各层分布面积及范围很不均匀。如果对这类油田笼统地用一套井网进行开发,则对生产管理和油井作业,尤其对提高采收率带来很多困难。为此,常把一些性质相近的油层组合在一起,采用与之相适应的注水方式、井网和工作制度单独开发。所谓开发层系,就是指用同一套井网单独开发的若干性质相近的油层的组合。

合理组合与划分开发层系应考虑以下原则:

(1)同一开发层系内的油层应该特性相近,主要是各油层的物性和延伸分布状况不能相差过大,以保证各油层对注水方式和井网具有共同的适应性,减少开采过程中的层间矛盾。

(2)一个独立的开发层系应具有一定的储量,保证油井具有一定的生产能力,并具有较长的稳产时间,以达到较好的经济指标。

(3)各开发层系间必须具有良好的隔层,以便在注水开发的条件下,层系间能严格地分开,确保层系间不发生串通和干扰。

(4)同一开发层系内,油层的构造形态、油水边界、压力系统和原油物性应比较接近。

(5)在分层开采工艺所能解决的范围内,开发层系划分不宜过细,以利于减少建设工作量,提高经济效益。

划分开发层系时,要考虑目前的工艺技术水平,充分发挥工艺措施的作用,尽量不要将开发层系划分过细。这样可以少钻井,即便于管理,又能达到同样的开发效果。

三、油气田开发方式

要把油气层中的油气开采出来需要能量的驱动。开发方式是指依靠什么能量(天然能量或人工保持压力),采用哪一种方式开发油气田。开发方式的选择主要取决于油气田的地质条件和国家对采油速度的要求。

1. 利用天然能量的开发方式

这是一种传统的开发方式,它的最大优点是投资少,投产快。油藏中可以利用的天然能量主要有以下几种:

1) 水头压力

驱油动力是油层的边(底)水压头。当边(底)水与地面水源相连通时,会形成巨大的静水柱压力,使边(底)水像活塞一样推动油气向井底方向流动,称为刚性水压驱动(图 7-16)。当边(底)水没有供水来源时,则依靠本身的弹性能量驱油,称为弹性水压驱动。

2) 气顶压力

对于具有天然气顶的油气藏,天然气呈压缩状态。当油层投入开采之后,油层压力开始下降,气顶中的压缩天然气发生膨胀,从而推动石油流向井底,这种驱油方式称为气顶驱动(图 7-17)。在开采过程中,气顶压力逐渐下降,当气顶压力消耗到一定程度时,石油中的溶解气开始分逸出来,油层将转为溶解气驱动方式。

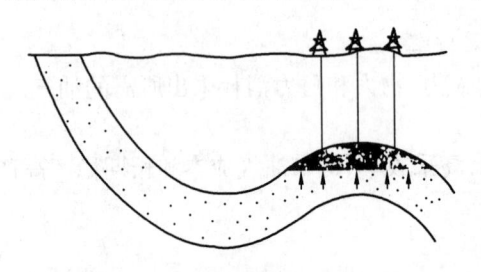

图 7-16　底水驱动示意图　　　　　　　图 7-17　气顶驱动示意图

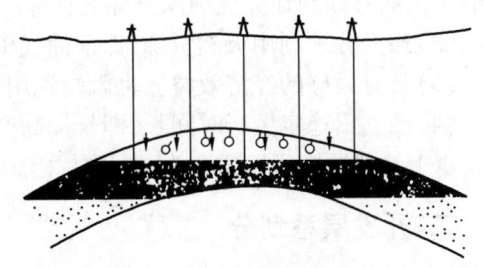

3) 溶解气的膨胀力

当油层压力下降到低于饱和压力时,溶解气便从原油中分逸出来,形成一些小气泡,使油层孔隙空间内的液体(油气混合体)的体积增大。随着油层压力的下降,气泡体积也不断膨胀扩张,从而将相应体积的石油挤入井底。这种驱油方式称为溶解气驱动。

4) 油层(液体和岩石)的弹性力

油层是承压的,积蓄着一定的弹性能量。当油层被钻开采油时,油井周围的油层压力就会逐渐降低,油、水和岩石均膨胀而释放出弹性能量,表现为孔隙的缩小和孔隙中液体体积的增大,从而驱动原油流动。这种驱油方式称为弹性驱动。

弹性驱动只有对原始压力高、饱和压力低,即高压低饱的油层才有意义,因为这时液体和岩石具有较大的弹性能量。一旦油层压力低于饱和压力,油层便转为其他驱动方式了。由此可知,弹性驱动都是表现在油田开发的初期。

5) 石油的重力

油藏倾角较大或油层很厚时,油层内高于井底位置的原油,将由于自身的重力流向低处的井底。这种驱油方式称为重力驱动。

在自然条件下,油气在油层中流动时,常常是各种能量同时起作用。比如,一般都存在液体和岩石的弹性能量的作用,而且重力在一定程度上也起着作用。然而,不同开采时期起主要作用的能量只有一种,它决定了油层基本上属于哪一种驱动方式。

2. 人工保持油层能量的开发方式

利用天然能量开发油田时,由于驱油动力的不同,开发时的生产特点及开发效果也不一样。天然能量比较充足的油层,如水压驱动,在合适的采油速度下,能保持较高的油层压力,采收率也比较高。但多数油田的天然能量往往不足,常不能保证较高的采油速度,尤其是驱油效率低的几种驱动方式,往往随着油层能量的不断消耗,产量很快下降,所以高产、稳产时间短。而且天然能量的调整和控制比较困难,油井不好管理,最终会表现为采收率较低。

因此,目前广泛采用人工保持油层能量的开发方式,通常是在油田开发初期即向油层中注水保持油层压力,以保证较高的采油速度,提高原油采收率。

用人工注水开发油田,由于油水井之间影响很大,所以注水开发的油田就必须有一套合理的注采系统,使油田在此系统控制下长期生产。目前现场上应用的注水方式或注采系统主要有边缘注水、切割注水、面积注水和点状注水四种。

1) 边缘注水

边缘注水是指注水井按一定的方式分布在油水边界处,水线向油藏内部推进。一般在油藏面积不大,构造比较完整,边部与内部连通性好,压力能够有效向油藏内部传播时采用。边缘注水的优点是比较容易控制,无水采收率及低含水采收率较高。

2) 切割注水

对于大面积、储量丰富、油层分布比较稳定、形态比较规则的油藏,一般采用内部切割注水方式。所谓切割注水,是利用注水井排将油藏切割成为较小单元,每一个切割区可以看成是一个独立的开发单元,分区进行开发和调整(图7-18)。切割注水可以使油藏各部分都能受到注入水的影响,保持高产稳产。

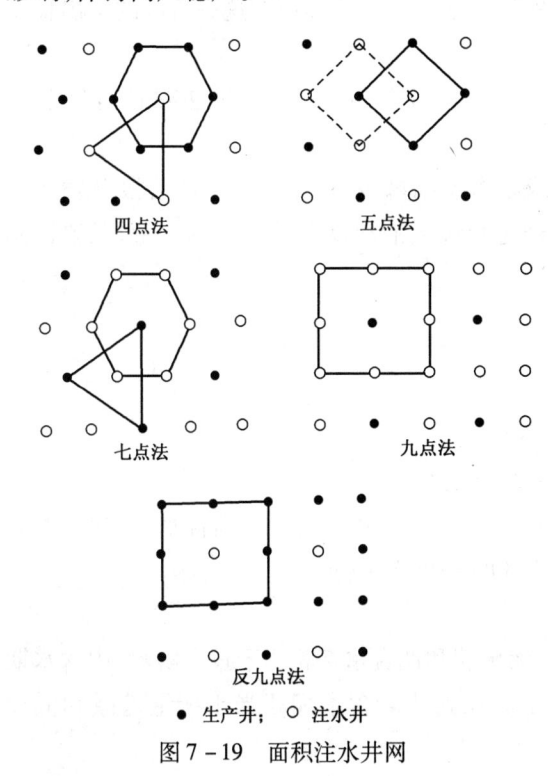

图7-18 切割注水方式示意图
△—注水井 ○—生产井

3) 面积注水

面积注水是将采油井和注水井按一定几何形状和一定密度均匀部署在整个开发区上。根据采油井和注水井相互位置和组成井网形状的不同,将面积注水分为四点法、五点法、七点法、九点法、反九点法等类型(图7-19)。

面积注水是一种强化注水方式,一口采油井受多口注水井的影响,采油井均处于注水受效第一线上,采油速度比较高。一般适用于油层分布不稳定,形态不规则,渗透性差,非均质性较严重,要求较高采油速度的油田。

4) 点状注水

点状注水是指注水井零星地分布在开发区内,常作为其他注水方式的一种补充形式。当含油面积小(如小型断块油田),油层分布不规则时,一般采用这种注水方式。可以根据油层的具体情况选择合适的井作为注水井,周围部署数口采油井受注水效果。

图7-19 面积注水井网
● 生产井; ○ 注水井

注水方式的选择必须根据油田的实际情况而定,保证油层受到充分的注水效果。同时,合理的注水方式应便于掌握开采动态,有利于调整措施,使生产处于主动。

四、油气田开发阶段

油气田开发是一个漫长的过程,在这一过程中,油藏特征和各种开发指标不断发生着变化。不同的开发时期或不同的开发方法具有不同的开采特点,为了便于地质研究和开发调整,我们把油田开发的全过程划分为若干开发阶段。

国内外划分开发阶段的方法很多,有代表性的有三种:

1. 按开发方法不同划分

(1)一次采油阶段。它是靠天然能量驱替原油的阶段。天然能量主要是指地下原油和与其共生水的弹性能量及原油中溶解气的膨胀能量。此阶段采出程度一般能达到5%~15%。

(2)二次采油阶段。它是为恢复和保持油藏的能量,进行人工注水驱替原油的阶段。注水有早期注水及中晚期注水之分,一般水驱采收率能达到40%~50%。

(3)三次采油阶段。它是通过注入驱替剂,引发各种化学、物理的复杂反应而驱替原油,以进一步提高采收率的阶段。

2. 按产量变化划分

(1)投产阶段。其特点是油井逐渐投产,产量急剧增加。对大多数油田来说,这一阶段的采出程度为10%左右,其中无水期内采出程度一般小于1%;

(2)高产稳产阶段。其特点是生产井数变化不大,油井和油田产能旺盛。在一定的采油速度下,油田一般能保持3~7年甚至更长时间的稳产期。大多数油田在这一阶段的采出程度约为25%左右;

(3)产量递减阶段。其特点是产量持续下降,含水率快速上升,产量递减长时期居高不下;

(4)低产阶段。其特点是生产井数因水淹或枯竭不断减少,产量递减。此阶段开发年限较长,采液量大、采油速度低、采液速度高,既要通过提高采液速度保持一定的产量,又要控制含水率的上升,开发难度提高。

3. 按含水率不同划分

(1)无水期开采阶段。其含水率≤2%。

(2)低含水开采阶段。其含水率介于2%~20%之间。

(3)中含水开采阶段。其含水率介于20%~60%之间。

(4)高含水开采阶段。其含水率介于60%~90%之间,其中又可分为高含水前期(含水率介于60%~80%之间),高含水后期(含水率介于80%~90%之间)。

(5)特高含水开采阶段。其含水率>90%。

与按产量变化划分的油田开发阶段相比较,无水期和低含水期相当于投产阶段,中含水期到高含水前期大体相当于高产稳产阶段,高含水后期到特高含水期相当于产量递减和低产阶段。

五、油气田开发常用名词

1. 与采油有关的名词

1）采油指数

采油指数是指生产压差每增加1MPa所增加的日产量，也即单位生产压差的日产量。它是衡量油井工作状态和生产能力的一个指标，单位为 t/(d·MPa)。

$$采油指数 = \frac{日产油量}{静压 - 流压}$$

当静压低于饱和压力，油层内呈多相流动时：

$$采油指数 = \frac{日产油量}{(静压 - 流压)^n}$$

式中　n——渗滤特性指数或采油指示曲线指数。

2）采油强度

采油强度是指单位有效厚度油层的日产油量。它是衡量油层生产能力的一个指标，单位为 t/(d·m)。

$$采油强度 = \frac{油井日产油量}{油井油层有效厚度}$$

3）采油速度

采油速度是指年产油量与其相应动用的地质储量之比的百分数。它是衡量油田开采速度快慢的指标。

$$采油速度 = \frac{年采油量}{地质储量} \times 100\%$$

为了随时了解采油速度的大小，可用月采油量或日采油量折算成年采油量，然后算出采油速度。采油速度若太高，会影响开发效果，若太低则不能充分发挥油田生产能力和投资效益。

4）采出程度

采出程度是指油田某时期的累积采油量与动用地质储量之比的百分数。它反应油田储量的采出情况，可以理解为不同开发阶段所达到的采收率。

$$采出程度 = \frac{某时期的累积采油量}{地质储量} \times 100\%$$

5）采收率

采收率是指采出的总油量与地质储量之比的百分数。它是衡量油田开发效果的重要指标。

$$采收率 = \frac{总采出油量}{地质储量} \times 100\%$$

在计算时，往往把不同阶段分开计算，因而有：

$$无水采收率 = \frac{无水采油阶段的累积采油量}{地质储量} \times 100\%$$

$$最终采收率 = \frac{油田开发终了时的累积采油量}{地质储量} \times 100\%$$

6) 日产能力

日产能力是指油田内所有油井每天应该生产的油量的总和,单位为 t/d。

实际上,日产能力往往因为生产管理、设备、气候变化等因素的影响造成减产而达不到。

7) 日产水平

日产水平是指油田实际日产量的大小,单位为 t/d。

日产能力与日产水平的数值越接近,说明油田开发工作做得越好。

8) 气油比

气油比分原始气油比和生产气油比两种。油田未开发时,在油层条件下,一吨原油中所溶解的天然气量,称为原始气油比。油田在开采过程中,每采出一吨原油所伴随采出的天然气量,称为生产气油比,简称为气油比,单位为 m^3/t。

计算气油比时,可以按单井产量计算单井气油比,也可以按油田产量计算综合气油比。气油比的大小,反映了油层的脱气程度,一般要求气油比不要比原始气油比大得太多。

2. 与产水与注水有关的名词

1) 吸水指数

吸水指数是指注水井在单位注水压差下的日注水量。它是衡量油层吸水能力大小的指标,单位为 $m^3/d \cdot MPa$。在注水井管理中,根据吸水指数的变化,可以分析注水井的井下工作状况及油层吸水情况。

$$吸水指数 = \frac{日注水量}{注水井流压 - 注水井静压}$$

正常注水时,不可能经常关井测静压,可取得在不同流压时的注水量,而按下式计算吸水指数:

$$吸水指数 = \frac{两种工作制度下的日注水量之差}{两种工作制度下的流压之差}$$

2) 注水强度

注水强度是指注水井对单位有效厚度油层的日注水量,单位为 $m^3/(d \cdot m)$。

$$注水强度 = \frac{日注水量}{有效厚度}$$

注水强度是否合适,对保持或恢复油层压力及调节含水上升速度有直接影响。只有充分掌握油井及油田的压力变化、含水上升速度的变化及生产能力,才能比较准确地确定注水强度的大小。

3) 注采比

注采比是指注入剂所占地下体积与采出物(油、气、水)所占地下体积之比值。它是表示注采平衡状况的指标。

$$\text{注采比} = \frac{\text{注水量}(m^3) - \text{注水井溢流量}(m^3)}{\dfrac{\text{采油量}(t) \cdot \text{原油体积系数}}{\text{原油相对密度}} + \text{油井产水量}(m^3)}$$

常以井组或区块为单元计算月注采比和累积注采比。一般情况下要求注采比达到1,某些层段或在某些时候,注采比可稍大于1或小于1。

4) 含水率

含水率是指含水井日产水量与日产液量(油+水)之比的百分数。

$$\text{单井含水率} = \frac{\text{油样中水的质量}(g)}{\text{油样的总质量}(g)} \times 100\%$$

$$\text{油田(或分区)综合含水率} = \frac{\text{各含水油井产水量之和}}{\text{纯油井和含水井产液量总和}} \times 100\%$$

含水率反映油井或油田出水或水淹程度。需定期取样分析含水情况,如果含水率上升速度超过规定的数值,就应查明原因,及时进行调整。

5) 含水上升率

含水上升率是指每采出1%地质储量含水率上升的百分数。它是衡量油田注水效果好坏的重要指标。

$$\text{含水上升率} = \frac{\text{阶段末含水率} - \text{阶段初含水率}}{\text{阶段末采出程度} - \text{阶段初采出程度}} \times 100\%$$

6) 单层突进系数

单层突进系数是指井内渗透率最高的油层的渗透率与全井厚度加权平均渗透率的比值。它反映了层间非均质程度。单层突进系数越大,层间矛盾将越大。

$$\text{单层突进系数} = \frac{\text{油井中单层最高渗透率}}{\text{油井厚度加权平均渗透率}}$$

7) 水驱油效率

水驱油效率是指被水淹的油层体积内采出的油量与原始含油量的比值。它表示水洗油的程度,反映了层内矛盾的大小。

$$\text{水驱油效率} = \frac{\text{单层水淹区总注入体积} - \text{采出水体积}}{\text{单层水淹区原始含油体积}}$$

8) 扫油面积系数

扫油面积系数是指油田在注水开发时,井组某单层已被水淹的面积与井组所控制的该层面积的比值。它说明了油区的水淹程度,反映油层平面矛盾的大小。扫油面积系数越小,平面矛盾越突出。

$$\text{扫油面积系数} = \frac{\text{单层井组水淹面积}}{\text{单层井组控制面积}}$$

9)水油比

水油比是指每采出一吨原油所伴随采出的水量,是表示油田出水程度的一个指标,单位为 m^3/t。

3. 与压力有关的名词

(1)原始油层压力。它是油气层在原始状态下所具有的压力,通常取第一口或第一批探井所测得的油层中部压力值,是油层中所蕴藏天然能量大小的表现。

(2)目前油层压力。它是油气层投入开发后,某一时期所测得的油层中部压力,又称为静压。

(3)油井流动压力。它是原油从油层流到井底后所剩余的压力,又称为流压或井底压力。

(4)饱和压力。它是随着油层压力下降,天然气开始从原油中分逸出来时的压力。

(5)总压差。它是原始油层压力与目前油层压力的差值。

(6)地饱压差。它是目前油层压力与饱和压力的差值。

(7)流饱压差。它是流动压力与饱和压力的差值。

(8)生产压差。它是目前油层压力与流动压力的差值。

(9)注水压差。它是注水井流动压力与目前油层压力的差值。

4. 与地层有关的名词

1)层间矛盾

层间矛盾是指非均质多油层油田的各个油层之间存在高中低渗透性差异,在笼统注水或采油时,高渗透率油层与中、低渗透率油层在吸水能力、水线推进速度、地层压力、采油速度、采出程度、水淹状况等各方面表现出的差异。

层间矛盾是影响非均质多油层油田开发效果的主要矛盾,也是注水开发初期的根本矛盾。分采分注是解决层间矛盾的重要措施。

2)层内矛盾

层内矛盾是指由于油层形成过程中沉积环境的差异,造成同一油层不同部位的岩性存在差异,孔隙度和渗透率不均匀,构成的油层内部矛盾。由于地下油、水的黏度差别大、表面张力及岩石性质的影响,使层内矛盾表现更为突出。

为了提高水洗油厚度,提高水驱油效率,提高无水采收率和最终采收率,解决层内矛盾是油田开发中的重要问题。

3)平面矛盾

平面矛盾是指由于油层在平面上发育不均,在各方向上表现出渗透率高低不同、连通性不同,导致注水后水线在各方向上推进速度快慢不一,形成高、低压区块,构成同一层各井之间的矛盾。

平面矛盾具体表现为高渗透区油层压力明显上升,油井含水上升,水线向高渗透区舌进;而低渗透区则较少甚至见不到注水效果。开发过程中要根据具体情况,通过调整注水量或注采系统等措施及时调整平面矛盾。

4)地层系数

地层系数是指油层的有效渗透率与有效厚度的乘积(Kh),单位为 $\mu m^2 \cdot m$。它反映油层物性的好坏。地层系数越大,油层的产油能力和吸水能力也越大。

5)流动系数

流动系数是指地层系数与地下原油黏度的比值(Kh/μ),单位为 $\mu m^2 \cdot m/(Pa \cdot s)$。它是反映油层中原油流动条件的一个指标,用来分析油井生产能力及油、水在油层流动状况的变化。

◇ 复习思考题 ◇

1. 油气田勘探常用的方法有哪些?
2. 试述科探井、参数井、预探井、评价井的钻探目的。
3. 试述油气资源和储量是如何进行分类与分级的,以及各级储量的内涵。
4. 容积法计算石油储量时,如何确定各项储量计算参数?
5. 什么是开发层系?其划分的原则是什么?
6. 油气藏中主要有哪几种天然能量?
7. 试述注水方式有哪几种及各自的布井形式、适用地质条件。
8. 试述油气田开发常用名词。

第八章 油气田常用地质图件

[摘要]在油气田勘探和开发过程中,需要将野外地质调查、地球物理测量、钻井等收集到的各种地质现象用一定比例的图示表现出来,做出相关的地质图件。本章主要介绍几种油气田常用地质图件的概念、编制方法及应用,包括地质图、地层柱状剖面图、构造剖面图、构造图、栅状图和小层平面图等。

第一节 地 质 图

一、地质图的概念

地质图是将各种地质体的界线、特征、产状、地质构造及地质现象,按照规定的图例符号和比例尺,概括缩绘在平面图上所制成的图件。比例尺较大的地质图通常都用同比例尺的地形图作为底图,称为地形地质图(图8-1)。

地质图能够反映图区内地层、岩浆活动、构造变动及地质发展史的主要特征,因而它是了解一个地区的地质情况,指导地质勘探的重要资料和基本依据。

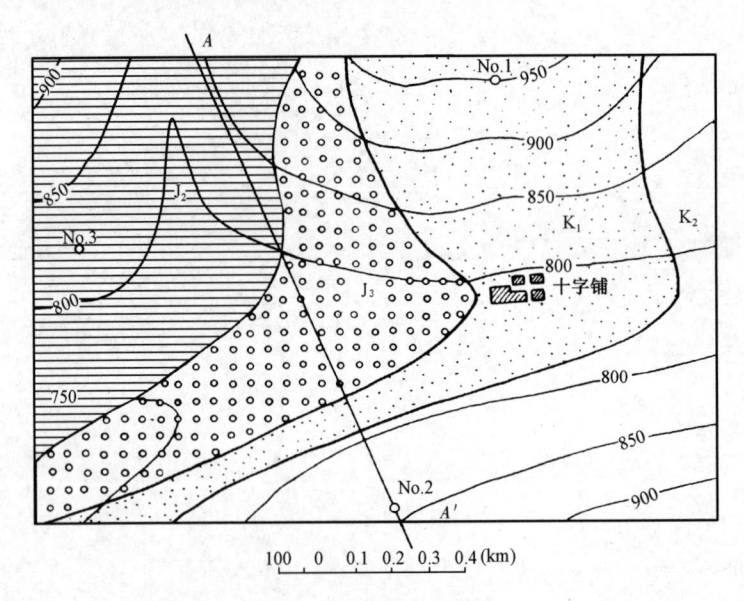

图8-1 十字铺地区地形地质图
(据张景峰,1997)

二、地质图的图式规格

一幅正规的地质图应该有图名、比例尺、图例和责任表(包括编图单位或人员、编图日期及资料来源等)。通常还在图的下方附有至少一条反映图区主要地质特征的地质剖面,在图左侧还应附有一幅地层柱状图。

(1)图名和图号。图名是一幅图的名称。它表明图幅所在地区和图的类型,一般采用图区内主要城镇、居民点或主要山岭、河流命名。如果比例尺较大,图幅面积较小,地名小而不为众人所知或同名多,则在地名上要写上所在省(区)、市或县名,如《北京市门头沟区地质图》。

图号是为了图件的保存、整理和查找方便起见而统一规定的。一般都是用地形图的国际统一分幅和编号。

(2)比例尺。比例尺表明图幅反映实际情况的详细程度。比例尺越小,反映的实际情况越粗略;比例尺越大,反映的实际情况越详细。地质图的比例尺与地形图或地图的比例尺一样,有数字比例尺和线条比例尺。比例尺一般都标注于图框外面上方或下方正中位置。

(3)图例。图例是图的内容的简要示例。一般地质图图例是用各种规定的颜色和符号来表明地层的时代、岩性、地质界线、构造、产状要素和矿产等几方面内容。图例一般放在图的右边或下方,并按一定的顺序排列。

(4)图框和责任表。图框分内框和外框,外框用粗实线,内框用细实线。内框按一定间距注明经纬度,并按规定画出公里格。责任表一般放在图框外右下方。

三、地质图的识读

地质图的读图方法和原则是:先图外、后图内;先整体,后局部;先略读,后详读;先地形,后地质。

(1)了解图框外的有关内容。从图名和图幅代号了解该图的地理位置和图的类型;依照比例尺的大小推算图幅面积,同时了解图件编制的详细程度;从出版年月和引用资料可以了解图幅编制的时间并便于查阅原始资料。

(2)进行图例分析。图例分析是阅读的基础,通过图例可以了解图幅内出露的地层、构造类型,并对总体情况有个初步了解和粗略印象。

(3)分析地形特征。岩层在地面出露的形态与地形有关,如果不注意地形与构造的关系,往往会得出错误的结论。因此,读图时应先了解地形特征。在平面地质图上,可根据区内河流水系的分布,支流与主流的关系,山势标高变化等了解地形特点。在大比例尺(>1∶50000)地形地质图上,通过地形等高线和河流水系的分布可以清楚地了解地形特征。

(4)分析地质内容。一般的分析项目有:地层出露与分布情况,岩石类型、产状与时代,褶皱和断裂的特点、规模与类型,岩浆岩、变质岩出露区的构造等。最好从老岩层入手,由老至新逐层分析才不致混乱,同时要边看、边记、边绘图以获得可靠的资料。最后进行综合分析,以便得到系统、正确的结论。

四、不同产状的岩层及构造在地质图上的表现

1. 水平岩层

水平岩层在地形地质图上具有如下特征:

(1)岩层面的出露界线与地形等高线平行或重合,在山顶或孤立山丘上的出露界线呈封闭的曲线;在沟谷中出露界线呈尖齿状条带,其尖端指向沟谷上游方向(图8-2)。

(2)在岩层未发生倒转的情况下,老岩层出露在地形的低处,新岩层分布在高处。

(3)水平岩层的厚度与出露顶底界面的高差值相同。

(4)岩层露头宽度取决于岩层厚度和地面坡度。当地面坡度一致时,岩层厚度大的,露头

(a) 立体图　　　　　　　　　　　　(b) 平面图（地质图）

图 8-2　水平岩层的出露特征

宽度也宽；当岩层厚度相同时，坡度陡处，露头宽度窄。

2. 倾斜岩层

倾斜岩层在山脊和沟谷处露头界线的平面投影线均呈 V 字形弯曲。倾斜岩层在地表出露线的分布规律遵循 V 字形法则。

（1）相反相同法则。岩层倾向与地面坡向相反时，岩层露头界线与地形等高线的弯曲方向相同，沟谷处都指向山顶，山脊处都指向山脚。但岩层露头界线的弯曲度总是比等高线弯曲度小（图 8-3）。

(a) 立体图　　　　　　　　　　　　(b) 平面图（地质图）

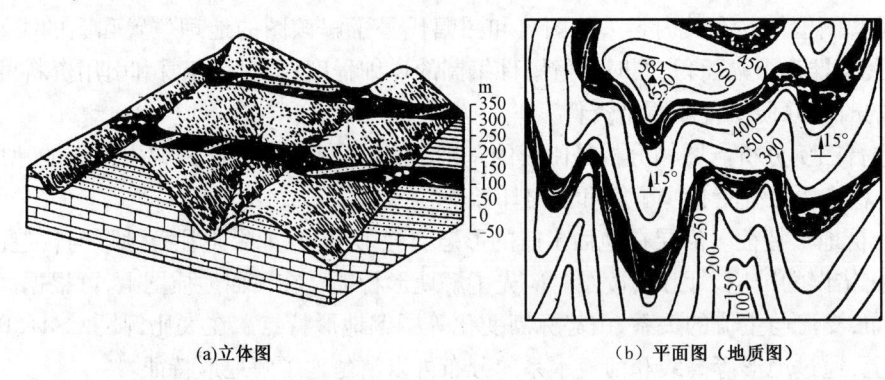

图 8-3　相反相同法则

（2）相同相反法则。岩层倾向与地面坡向相同，且岩层倾角大于地面坡角时，岩层露头界线与地形等高线的弯曲方向相反，露头界线在沟谷处指向山脚，在山脊处指向山顶（图 8-4）。

(a) 立体图　　　　　　　　　　　　(b) 平面图（地质图）

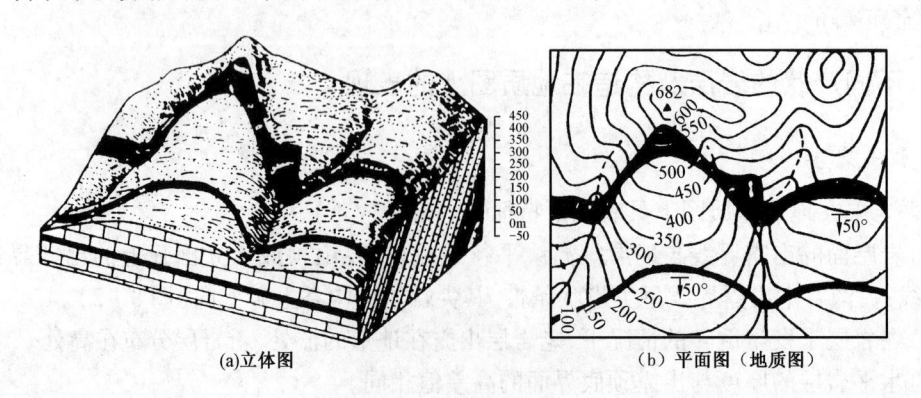

图 8-4　相同相反法则

(3)相同相同法则。岩层倾向与地面坡向相同,且岩层倾角小于地面坡角时,岩层露头界线与地形等高线的弯曲方向相同,沟谷处都指向山顶,山脊处都指向山脚,但露头界线的弯曲度总是大于地形等高线的弯曲度(图8-5),这是与第一种情况(相反相同)的区别所在。

(a)立体图　　　　　　　　(b)平面图(地质图)

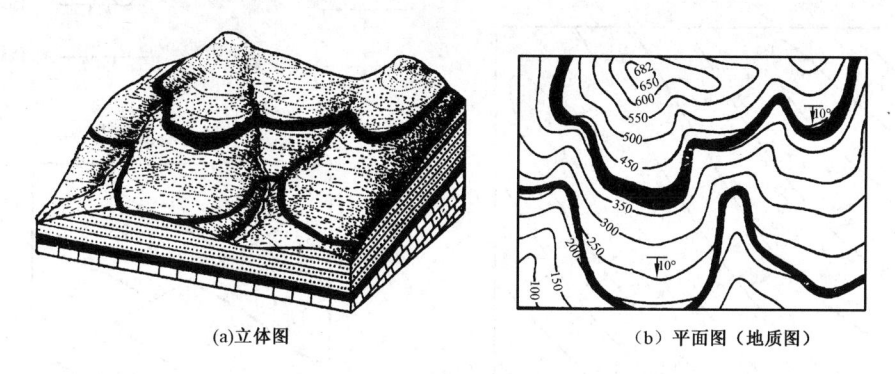

图8-5　相同相同法则

(4)直立岩层(倾角近于90°)的露头界线在地质图上为一直线,不受地形的影响,其厚度为岩层露头界线间的垂直距离(图8-6所示)。

地质界线

地形等高线

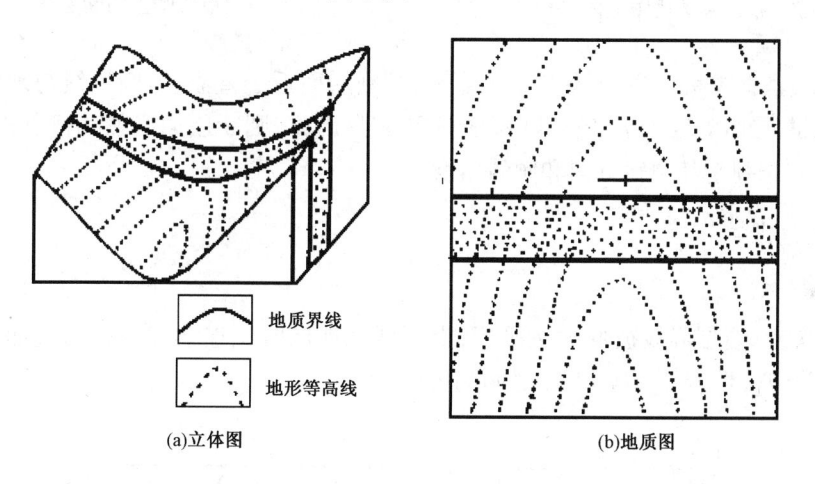

(a)立体图　　　　　　　　(b)地质图

图8-6　直立岩层地质界线的形态

3. 褶曲

(1)背斜。在地质图上的典型特征是沿较老地层的两侧出现对称重复的较新地层。如图8-7中左上部分,较老地层为P_1q(栖霞组),两侧依次分布P_1m(毛口组)、P_2l(龙潭组)、P_2ch(长兴组)等。

(2)向斜。在地质图上的典型特征是沿较新地层的两侧出现对称重复的较老地层。如图8-7中右下部分,较新地层为T_1j(嘉陵江组),两侧依次分布T_1f(飞仙关组)、P_2ch(长兴组)、P_2l(龙潭组)和P_1m(毛口组)等。

在小比例尺地质图上,通常用符号表示不同类型的褶曲(图8-8),其中横线表示轴向,箭头代表两翼的倾向。

4. 断层

在地质图上,断层面表现为一条线,即断层面与地面的交线,称为断层线,断层线两侧的岩层不连续(图8-9)。断层面具有和岩层界面一样的出露特征,即断层线的延伸遵守 V 字形法则。

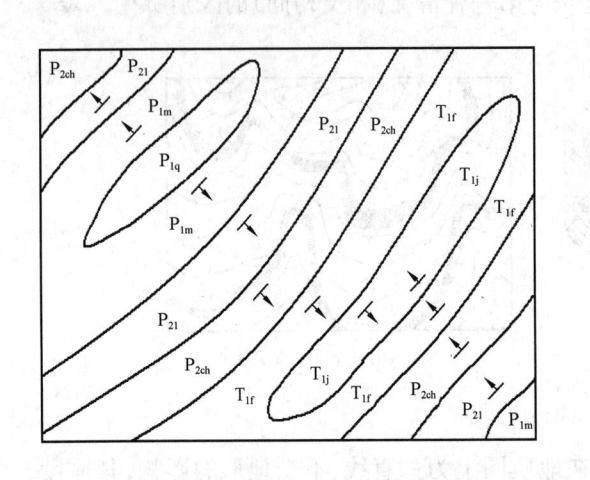

图8-7 褶曲在地质图上的表现

图8-8 褶曲符号

图8-9 地质图上的断层线

若断层线呈直线状延伸,不受地形的影响,则断层面近于直立;若断层线与地形等高线平行或重合,则断层面为近于水平;若断层线呈 V 字形出露,则断层面必然为倾斜的。此时,可按 V 字形法则来判断其倾斜方向和倾斜角度。

5. 整合与不整合

1) 整合接触

在地质图上,岩层界线彼此大致平行,上下两套地层时代连续,产状一致,如图 8-10 中 P_1 与 P_2、P_2 与 T_1、T_1 与 T_2、T_2 与 T_3 之间的关系。

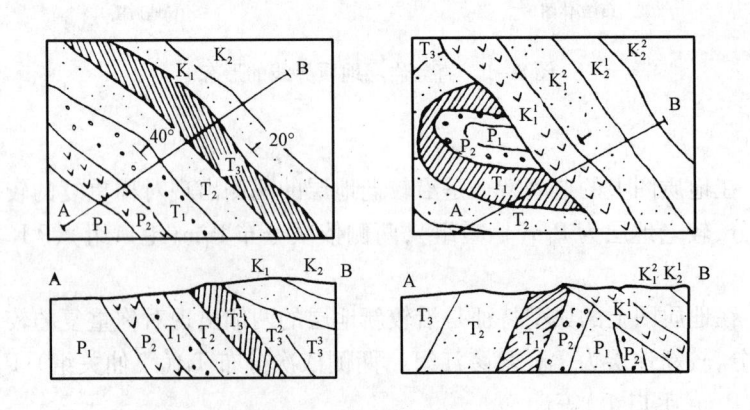

图 8-10 不整合的表现
上图为地质图;下图为剖面图

2) 平行不整合接触

在地质图上,一套新地层仅与同一套老地层接触,两套地层产状基本相同,地质界线呈大致平行状展布,但两套地层间有明显的地层缺失,则为平行不整合接触(如图8-11中C与O_2的接触关系)。

3)角度不整合接触

在地质图上,一套新地层与几套老地层接触,新老地层间存在沉积间断且产状明显不同,则为角度不整合接触。如图8-10中新地层K_1^1与老地层P_1、P_2、T_1、T_2、T_3都接触,K_1^1底界为角度不整合面。

有时,在地质图上虽然表现为一套新地层仅与同一套老地层接触,两套地层间有沉积间断,但新老地层产状明显不同,则它们之间也为角度不整合而非平行不整合(如图8-10中K_1与T_3间的接触关系)。

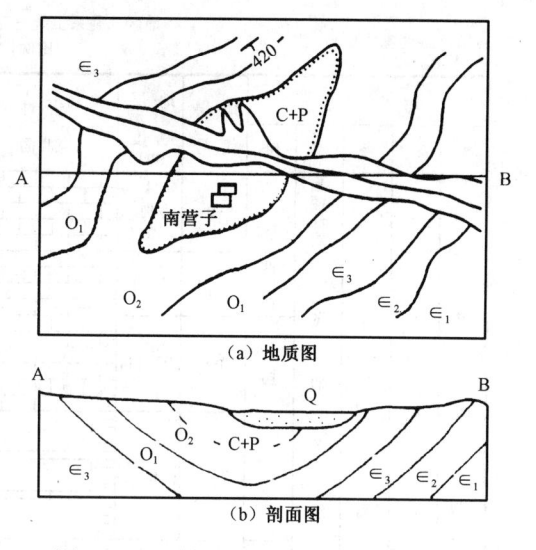

图8-11 平行不整合在地质图上的表现
(据张景峰,1997)

第二节　地层柱状剖面图

一、地层柱状剖面图的概念

地层柱状剖面图是根据钻井资料或野外露头资料编制的,反映一个地区地层层序、岩性、接触关系、矿产等的地质图件。

根据实际情况,一个地区的地层柱状剖面图可以由一个钻井剖面或一条露头剖面构成,也可以由区内多口井剖面或多点露头剖面分别取最完全、最具代表性的层段综合而成。地层柱状剖面图是人们了解一个地区地层及矿产分布特征最直观的图件,在油气勘探与开发工作中可用来指导钻井、预测含油气层位、作为地层对比依据等,具有十分广泛的用途。

二、地层柱状剖面图的图式规格

地层柱状剖面图的内容、规格如图8-12所示。它主要包括图名、图例、比例尺、地层单位、地层代号、地层厚度、岩性剖面、岩性描述等。由于各地区地质情况的差异和编图目的要求的不同,地层柱状剖面图的图头栏目并不是一成不变的,可以根据需要酌情增减某些项目。例如,需要反映岩性、电性与含油性之间的关系时,则需添加测井曲线、油气显示、综合解释等栏目。

(1)图名。一般用实际资料所在地的地名来命名,如"大庆油田葡萄花地区地层柱状剖面图"。

(2)图例。图中所用的一切符号均要有图例表示或文字说明。

(3)比例尺。地层柱状剖面图是根据地层厚度编制的,要根据实际需要和使用方便的原则,按照适当的比例缩小,一般都大于地质图的比例尺。

××地区二叠系上统—三叠系下统柱状剖面图

比例1:2500

地层				地层代号	地层厚度(m)	岩性剖面	岩性描述	备注
界	系	统	组	段				
中生界	三叠系	下统	嘉陵江组	一段	T_1j^1	未画全		下部为薄层泥纹粉晶灰岩,中、上部以灰色薄层介壳及介屑灰岩为主	
			飞仙关组	四段	T_1f^4	46~52		紫红色泥灰岩与紫红色钙质页岩互层、夹灰色介屑、砂屑灰岩	
				三段	T_1f^3	92~144		主要为灰色薄—中层鲕粒灰岩与介屑、砂屑、砾屑灰岩及泥灰岩组成,上部夹有灰黄色页岩	川东及重庆地区天然气产层
				二段	T_1f^2	174~209		紫红色钙质页岩为主,夹紫红色薄层泥纹灰岩及介屑灰岩透镜体	
				一段	T_1f^1	91~191		下部为紫红色页岩、泥岩夹紫红色泥灰岩,中部为紫红色泥灰岩夹页岩,上部为浅灰—灰色厚层鲕粒灰岩及灰岩	
上古生界	二叠系	上统	长兴组		P_2ch	105~153		浅灰色至深灰色中—厚层状生物碎屑灰岩,下部和上部含燧石结核	川、渝地区天然气产层
			龙潭组		P_2l	未画全		顶部为灰黑色页岩与褐灰色泥质粉砂岩不等厚互层,夹少量菱铁矿结核	川、渝地区产煤层

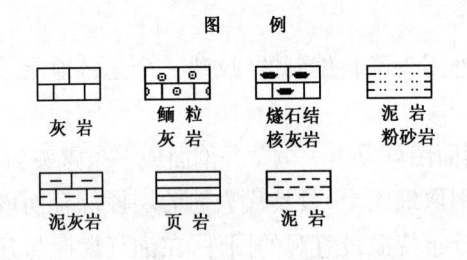

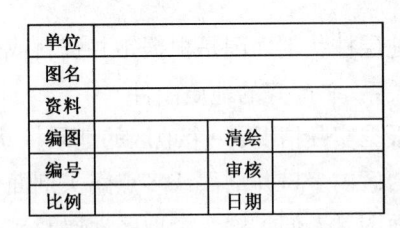

图 例

灰岩　　鲕粒灰岩　　燧石结核灰岩　　泥岩粉砂岩

泥灰岩　　页岩　　泥岩

单位	
图名	
资料	
编图	清绘
编号	审核
比例	日期

图8-12　××地区二叠系上统—三叠系下统柱状剖面图

(4)地层单位。按年代地层单位界、系、统建立地层单位系统,根据岩性特征,还可进一步划分为组、段。

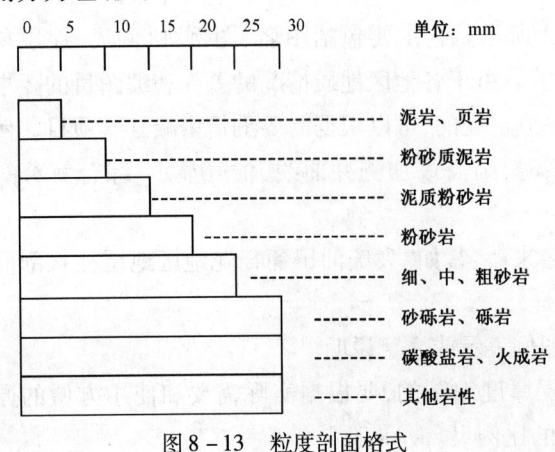

粒度剖面（单位:mm，刻度0 5 10 15 20 25 30）：
- 泥岩、页岩
- 粉砂质泥岩
- 泥质粉砂岩
- 粉砂岩
- 细、中、粗砂岩
- 砂砾岩、砾岩
- 碳酸盐岩、火成岩
- 其他岩性

图8-13　粒度剖面格式

(5)地层厚度。地层的分层厚度与累积厚度要一致,分层厚度为本区该层最大厚度。对于有特殊意义的薄层,如标准层、含油层等,可适当放大表示,但厚度放大在图上一般不得超过1mm。

(6)岩性剖面。除了按地质图规范规定画出岩性符号外,不同的岩性所占的宽度也有规定(图8-13)。一般0号、1号、2号图纸的柱状剖面宽度为30mm,泥、页岩占的宽度为1/6(5mm),粉砂质泥、页岩占的宽度为1/3(10mm),泥质粉砂岩占的宽

— 204 —

度为 1/2(15mm),粉砂岩占的宽度为 2/3(20mm),细、中、粗砂岩占的宽度为 5/6(25mm),砂砾岩、砾岩占满格(30mm),其余岩性也画满格(30mm)。

(7)岩性描述。描述要简明扼要,反映出主要岩性特点,突出标准层和特有的构造。

(8)其他。图上必须有绘图单位、绘图人、绘图日期等信息。图上地层的层序必须是自下而上,地层时代由老到新,绝不能颠倒。

三、地层柱状剖面图的编制

(1)整理地质资料,了解地层层序、接触关系、岩浆活动等情况。

(2)按照格式画好图框,图框的长度根据地层的总厚度按比例尺换算后确定,每格的宽度则根据内容的多少来确定。

(3)按规定比例尺,以累计厚度自上而下、由老到新、逐段画出各地层的分界线。要表示出不整合接触关系,角度不整合用波状曲线表示、平行不整合用虚线表示。另外在岩性描述栏的地层接触线上应注明平行不整合。

(4)依次填好地层单位、代号、厚度、岩性描述等内容。

(5)按照规格写好图名、比例尺、制图日期,制图人及制图单位等。

(6)画出所用图例。沉积岩按粗屑、细屑、化学岩的顺序排列,然后画岩浆岩、变质岩及其他图例。

(7)绘制完后要全面仔细检查,确认无误后,用绘图墨水上墨。

第三节　构造剖面图

一、构造剖面图的概念

构造剖面图是沿构造某一方向切开的垂直断面图。它主要用地质界线和断层线反映地下构造沿某一方向的形态变化、断层分布、断层性质及断距大小、地层产状变化、厚度变化和地层接触关系等。根据构造剖面图的剖面线与构造长、短轴的关系,分为纵剖面图和横剖面图,前者剖面线与长轴平行,后者剖面线与短轴平行(图 8-14)。

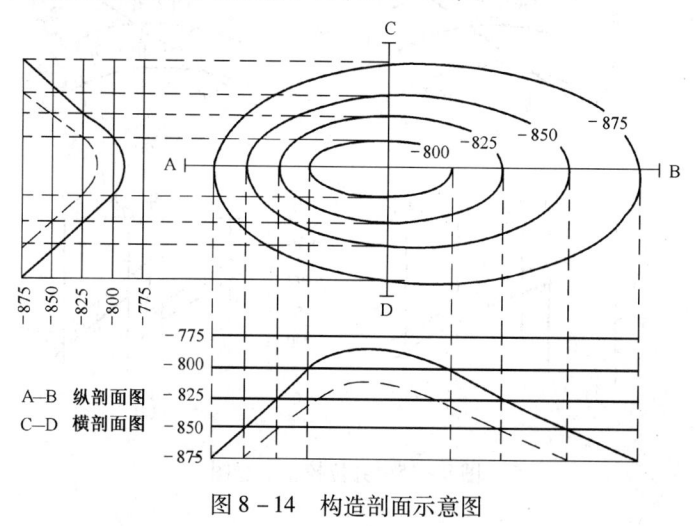

图 8-14　构造剖面示意图

二、构造剖面图的编制

编制构造剖面图的常用资料有地面调查资料、地震资料和钻井地质资料等,下面重点介绍用钻井资料编制构造剖面图的方法步骤。

1. 钻井资料准备

编制构造剖面图所必需的资料有井位大地坐标、井口海拔高程、各层井深数据、断层数据(包括断点位置、断层落差、断失层位等)、井斜测井资料(包括井斜角、井斜方位角和斜井段长度)等。

2. 剖面方向选择

用钻井资料作构造剖面图,首先应确定剖面方向。其基本原则是:剖面方向尽可能平行或垂直构造轴向,尽可能穿越更多的井位,尽可能均匀分布在整个构造平面上。

3. 井位校正

为了应用更多井的资料作图以保证作图精度,需要将剖面线附近的井按照一定的规则移动到剖面线上来,这项工作称为井位校正。

当剖面线垂直或斜交地层构造等高线(地层走向)时,可将剖面附近的井沿着等高线延伸方向移动到剖面线上,其校正前后制图层的标高不发生变化,如图 8-15(a)所示;当剖面线与构造等高线(地层走向)平行或近于平行时,可将剖面附近的井垂直等高线方向移到剖面线上,由于位移前后制图层标高发生了变化,所以要进行标高校正,校正公式为:

$$h' = h \pm L \cdot \tan\alpha \tag{8-1}$$

式中 h' ——校正后制图层标高;
h ——校正前制图层标高;
L ——投影前后两井位之间的距离;
α ——地层倾角。

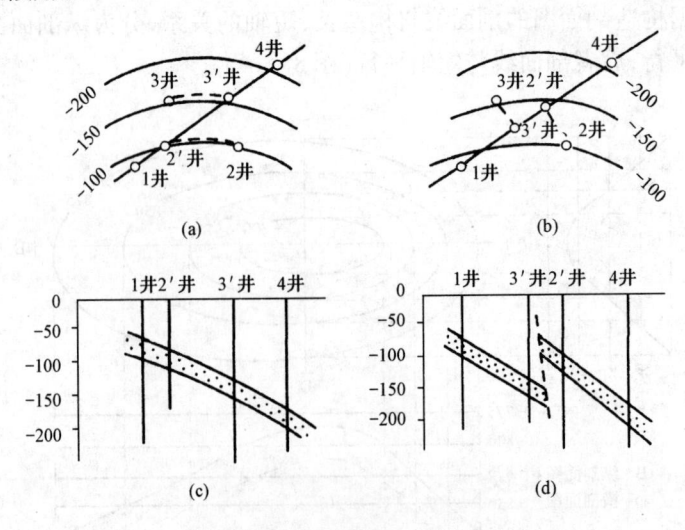

图 8-15 井位校正示意图

公式中,当井沿地层下倾方向投影时,取负号,沿地层上倾方向投影时,取正号,如图8-16所示。

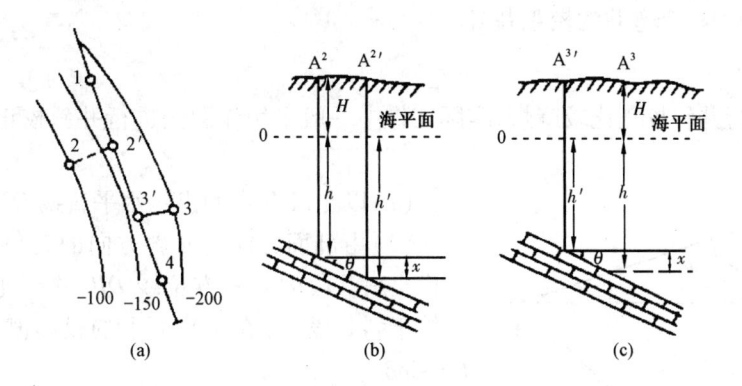

图 8-16 海拔标高校正示意图(据陈立官,1983)

4. 井斜校正

如果用来作图的井是铅直的,那么经过上述井位校正后就可以作剖面图了。但如果是斜井或弯井,由于井眼轨迹(井轴线)是倾斜的,其井位在地面处于剖面线上,而地下井眼轨迹并不在剖面线所在的垂直断面(制图剖面)内,所以作图前还要进行井斜校正。所谓井斜校正,是指把任意断面内的斜井段沿地层走向移动到制图剖面上去的工作。井斜校正的关键是求出斜井段校正后的长度 L' 和井斜角 α'。

井斜校正的方法有计算法和作图法两种。

1) 计算法

设井 A 的斜井段 L 位于断面 N 内,井斜角为 δ,地层走向为 BC,制图剖面为 P,校正后的井斜角为 δ'、斜井段为 L'(图 8-17)。由三角函数关系得:

$$\tan\delta' = \tan\delta \frac{\sin\gamma_1}{\sin\gamma_2} \tag{8-2}$$

$$L' = L \frac{\cos\delta}{\cos\delta'} \tag{8-3}$$

式中　γ_1——地层走向与井斜方向的夹角;
　　　γ_2——地层走向与剖面方向的夹角。

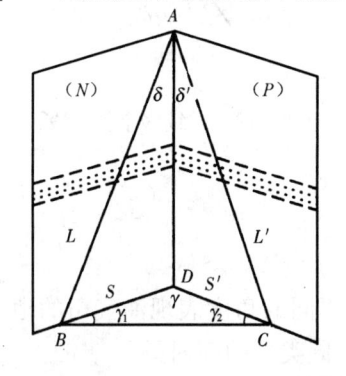

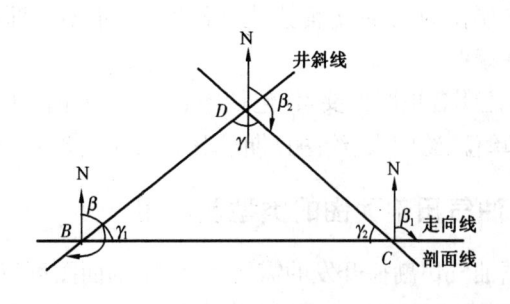

图 8-17 井斜校正示意图

井斜方位角、井斜角、斜井段长度可以由测井资料而得,地层走向可以由基础地质研究得到。对于弯井,井斜角和井斜方位是沿井身不断变化的,井斜校正时必须将井身分为若干段逐段校正,最后得到整个弯井的校正井身。

2)作图法

计算法进行井斜校正比较麻烦,实际工作中一般采用作图法进行井斜校正。其步骤如下(图8-18):

(1)以井口 D 点画出一水平直线 DM 代表剖面线。

(2)由剖面方向与井斜方向的夹角 $\angle \gamma$ 控制,过 D 点作出斜井段的井斜方位线 DB,并按比例取 DB 的长度等于斜井段(L)在水平面上的投影值 S,即 $DB = S = L \cdot \sin\delta$。

(3)由地层走向与井斜方向的夹角 $\angle \gamma_1$ 控制,过 B 点作地层走向线于剖面线交于 C 点。

(4)过 C 点作剖面线 DM 的垂线 CA',并按比例取 CA' 等于斜井段在铅垂方向的投影值 H,即 $CA' = H = L \cdot \cos\delta$;

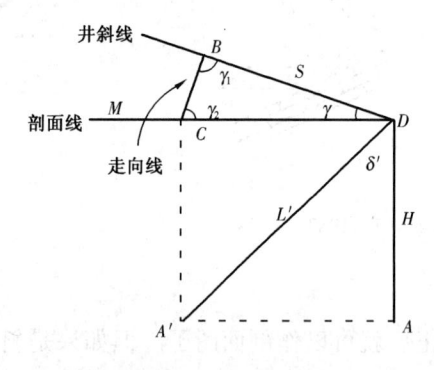

图8-18 井斜校正作图法

(5)连接 DA',则 DA' 即为斜井段 L 在制图剖面上的投影 L'。

(6)对于全井,重复上述步骤对每个斜井段进行逐段校正,便可得到全井校正后的井身。但应注意,前一段的终点是下一段的起点,铅垂方向的投影要取累加值,如图8-19所示。

5. 绘制构造剖面图

(1)在绘图纸上画一条水平线作为剖面线,在其左侧标注纵向比例尺。

(2)根据各井井口海拔和井距数据,参照地形图,按比例尺描绘出沿剖面线的地形线,并正确地标画出各井的井位点。

(3)通过各井位点画出各井井身,斜井或弯井则通过井斜校正绘出弯曲井身。

(4)将各井的地层分层界线、标准层、断点等,按其海拔高度画在各自的井身上。

(5)把属于同一条断层的各个断点连成断层线,将各井相同层位的顶、底界面连成平滑曲线(不整合面用波状线或虚线)。

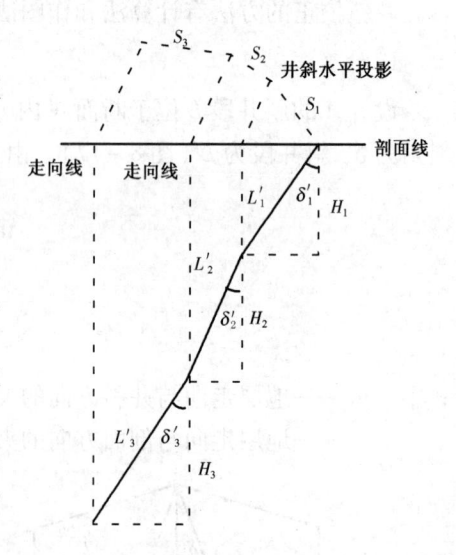

图8-19 连续多个斜井段校正示意图

(6)注明各项图件要素,包括图名、剖面方向、比例尺、绘图单位、绘图人、绘图日期、图例等,如图8-20所示。

三、油气田剖面图的类型及应用

根据油气田勘探开发的需要,油气田剖面图可以从不同的角度表现油气田的地下地质情况,即可以突出主要部分而省略次要部分,从而编制成不同类型的剖面图。

(1)油气田构造剖面图。它突出表现钻遇地层的构造特征,也可以只表现油层、标准层、

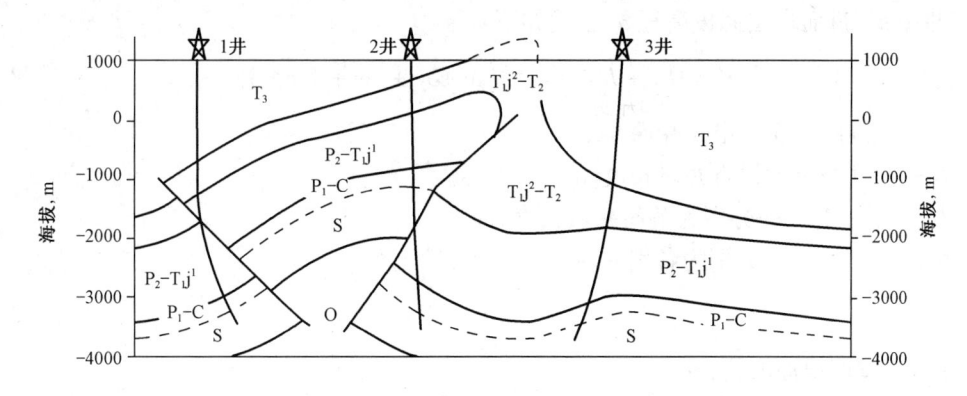

图 8-20 某地区的构造剖面图

特征层的构造特征。

(2)油田地层剖面图。它着重表现地层厚度、岩性、物性、含油性的纵横向变化。只画油层部分的地层剖面图,称为油层剖面图。表现油层空间变化的,称为油层栅状图。

(3)油气田地质剖面图。它是全面表现油气田地下构造、地层及含油气情况的剖面图。这种图表现全面,资料齐全,但重点不够突出和清晰。

油气田剖面图在油田上应用十分广泛。它对分析油气藏类型、油气层在纵横向上的分布规律、断层产状、不整合及设计新井等都起着十分重要的作用。

第四节 构 造 图

一、构造图的概念

构造图是表示地下某一岩层顶面或底面构造形态的等高线图。等高线是制图层面上海拔高程相同点的连线,相邻两条等高线间的高程差值称为等高距。构造图是油气田勘探和开发必不可少的基础图件之一。

二、编图准备工作

(1)选择制图层位。制图层位通常选择油气层的顶、底面或油气层附近标准层的顶、底面,以便更好地反映油气层的构造形态。

(2)比例尺和等高距的确定。比例尺由作图的精度要求而定,常用的有1:5000、1:10000、1:25000 和 1:50000 等。等高距无具体规定,一般根据比例尺的大小和构造倾角的大小而定。比例尺大,构造倾角小,等高距应小一些;比例尺小,构造倾角大,等高距应大一些。总之,作出的构造图,等值线既不能过密,也不能过于稀疏。

(3)求斜井的地下井位。井斜会导致地下井位相对于地面井位产生偏移,因此,编图前首先要确定出斜井钻达制图层面的地下井位,然后用地下井位编图,这样才能真实地反映地下构造。可用作井斜水平投影图的方法,求得斜井落在制图层面上的总水平位移和总方位,进而求得地下井位(图 8-21),也可由井斜测井资料计算确定。

(4)求各井制图层的海拔标高。如图 8-22 中 2 井所示,首先求出各井打在制图层面上

的铅直井深 h'，进而求出海拔高程 h，公式如下：

$$h' = L_0 + L_1\cos\delta_1 + L_2\cos\delta_2 + \cdots + L_n\cos\delta_n \tag{8-4}$$

式中　h'——制图层面的铅直井深，m；
　　　L_0——井身上部铅直井段长度，m；
　　　$L_1,L_2,\cdots,L_n$——分别为各斜井段长度，m；
　　　$\delta_1,\delta_2,\cdots,\delta_n$——分别为各斜井段的井斜角，(°)。

$$h = k - h' \tag{8-5}$$

式中　h——制图层面海拔，m；
　　　k——井口海拔，m。

对于直井，直接将制图层井深 h' 代入式(8-5)计算即可，如图 8-22 中 1 井所示。

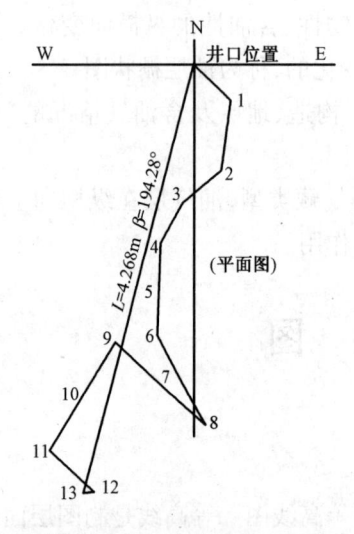

图 8-21　作图法求斜井地下井位 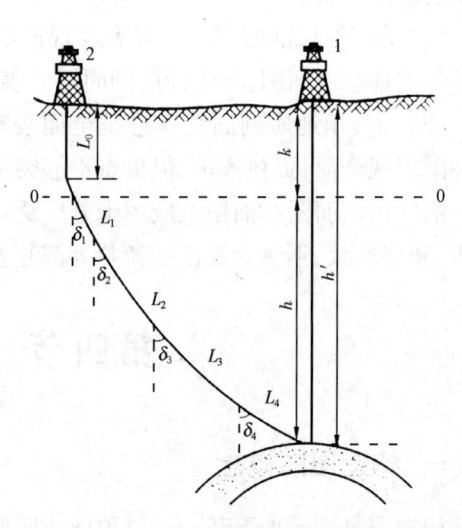　　　图 8-22　计算制图标准层海拔

三、构造图的编制

当各井的地下井位和井位处的海拔高程确定以后，便可开始作图，作图步骤如下(图 8-23)。

(1)根据地面井口位置，将各井地下井位按作图比例绘制在图纸上。

(2)将各井计算出的制图层面海拔高程标注在相应的井位旁边。

(3)根据各井制图层海拔标高数值，分析平面上海拔高低变化的规律，初步确定构造性质和整个构造的轮廓。

(4)在构造分析的基础上，从最高点或最低点开始，向相邻井点连线构成三角网，注意连线不能穿越构造轴线、断层等，以免歪曲构造形态。

(5)按规定的等高距，在相邻井连线上用内插法求出不同等高点，并标记。

(6)将各相同等高点用圆滑曲线连接起来，并标注相应的海拔高程，即得构造等高线图(图 8-24)。

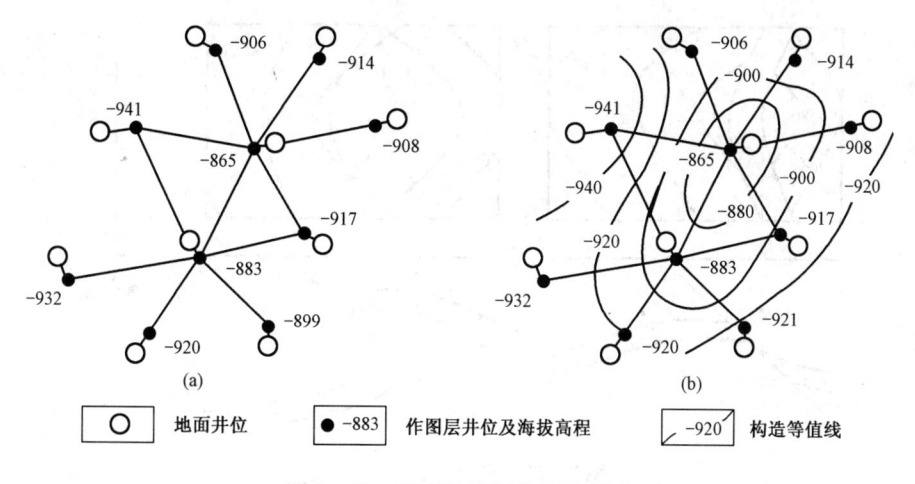

图 8-23 地下构造图编绘示意图

四、构造图的识读

与用地形等高线图分析认识地形起伏形态类似,用构造等高线图可以认识和分析由制图层面的起伏形态所反映的构造特征。识读构造图,主要是学会在构造图上分析和识别各种构造及构造的产状变化(图8-24)。

1. 构造产状变化的表现

等高线的延伸方向表现岩层走向及其变化,等高线的疏密反映了岩层倾角的陡缓。等高线稀疏,说明地层倾角小,等高线密集,说明地层倾角大。

2. 单斜岩层的识别

单斜岩层的特点是产状变化不大,其构造等高线平行或大致平行,分布密度较均匀,且各等高线的高程向同一方向增加或减少。在产状有变化的局部地方,等高线会发生弯曲或疏密不均的现象。

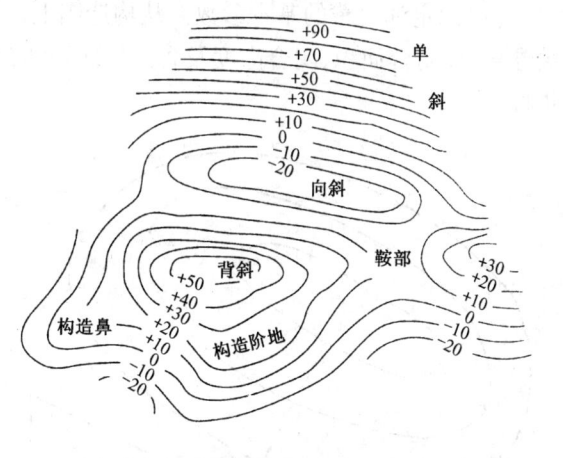

图 8-24 各种构造在构造图上的表现

3. 褶皱构造的识别

背斜褶曲的等高线高程由外向内是依次增大的,向斜则是由外向内依次减小的。另外,图8-24中的构造阶地是由陡变缓再由缓变陡的局部台阶;鞍部是指两个高点之间的低洼平坦地带;构造鼻是指向外凸起像山脊似的局部构造。

4. 断层的识别

当地层出现断层时,由于地层连续性被破坏,构造等高线也发生错断。在大比例尺的构造图中,正断层由于地层缺失而出现一个等值线的空白带[图8-25(a)],逆断层因地层重复而出现一个等值线的重复带[图8-25(b)]。在小比例尺构造图或地质图中,正断层用图8-25(c)所示的符号表示,逆断层用图8-25(d)所示的符号表示,箭头指示断层的倾向。

— 211 —

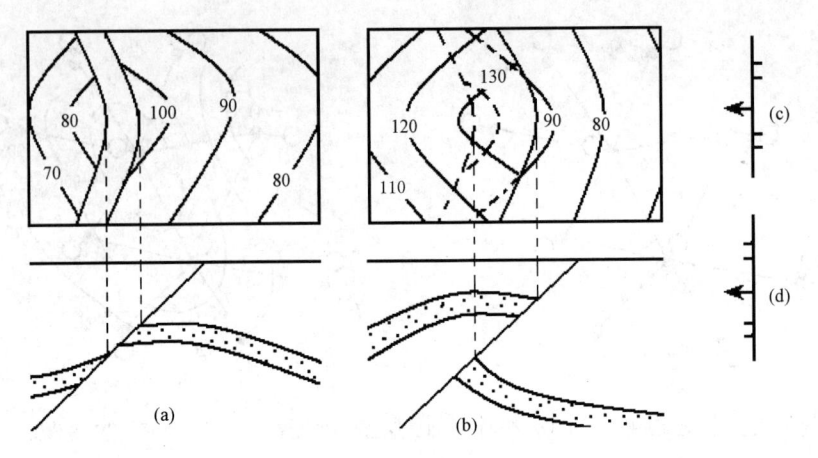

图8-25 断层在图中的表现
(a)正断层;(b)逆断层;
(c)正断层符号;(d)逆断层符号

五、地下构造图的应用

(1)确定油气藏的基本参数。从构造图上,可以确定构造的类型和形态,求取油气藏的相关参数,如闭合面积、闭合高度及含油气面积和含油气高度等,这些参数是油气藏评价的重要指标。

(2)指导井位部署。钻井资料较多时,通过钻井资料作出的构造图比用地震资料作出的构造图更精确,更接近实际,可作为新井部署的图件。

(3)为新井设计提供井深数据。井位确定后,根据井口的海拔高度和所在目的层的海拔高程,可以计算出设计井深。

(4)求地层产状。用构造图求地层倾角采用作图与计算相结合的方法(图8-26)。构造等高线延伸的方向表示地层的走向;垂直走向方向作任意两条(也可是相邻多条)等高线间的垂线 AB,由 A 向 B 的方向海拔变低,为地层的倾向;过 B 点作垂线 BC,并按比例取线段 BC 等于 A、B 两点的高程差,连接 AC,$\angle CAB(\delta)$ 即为地层的倾角,可由下式求得:

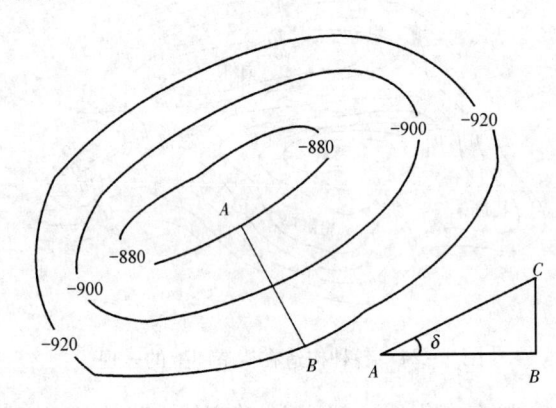

图8-26 用构造图求地层倾角

$$\delta = \arctan \frac{\overline{BC}}{\overline{AB}} \qquad (8-6)$$

式中 $\overline{AB}$——A、B 两点的图上距离;
$\overline{BC}$——A、B 两点高程差在图上的距离;
δ——表示地层倾角。

第五节 栅 状 图

一、栅状图的概念

栅状图又称油层连通图,是反映油层在空间变化情况的立体图(图8-27)。栅状图用途广泛,可用来研究分层开采措施、分析小层动态、确定注水方案等,是油气田开发与地质研究的重要图件之一。

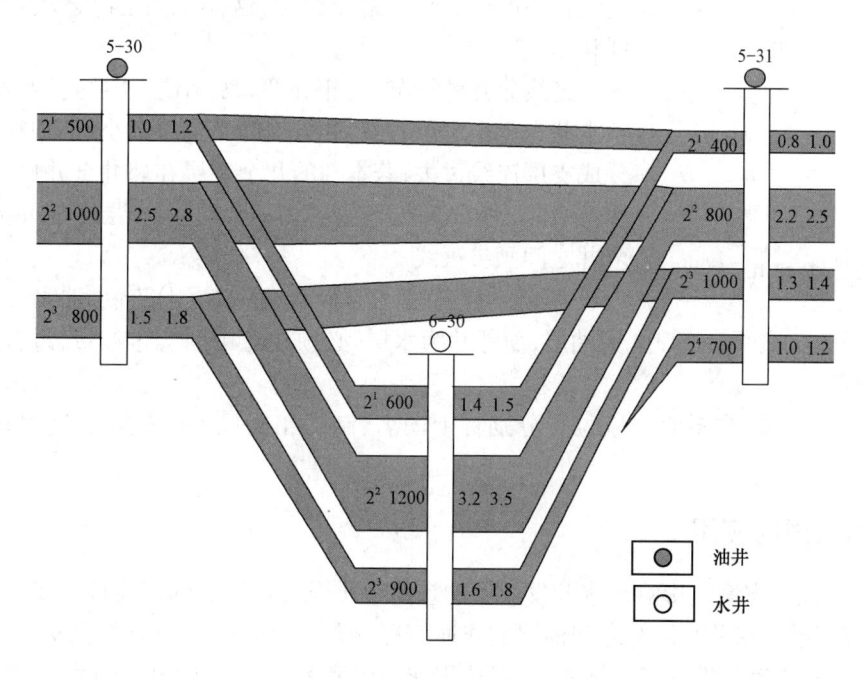

图 8-27 油层连通图

二、栅状图的编制

(1)作出小层连通数据表。栅状图是综合反映各小层连通情况的图件,所以首先要根据油层对比结果,作出小层连通数据表(表8-1)。对于不连通的井点,需注明尖灭或缺失。

表 8-1 ××砂岩组分层数据表

井号	解释层号	砂层号	单井井段,m	分层数据,m			空气渗透率 $10^{-3}\mu m^2$	备注
				砂层厚度	水层厚度	有效厚度			
						一类	二类		

(2)定井位。根据收集到的井距及方位角资料,按一定的比例尺在绘图纸上确定出井位。有时在特殊情况下,为了更清楚地反映油层,可将井排作一定方向的变动。

(3)量基线。在井位下画一长1.5cm的水平线段,并将其平均分为三段作为基线。
(4)立柱子。以基线上的中间一段为柱底,立一垂直井柱,柱高等于所做砂层组的底部深度减去顶部深度。在井柱上按分层数据表有关数据及比例尺绘出各小层顶底界线。

(5)填数据。按图8-28的形式,将小层连通数据表的有关数据标在井柱两边小层顶底界线之间。其中二类有效厚度中的油干层用(X)表示,油水层用[X]表示。

(6)连对比线。根据小层连通数据表作各井相同小层顶、底界连线。连线时注意从图幅下端各井连起,逐次向上连接各井,连线相遇即行断开以避免交错,这样才能绘出显示立体关系的栅状图。

连线分几种情况:若相邻两口井小层号对应,可直接连线;若本井为一个小层,在邻井分支为两个以上小层,则在两井中间分成支层连线过去;若本井的几个小层在邻井合并成一层,则在两井中间合并成一层连线过去;若本井的砂层在邻井尖灭,则在两井之间画尖灭线。

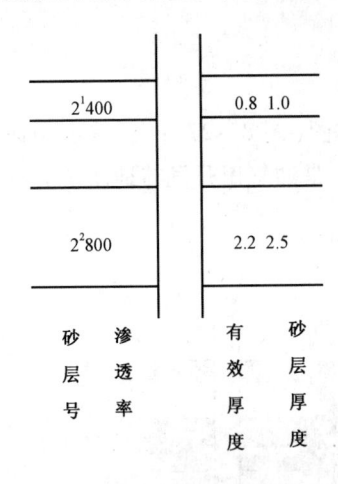

图8-28 数据填写格式

(7)上色。一般油层上红色,水层上蓝色,油水层或油干层上淡红色;若同一砂层,一口井为油层,而邻井为水层,必须注意中间有过渡带,过渡带一般上红、蓝条间色。

(8)完善图件。在图的相应位置分别标上图名、制图比例尺、制图单位、制图日期、制图人、图例等。

三、栅状图的应用

(1)确定注水方案。影响注水开发效果的重要地质因素是油层的连通性和渗透性。从栅状图上可以了解注水井与油井之间油层的连通情况,哪个方向渗透率高,水容易突进,哪个方向渗透率低,水不容易推进等。据此,可以选用连通层最多、连通厚度最大的注水方案,达到水驱控制储量最大而储量损失最小的目的。

(2)分析小层动态。油田投入开发以前,油层是处于相对的静止状态。油田投入开发以后,油层内的油、气、水和岩石之间即处于动态变化状态,相继会出现一系列新矛盾、新问题、新情况。要分析小层的动态变化规律,首先必须掌握小层的静态特征。应用栅状图可以对每个区、每口井的小层进行清点,了解射开油层的层位、有效厚度、渗透率、产能系数、连通情况以及各射开单层的类型、储量等,这些是进行小层动态分析和油水井管理的基础和前提。

(3)研究分层开采措施。在多油层开采中,为了解决层间矛盾,需要进行分层注水和分层改造油层的措施。应用栅状图可以了解注水层位与采油层位的对应关系,以便充分发挥分层注水效果;了解隔层条件,选择下封隔器的合理位置;根据小层渗透性、有效厚度、连通性等特征和分层配产配注的需要,采取分层增产增注措施。对于油井采得出、水井注不进的小层,要在水井采取增注送水措施;对于水井注得进、油井采不出的小层,要在油井采取增产引效措施;对于油井采不出、水井也注不进的小层,则要在油、水井进行对应的压裂或酸化,改造油层流动条件,发挥注水效能,增产稳产。

第六节 小层平面图

一、小层平面图的概念

小层平面图是反映单油层(小层)砂体形态、砂层厚度、有效厚度和储油物性在平面上变化的图件。它是油气储量计算、油田开发及动态分析的基础图件之一。

二、小层平面图的编制

(1)资料准备。准备小层数据表及井位分布图。

(2)确定作图边界,勾绘断层线及内外油水边界线。

(3)标注数据。根据小层数据表,将作图小层相关数据注于相应井位旁边,如图 8-29 所示。

$$尖灭井点——\triangle;\quad 水层井点——\frac{水}{砂层厚度};$$
$$油层井点——\frac{渗透率\quad 有效厚层}{砂层厚度}\quad 砂层断失(缺)井点——[0]$$

图 8-29 小层平面图填写数据形式

(4)勾绘砂岩尖灭线。取砂岩尖灭井点与有砂岩厚度的井点的 1/2 处勾绘砂岩尖灭线。对于分区断层,砂岩尖灭线圆滑交上;对于区内断层,砂岩尖灭线可以任意穿过。

(5)勾绘有效厚度等值线。取有效厚度为零的井与有效厚度不为零的井之间的 1/2 处勾绘(油干二类有效厚度当成有效厚度为零);或取砂岩尖灭线至有效厚度井点的 1/3 处勾绘。

对于分区断层,有效厚度零线圆滑交上;对于区内断层,若两盘均为油层,可视为断层不存在;若一盘为油层,另一盘为水层,有效厚度零线应交于断层。

在油水过渡带,若过渡带的井点具有一类有效厚度,则有效厚度零线与外油水边界重合;若过渡带的井点具有二类有效厚度,则有效厚度零线与内油水边界重合;

(6)勾绘有效厚度等值线和渗透率等值线。用三角网等值内插法勾绘有效厚度和渗透率等值线。等值线间隔根据要求确定,如有效厚度等值线间距为 2m;渗透率等值线间隔为 $2 \times 10^{-3} \mu m^2$。

(7)完善图件,清绘上色。0~2m→淡绿色;2~4m→浅黄色;4~6m→橘黄色;>6m→红色。完成图名、绘图日期、绘图人、图例等相关项目(图 8-30)。

三、小层平面图的应用

(1)掌握开发单元。大油田油层有分区局部变化,小断块油田油层有分块的特点。了解每个小层平面上分布的具体特点和多层组合的区域性共同特点,才能处理好层间矛盾和层内矛盾,创造高产稳产条件。

(2)研究合理井网。通过小层平面图可以了解油层分布特点、延伸长度及多层组合特征,从而指导布井。对于大片连通层和高渗透层,可以采用较大的井距生产;对于岩相变化大的油层和低渗透层,可以适当加一些补充井,采用较小的井距开采。布生产井或打补充井都必须适应油藏构造特点和油层分布特点考虑布井方式。

(3)选择注水方式。对于条带状分布的油层,注入水的流动方向直接受油层分布形态的

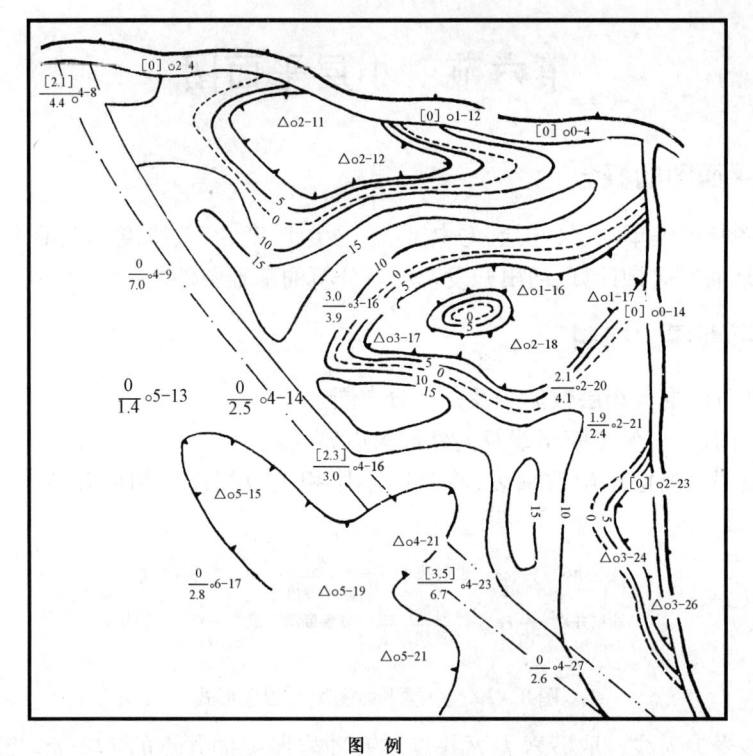

图 8-30 小层平面图
1—渗透率等值线;2—有效厚度零线;3—砂岩尖灭线;
4—内、外油水边界线;5—断层线;6—砂层尖灭点;
7—油水二类有效厚度

支配;对于大片连通的油层,注入水的流动方向主要受油层渗透性的影响。应根据单层平面图综合研究,选择有利的注水方式。

(4)研究水线推进。油田注水以后,为控制好水线,调整好平面矛盾,可以小层平面图为背景画出水线推进图,研究水线推进与单层渗透率、油砂体形态和注采强度的关系,采取控制水线均匀推进的措施,提高水驱油效率。

◇ 复习思考题 ◇

1. 试述倾斜岩层在地表出露的 V 字形法则。
2. 试述褶皱、断层和不整合在地质图上的表现特征。
3. 地层柱状剖面图的内容与规格有哪些?
4. 作构造剖面图时,如何进行井位校正和井斜校正?
5. 油气田剖面图有哪些类型?
6. 作构造图时,如何求地下井位和制图层海拔?
7. 构造图的应用有哪些?
8. 试述栅状图是如何编制与应用的。
9. 试述小层平面图是如何编制与应用的。

参 考 文 献

长春地质学院.1979.矿产地质学.北京:地质出版社.
常兵民.1997.石油地质基础.3版.北京:石油工业出版社.
陈立官.1983.油气田地下地质学.北京:地质出版社.
陈世悦.2002.矿物岩石学.东营:石油大学出版社.
戴启德,黄玉杰.1999.油田开发地质学.东营:石油大学出版社.
戴启德.2006.油气田开发地质学.东营:中国石油大学出版社.
冯增昭.1993.沉积岩石学.2版.北京:石油工业出版社.
国景星.2008.油气田开发地质学.东营:中国石油大学出版社.
郭颖,李智陵.1996.构造地质学简明教程.武汉:中国地质大学出版社.
汉布林 W K.1980.地球动力学系统.殷维汉等译.北京:地质出版社.
何家雄,等.2013.全球及中国非常规天然气资源潜力与勘探开发现状.
胡见义,等.2002.石油地质学前缘.北京:石油工业出版社.
华东石油学院岩矿教研室.1982.沉积岩石学.北京:石油工业出版社.
贾致芳.1989.石油地质学.北京:石油工业出版社.
姜在兴.2002.沉积学.北京:石油工业出版社.
李茂林,等.1981.油气田开发地质基础.北京:石油工业出版社.
李书达,胡承祖.1994.动力地质学原理.2版.北京:地质出版社.
黎文清.1999.油气田开发地质基础.3版.北京:石油工业出版社.
李新.2011.页岩气入门.安东石油,3.
梁元博.1983.海底构造.北京:科学出版社.
刘本培,等.1986.地史学教程.北京:地质出版社.
刘本培,等.2005.地史学教程.3版.北京:地质出版社.
刘洪林,等.2009.非常规油气资源发展现状及关键问题.天然气工业,29(9).
刘吉余.2006.油气田开发地质基础.4版.北京:石油工业出版社.
刘铁志,郑树果.1996.地质学原理.北京:地质出版社.
陆克政,白宝玉,等.1996.构造地质学基础.东营:石油大学出版社.
石玉章,杨文杰,钱峥.2003.地质学基础.东营:石油大学出版社.
孙永传,李蕙生.1982.碎屑岩沉积相和沉积环境.
吴欣松,张一伟,方朝亮.2001.油气田勘探.北京:石油工业出版社.
吴友佳.2000.油藏地质学.北京:石油工业出版社.
吴元燕,陈碧珏.1996.油矿地质学.北京:石油工业出版社.
夏邦栋.1985.普通地质学.北京:地质出版社.
熊琦华.1990.测井地质基础.北京:石油工业出版社.
徐成彦,赵不忆.1988.普通地质学.北京:地质出版社.
杨伦,刘少峰,王家生.2005.普通地质学简明教程.武汉:中国地质大学出版社.
杨寿山.1978.采油地质图的绘制与应用(修订本).北京:石油工业出版社.
叶俊林.1987.地质学基础.北京:地质出版社.
俞鸿年,卢华复.1998.构造地质学原理(修订版).南京:南京大学出版社.

翟光明.1996.我国油气资源和油气发展前景.中国石油勘探(原勘探家),1(2):1~5.
张宝政,陈琦.1983.地质学原理.北京:地质出版社.
张达尊.1987.矿物岩石学.北京:石油工业出版社.
张厚福,方朝亮,高先志,等.1999.石油地质学.北京:石油工业出版社.
张家诚,李文范.1986.地球基本数据手册.北京:海洋出版社.
张家环.1986.普通地质学.北京:石油工业出版社.
张景峰,等.1997.地质制图.北京:石油工业出版社.
赵澄林,朱筱敏.2001.沉积岩石学.北京:石油工业出版社.
朱佳聪.1990.油矿地质学.北京:石油工业出版社.
邹才能,等.2011.非常规油气地质.北京:地质出版社.
King – Hele D G. 1989. Satellite Orbits in an Atmosphere:Theory and Application. Glasgow:Blackic and Sons.